# 大气污染防治技术专利竞争情报研究报告

国家知识产权局专利局专利文献部
北京国知专利预警咨询有限公司　组织编写

知识产权出版社
全国百佳图书出版单位

图书在版编目（CIP）数据

大气污染防治技术专利竞争情报研究报告/国家知识产权局专利局专利文献部，北京国知专利预警咨询有限公司组编. —北京：知识产权出版社，2017.1
　　ISBN 978-7-5130-4743-2

　　Ⅰ.①大… Ⅱ.①国… ②北… Ⅲ.①空气污染—污染防治—专利—竞争情报—研究报告—中国 Ⅳ.①X51

　　中国版本图书馆CIP数据核字（2017）第017705号

**内容提要**

本报告采用专利竞争情报的研究思路和分析方法，对大气污染防治技术7个分支（机动车尾气控制、颗粒物控制、氮氧化物控制、二氧化碳捕获分离、汞的控制、挥发性有机物控制、硫氧化物控制）的行业状况、竞争环境和主要竞争者进行梳理和分析，提出相应发展建议，供行业及从业者参考。

读者对象：专利服务工作者、大气污染防治管理工作人员、学者及企业相关人员

责任编辑：黄清明　　　　　　　　　责任校对：王　岩
封面设计：刘　伟　　　　　　　　　责任出版：刘译文

## 大气污染防治技术专利竞争情报研究报告

国家知识产权局专利局专利文献部
北京国知专利预警咨询有限公司　　组织编写

| | |
|---|---|
| 出版发行：知识产权出版社有限责任公司 | 网　　址：http://www.ipph.cn |
| 社　　址：北京市海淀区西外太平庄55号 | 邮　　编：100081 |
| 责编电话：010-82000860 转8117 | 责编邮箱：hqm@cnipr.com |
| 发行电话：010-82000860 转8101/8102 | 发行传真：010-82000893/82005070/82000270 |
| 印　　刷：北京科信印刷有限公司 | 经　　销：各大网上书店、新华书店及相关专业书店 |
| 开　　本：787mm×1092mm　1/16 | 印　　张：15.25 |
| 版　　次：2017年1月第1版 | 印　　次：2017年1月第1次印刷 |
| 字　　数：352千字 | 定　　价：56.00元 |
| ISBN 978-7-5130-4743-2 | |

出版权专有　侵权必究
如有印装质量问题，本社负责调换。

# 编委会

主　任：甘绍宁

主　编：张　鹏　白光清

副主编：田春虎　聂春艳　于立彪

编　委：庄　楠　孙永福　孙瑞峰　任　怡

　　　　黄志敏　裴　军　罗　啸　王扬平

　　　　李　欣

# 序　言

　　绿水青山就是金山银山，推进生态文明建设是当代中国发展的重要战略部署。在人类工业化的进程中，大气污染给人类生存和发展带来了严重的影响。防治大气污染，保护和改善环境，促进经济社会可持续发展已经成为全世界共同关注的主题。随着大气污染防治工作的推进，技术创新不断涌现，有关大气污染防治的专利数量也在不断增长。

　　自我国实施知识产权战略以来，专利信息在服务我国科技创新与经济发展中的作用更加凸显，基于专利信息的情报研究与应用逐步成为热点，专利竞争情报开始服务于战略决策和市场竞争。本研究报告针对大气污染防治的7个主要技术领域，综合运用专利竞争情报的研究方法，从竞争环境、竞争者、竞争策略的角度，对全球主要发达国家公开的专利信息进行了研究分析，形成了大气污染防治技术领域的系列竞争情报研究成果，从技术突破、技术引进、市场优势等方面进行了较为全面的专利分析，提出一些启示，给出了建议。

　　为服务宏观决策和技术创新，国家知识产权局专利局专利文献部和北京国知专利预警咨询有限公司组织编写了本书。"生态兴则文明兴、生态衰则文明衰"，希望本报告的出版能为我国防治大气污染提供有益的参考。

二〇一七年二月

# 前　言

本书根据国家知识产权局"大气污染防治技术专利竞争情报"课题报告编撰而成，覆盖了大气污染防治技术的主要领域，分别涉及机动车尾气控制领域、颗粒物控制领域、氮氧化物控制领域、二氧化碳捕获分离领域、汞的控制领域、挥发物有机物控制领域、硫氧化物控制领域。每个报告均着眼于对大气污染防治的一个技术领域开展专利竞争情报研究。报告以全球视野和国内视角对各技术领域的总体竞争环境、专利竞争环境、主要竞争者等方面进行了研究，重点反映不同层次的专利竞争情报，并据此从技术、市场和专利布局三方面给出了竞争启示和行业发展建议。

本书力图以翔实而全面的数据、科学的分析方法进行大视野深度分析研究。研究过程中采用专利竞争情报的分析思路和方法，以专利资源数据为主，辅以非专利资源，对其进行采集、筛选及深入的数据挖掘和加工，力求数据全面精确地反映竞争环境、竞争者的相关信息。同时，本书从时间、空间（地域）、主体（专利申请人、专利发明人）和客体（专利技术领域）等多个维度着手，选取并创造性地应用研究指标，以大量的数据图表，以期全面反映研究对象的客观状态，并对其进行规划、整理、分析，形成情报产品，供行业和从业者参考。

本书由张鹏、白光清负责总策划、总审稿，田春虎、聂春艳、于立彪、张勇、孙瑞丰负责整体设计和研究指导。全书共分7个分报告，每个分报告4个章节。机动车尾气控制分报告由张凌、李鹏等人负责撰写，李欣、任怡和李哲负责统稿；颗粒物控制分报告由樊培伟、宋欢等人负责撰写，王扬平、黄志敏和孙晶晶负责统稿；氮氧化物控制分报告由周勤、时彦卫等人负责撰写，宋欢、赵奕磊和彭博负责统稿；二氧化碳捕获分离分报告由李晶晶、王义刚等人负责撰写，周勤、孙瑞丰和陈浩负责统稿；汞控制分报告由王丹、韩玉顺等人撰写，佟婧怡、张朝伟和孙瑞峰负责统稿；挥发性有机物控制分报告由佟婧怡、张旭等人撰写，樊培伟、裴军和孙永福负责统稿；硫氧化物控制分报告由宋欢、佟婧怡等人撰写，张凌、罗啸和蒋一明统稿。

# 总 目 录

机动车尾气控制 …………………………………………………… 1

颗粒物控制 ………………………………………………………… 35

氮氧化物控制 ……………………………………………………… 69

二氧化碳捕获分离 ………………………………………………… 99

汞控制 ……………………………………………………………… 137

挥发性有机物控制 ………………………………………………… 173

硫氧化物控制 ……………………………………………………… 203

# 机动车尾气控制

# 机动车尾气控制研究团队

**一、项目指导**

于立彪

**二、项目管理**

北京国知专利预警咨询有限公司

**三、项目组**

负责人：聂春艳
撰稿人：张　凌（主要执笔第 2 章）
　　　　李　鹏（主要执笔第 3 章）
　　　　宋　欢（主要执笔第 1 章）
　　　　樊培伟（主要执笔第 4 章）
统稿人：李　欣　任　怡　李　哲
审稿人：余碧涛　孙永福

# 分 目 录

摘　要 / 5
第 1 章　机动车尾气控制领域概述 / 6
　1.1　技术概述 / 6
　1.2　产业发展综述 / 7
第 2 章　全球专利竞争情报分析 / 8
　2.1　总体竞争状况 / 8
　　2.1.1　政策环境 / 8
　　2.1.2　经济环境 / 9
　　2.1.3　技术环境 / 9
　2.2　专利竞争环境 / 10
　　2.2.1　专利申请概况 / 10
　　2.2.2　专利技术分布概况 / 11
　　2.2.3　专利技术生命周期 / 14
　2.3　主要竞争者 / 15
　　2.3.1　专利申请概况 / 15
　　2.3.2　主要专利技术领域分析 / 18
　　2.3.3　主要专利技术市场分析 / 19
第 3 章　中国专利竞争情报分析 / 22
　3.1　总体竞争环境 / 22
　　3.1.1　政策环境 / 22
　　3.1.2　经济环境 / 23
　　3.1.3　技术环境 / 23
　3.2　专利竞争环境 / 24
　　3.2.1　专利申请概况 / 24
　　3.2.2　专利地区分布 / 25
　　3.2.3　专利技术生命周期 / 26
　3.3　主要竞争者 / 27
　　3.3.1　专利申请概况 / 27

3.3.2　主要专利技术信息分析／29
第4章　竞争启示及产业发展建议／31
　4.1　技术启示及建议／31
　　4.1.1　技术启示／31
　　4.1.2　技术建议／31
　　4.1.3　技术方向／31
　4.2　市场启示及建议／32
　　4.2.1　市场发展启示／32
　　4.2.2　市场发展建议／32
　　4.2.3　市场发展方向／33
　4.3　专利布局启示及建议／33
　　4.3.1　海外布局建议／33
　　4.3.2　技术布局建议／33
　　4.3.3　政策布局建议／33

# 摘　要

随着我国机动车工业的快速发展，机动车尾气造成的污染已成为我国大气污染的首要污染源，尾气净化已成为我国面临的严峻挑战。本报告从全球专利和我国专利的角度，分析了国内外机动车尾气控制领域的研发状况和市场竞争情况，并对全球和国内的主要竞争者和研究重点进行了统计和分析，对我国的机动车研发机构从技术、市场和专利布局3个方面提出了建议。

**关键词**：机动车　尾气　竞争　专利　技术　市场

# 第1章 机动车尾气控制领域概述

## 1.1 技术概述

机动车尾气污染，主要是指柴油、汽油等机动车燃料因含有添加剂和杂质，在不完全燃烧时，所排出的一些有害物质对环境及人体的污染和破坏。

机动车尾气中主要含有一氧化碳、碳氢化合物（HC）、氮氧化物（$NO_x$）、二氧化碳、二氧化硫、颗粒物及碳烟、醛、含铅化合物等污染物。机动车尾气中的废气对人体、动植物伤害巨大，导致呼吸道系统疾病、心脏系统疾病等多发，甚至引起人体中毒和患癌。在阳光的作用下 HC 和 $NO_x$ 进一步反应形成光化学二次污染，对人类健康危害更大。$NO_x$、二氧化碳和二氧化硫是形成温室气体的主要原因，同时还会导致酸雨的形成，污染水体和土壤，侵蚀建筑物。含铅化合物不仅对人体造成伤害，还会吸附在机动车尾气催化净化器的催化剂表面上，缩短尾气催化净化装置的寿命。

机动车尾气已成为我国大气污染的首要污染源，据《2015 年中国机动车污染防治年报》统计，2014 年全国机动车排放污染物 4547.3 万吨，其中氮氧化物 627.8 万吨，碳氢化合物 428.4 万吨，一氧化碳 3433.7 万吨，颗粒物 57.4 万吨。机动车污染防治技术的重要性也日益突出和重要。为减小机动车尾气对人类及生态系统的不利影响，世界各国对尾气中有害气体的排放限制日趋严格。为此，我国也对机动车尾气的排放制定了较为严格的标准，但是同发达国家正在实施的标准相比，还有着较大的差距。其中很重要的一项原因，就是我国的机动车尾气净化技术尚未能达到发达国家的水平，这也是我国机动车企业和相关科研院所面临的一项严峻挑战。

机动车尾气净化方法主要有机内净化和机外净化两大类。机内净化是改进汽车内燃机结构和燃烧状况，如改进化油器、点火系统及燃烧系统、用电子方式控制汽油喷射、把甲醇和天然气等作为清洁替代燃料，提高燃后品质等。机外净化是对排放的废气进行净化处理，如采用空气喷射、氧化型反应器和三元催化反应器等方法。机动车尾气净化技术分支见图 1。

机内净化的根本目的是减少污染物的生成，但是它对 $NO_x$ 的净化效果较差，因此目前的研究中机外净化是机动车尾气净化的主导方向。我国也正在将机外净化作为主要的研究方向。机外净化最有效的方法是采用催化转化法，即使 CO、HC、$NO_x$ 经过催化反应后成为对环境无害的物质。当前发达国家一般都采用三元催化转化装置来净化尾气，但这种催化剂对燃油和发动机燃油系统要求较高，且贵金属原料价格昂贵，以及我国贵金属资源匮乏，在我国现有的状况下难以推行。国内对于稀土催化剂净化尾气的研究比较热衷，这主要是因为我国的稀土资源丰富、价格便宜，国家现行的汽车排放标准又偏低，希望用稀土催化剂暂时解决净化问题。稀土催化剂是二元催化剂，可净化机动车尾气中的 CO、HC，但它有许多不足之处，例如不能除去 $NO_x$、容易造成二次污染、热稳定性差等。鉴于此，用稀土金属取代三元催化剂中的部分贵金属、研究开发贵金属-稀土复合催化剂和贵金属-稀土-过渡金属复合催化剂，逐渐成为研究热点。

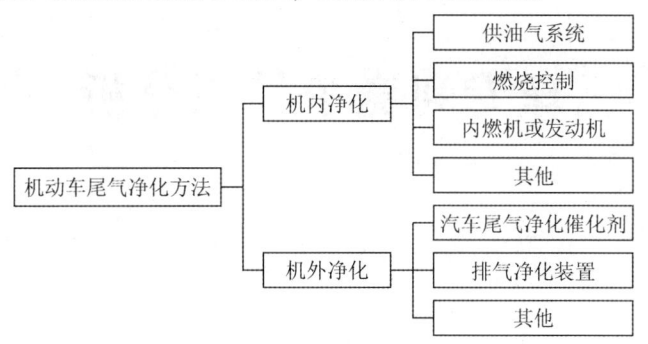

图1 机动车尾气净化技术分支

机动车尾气净化方法
- 机内净化
  - 供油气系统
  - 燃烧控制
  - 内燃机或发动机
  - 其他
- 机外净化
  - 汽车尾气净化催化剂
  - 排气净化装置
  - 其他

## 1.2 产业发展综述

1943年美国洛杉矶、1952年英国伦敦的光化学烟雾污染事件，促使人类进行反思，意识到机动车尾气对地球环境的危害。1966年第一个机动车尾气排放法规在美国加州颁布，1968年《清洁空气法》出台，美国开始了对全国的机动车尾气排放控制，之后又逐步修订，排放标准更为严格。日本对机动车尾气的控制虽然较晚，但排放标准和法规与美国水平大致相当。日本对新车、旧车和报废汽车管理方面均有明确的规定。欧洲实施排放控制较美国、日本晚，但是发展很快，目前排放控制已接近美国的排放水平。

近年来，我国的机动车保有量增长迅速，我国也对机动车的排放制定了较为严格的标准，如油品升级、加强黄标车和老旧车辆的报废等。但是同发达国家正在实施的标准比，还有着较大的差距。主要原因是我国的机动车尾气净化技术尚未能达到发达国家的水平，更多地依赖国外的技术和产品。以机动车尾气催化剂企业为例，全球生产机动车尾气催化剂的企业主要有5家，分别为优美科、巴斯夫、庄信万丰、威孚高科与昆明贵研，市场呈寡头垄断格局。2012年优美科、巴斯夫、庄信万丰共约占国内市场份额的80%，国产机动车尾气催化剂约占国内市场份额的20%。随着排放标准的不断提升，机动车尾气催化剂生产的技术壁垒也不断提高，能够生产机动车尾气催化剂的厂商逐步减少，当国一标准推出时，国内能生产的企业高达80多家，而当国三标准推出时，国内能生产的企业仅剩威孚高科与昆明贵研。

《中华人民共和国国民经济和社会发展第十二个五年（2011～2015年）规划纲要》（以下简称《"十二五"规划纲要》）实施中期评估报告中指出，2012年国内生产总值增长7.7%，2013年上半年增长7.6%，但是二氧化碳、氮氧化物排放量等节能环保方面的约束性指标完成进度滞后。氮氧化物排放量指标在2011年不降反升，较上年上升5.74%；尽管2012年这项指标下降2.8%，但仍比2010年高出2.8%。据测算，要完成《"十二五"规划纲要》目标，后3年需年均下降4.3%以上。造成指标滞后的原因有经济增长速度超过预期、产业结构升级较慢、能源结构优化调整进展不快。❶

---

❶ 吴玉萍，等.《"十二五"规划纲要》实施中期评估"经济指标超前环保指标滞后"解读[J]. WTO经济导刊，2014（2）：73-75.

# 第 2 章 全球专利竞争情报分析

## 2.1 总体竞争状况

机动车保有量的持续快速增长导致尾气排放快速增加，尾气污染问题日益严重。美日欧等发达国家和地区由于早期经济发展迅猛，通过立法、颁布标准等手段遏制硫氧化物的排放。

### 2.1.1 政策环境

1963 年美国以"加州汽车排放标准"为蓝本，制定了《大气清净法》，并于 1970 年通过。1973 年增加 $NO_x$ 限制。美国 1990 年通过《清洁空气法（修正案）》，对汽油中的苯和芳烃含量做了限制，要求逐步推广使用"新配方汽油"（RFG），从此，汽油组分开始清洁化。[1]

美国对新车实行排放和安全的管理认证制度，只有满足认证的车辆才能销售和进口。[2] 在规定的耐久行驶里程内制造商必须对汽车的排放质量负责，这也促使制造商开发更耐久、有效的排放控制系统并建立比法定限制值更严格的内部排放目标。

日本于 1970 年 8 月开始执行在用车怠速工况限制，要求 CO 排放量 <5.5%，1972 年 10 月严化为 4.5%，1973 年 4 月新轻型汽车试验方法由 4 工况改为 10 工况，直接取样改为定容取样，浓度限值改为重量限值，并增加 HC 和 $NO_x$ 控制。1973 年 5 月强制安装降低排放物标准，并采用调整点火定时措施。1975 年 1 月新增 HC 排放量 <1200ppm。

欧洲经济委员会（以下简称"欧经委"）标准自 1970 年制定以来，四年修订一次，并形成 01 号、02 号、03 号、04 号标准。原规定值和 01 号限值仅控制 CO 和 HC，02 号开始对 $NO_x$ 限制。欧经委从 1986 年起开始使用无铅汽油。1992 年，由欧经委的排放法规和欧盟的排放指令形成了欧洲Ⅰ号标准，以后每四年更新一次。从 1996 年开始实行了欧洲Ⅱ号标准，从 2000 年开始，实行了欧洲Ⅲ号标准，从 2005 年开始，实行了欧洲Ⅳ号标准。到 2020 年欧盟范围内新车 $CO_2$ 排放必须控制在 95g/km 以内。[3]

需要说明的是，美国和日本执行较欧洲更为严格的机动车尾气排放标准，表 1 中美国和日本数据是根据本国的排放要求与欧洲标准进行比对后得到的，并不是说明美国和日本执行的是欧洲标准。

---

[1] 刘家琏. 面临世界发展低硫燃料趋势的思考 [J]. 中外能源，2008 (13)：14-18.
[2] 佚名. 国外机动车尾气治理的经验 [D]. 南京：东南大学.
[3] 欧盟批准 2020 年汽车尾气排放标准 [EB/OL]. (2013-07-03). www.jshb.gov.cn.

## 第2章 全球专利竞争情报分析

表1 各国/地区尾气排放标准

| 国家/地区 | 欧Ⅰ | 欧Ⅱ | 欧Ⅲ | 欧Ⅳ | 欧Ⅴ | 欧Ⅵ |
|---|---|---|---|---|---|---|
| 欧洲 | 1992 | 1996 | 2000 | 2005 | 2009 | 2014 |
| 美国 | | | 1994 | | 2004 | |
| 日本 | | | | 2005 | 2009 | 2014 |
| 中国北京 | 1999 | 2002 | 2005 | 2008 | 2014 | 2016 |
| 中国其他省份 | 2001 | 2004 | 2008 | 2010 | 2018 | |

相对于美国和日本的排放标准来说,欧洲标准测试要求比较宽泛,因此,欧洲标准也是发展中国家大都沿用的机动车尾气排放体系。中国借鉴欧洲标准制定了一系列排放标准,2001年实施的《轻型汽车污染物排放限值及测量方法(Ⅰ)》等效于欧洲Ⅰ号标准(EUⅠ或EURO 1),2004年实施的《轻型汽车污染物排放限值及测量方法(Ⅱ)》等效于欧洲Ⅱ号标准(EUⅡ或EURO 2),2007年实施的国Ⅲ标准相当于欧洲Ⅲ号标准(EUⅢ或EURO 3),2010年实施的国Ⅳ标准相当于欧洲Ⅳ号标准(EUⅣ或EURO 4)。

### 2.1.2 经济环境

美日欧等发达国家和地区以法律手段结合经济手段治理机动车尾气的排放。如美国出台了强制性汽车燃油效率政策,对于每一辆机动车,如果生产商或进口商没有达到平均燃油消耗的标准,将会被处以罚款并勒令召回改造,销售商和购买者也将会受到处罚。鼓励在用车的更新,通过增加老龄车的年检费来强制淘汰。美国还采取排放的均化、交易和累计制度。如汽车制造商开发出的新车或发动机模型的排放量低于现行标准值,则可获得"排放许可",既可以在一年内使用,也可卖给另一生产商,或存储起来以备未来需要。

日本政府针对不同重量级汽车的燃油经济性目标,为轻型汽油、柴油货运汽车制定了一系列燃油经济性标准。❶ 采用增加长车龄的年检频率、增加检查费等措施加快旧车淘汰。日本于2000年4月开征环保税,根据耗油量高低设置差额税收标准。

意大利在工作日的7:30~19:30实行"生态通行证",进入市区的车辆根据尾气排放的污染程度缴纳一定费用。欧洲许多国家也采取提高汽车燃油税、对汽油车和柴油车使用差别消费税税率来鼓励消费者购买清洁车。

### 2.1.3 技术环境

机动车尾气的控制技术主要掌握在日本、美国和德国,主要因为这3个国家是汽车生产大国,机动车发展历史较长,技术成熟。这也是3个国家的汽车工业在世界范围内具有极强优势的原因所在。我国在机动车尾气控制领域还处于相对落后的位置,

---

❶ 刘绍武. 浅析汽车尾气污染的现状及其防治对策[J]. 中国环境管理,2011(4).

与日美欧存在不小的差距。

目前治理机动车尾气排放最有效的是尾气净化技术，而三效催化剂是目前最常用的催化剂，活性高，稳定性好，能同时净化尾气的 CO、$NO_x$ 和 HC 等。但是三效催化剂中含有贵金属，成本高，而我国贵金属资源匮乏，稀土资源丰富，研究主要在非贵金属催化剂方面，但是催化效果并不满意。研究最多的是采用一部分稀土金属代替贵金属，如 $CeO_2$，具有优良的贮氧能力、热稳定性和助催化作用，不仅提高了贵金属催化剂的耐久性和催化活性，同时降低了贵金属用量。

新能源汽车以其节能、低排放等特点引起了汽车界的极大关注，也是目前国内外车企的研究和开发重点。新能源汽车的替代燃料是压缩天然气、丙烷、乙醇、氢燃料，以及蓄电池等。当前的新能源汽车主要是混合动力汽车，一般是指使用内燃机和蓄电池的汽车。日本的混合动力汽车居世界领先地位，丰田等汽车厂商已经生产出混合能源汽车并投入市场，而我国的研发还处于初始阶段，技术明显落后于日美等国。

## 2.2 专利竞争环境

### 2.2.1 专利申请概况

就全球的专利竞争环境而言，机动车尾气控制相关技术的专利申请主要分布在日本、美国、中国和德国，其中日本份额为 26%，大于其他国家。而对于市场参与者日本、美国、德国和中国同样占据全球的主要地位，这 4 个国家申请总量截至 2014 年达 101 059 件。全球专利技术市场情况见图 2。

从专利申请角度看，我国申请量近年来一直处于增长阶段，在 2012 年达到高峰。从增长形势上看，优于其他国家，说明我国近几年在这一领域仍然有研发投入，国内市场前景较好。2014 年急剧下降有可能是一部分专利延迟公开造成的。而对于日本来说，机动车尾气控制技术的申请量在 2008 年达到高峰，随后急剧下降。美国与日本申请量变化趋势较为类似，在 2010 年前后达到申请量的高峰。德国的申请量虽然较日本少很多，但一直保持总体缓慢增长的状态。而从市场参与角度看，日本仍然占据市场最大份额，这主要与日本是汽车生产大国，而且日本机动车的尾气排放要求较为严格有关。而我国专利制度起步较晚，环保领域更是最近几年才得到重视的技术领域，技术落后。但是我国的机动车保有量高，呈持续增长状态，国家对机动车尾气造成的污染日益重视，促使我国的研发机构加大投入，市场占有量呈上升趋势，但是技术落后，主要仍使用日本、美国和德国的技术。另外，日美德对机动车尾气控制技术研发早，拥有大量的核心技术，但随着科学技术的发展以及时间的推进，这些核心技术有一些可能已经保护期限临近届满，我们更应该去关注这些核心技术的改进与发展，从而掌握更适合当今社会发展与需求的新一代核心技术。从专利申请策略考虑，掌握核心技术的外国企业要等待合适的时机才会将新一轮的核心专利公开。

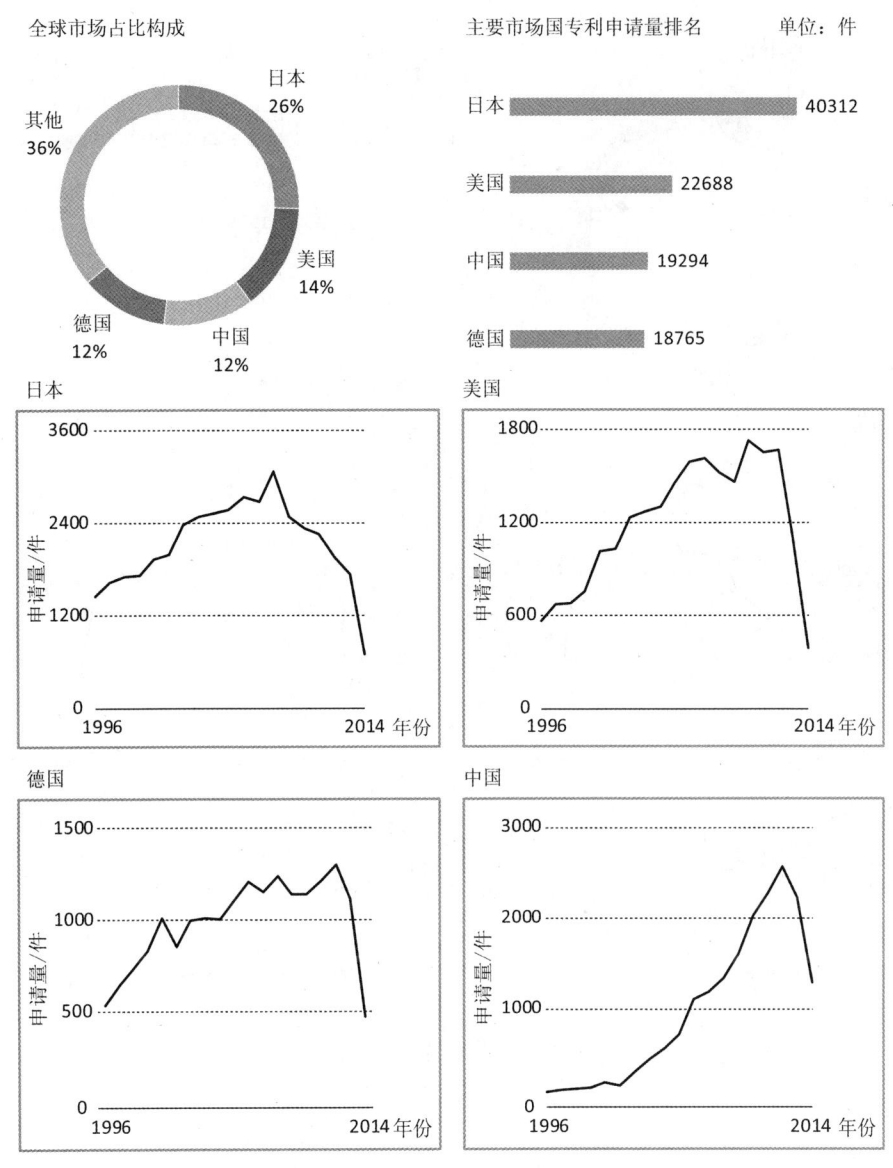

图2 全球专利技术市场情况

## 2.2.2 专利技术分布概况

日本、德国、韩国和法国的申请量/产出量比值在2以下,说明这4个国家的产出量较高,技术成熟,市场趋于饱和,其他国家的技术难于打入上述国家。中国和美国的申请量/产出量比值略高于2,技术成熟度较高。而澳大利亚、印度和加拿大排名虽然进入了前10位,但是其所占比例很少,其申请量远大于产出量,这3个国家的申请量分别是2048件、1746件、1436件,产出量分别为204件、270件和171件,申请量/产出量比值偏大,市场前景好,技术力量薄弱,可作为可开发的市场。其他进入前10位的国家还包括俄罗斯。全球专利技术产出情况见图3。

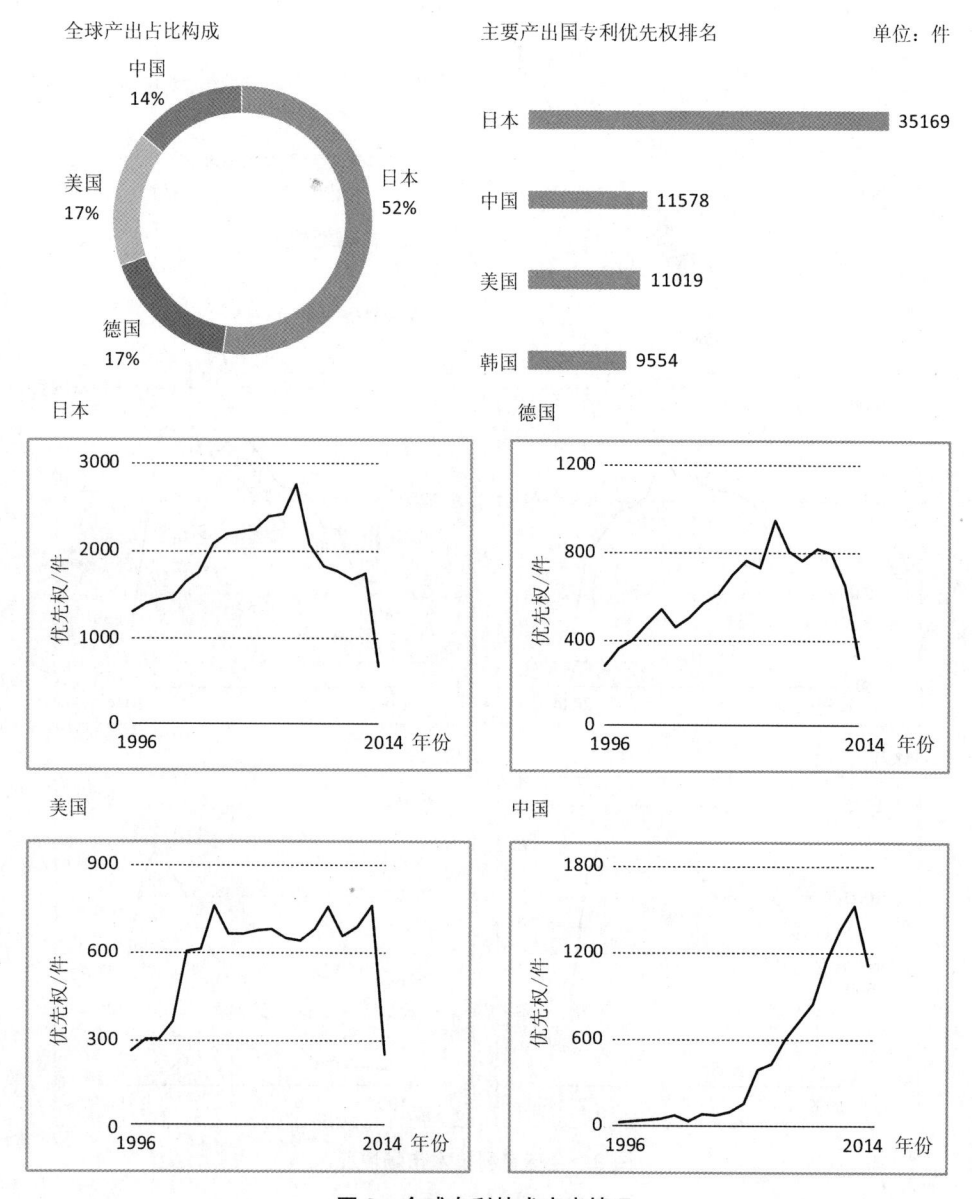

图3 全球专利技术产出情况

机动车尾气控制技术主要分为机内净化和机外净化，机内净化是改进汽车内燃机结构和燃料燃烧状况，如改进化油器、点火系统及燃烧系统、用电子方式控制汽油喷射、选择清洁燃料等。机内净化技术只能减少有害气体的生成量。机外净化是机动车尾气排入大气之前，利用催化转化装置等进一步将其转化为无害气体，研究主要集中在催化净化上，包括催化剂活性组分、助催化剂、载体和基面涂层等。各技术分支海外市场情况见图4。

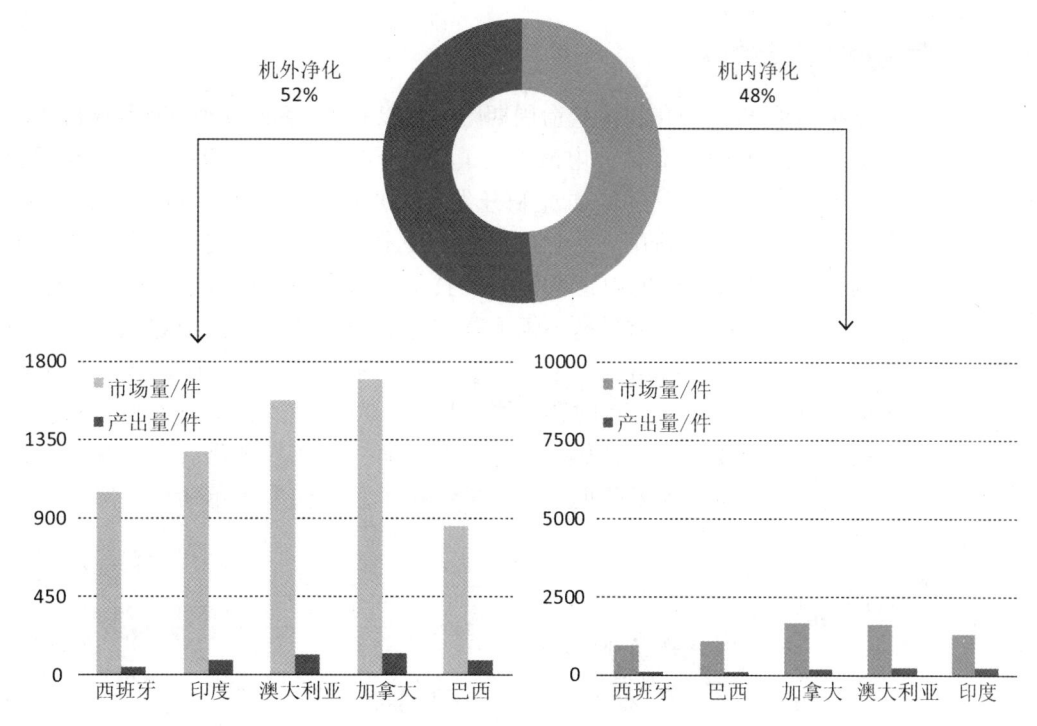

图 4　各技术分支海外市场情况❶

从技术领域分布来看，机内净化的申请量总量为55 405件，日美德中欧占据了前5位的位置；机外净化申请量总量为58 995件，同样日美德中欧占据了前五位的位置。值得一提的是，机内净化中韩国、加拿大、法国、澳大利亚、俄罗斯虽然进入前10位，但是其所占比例很少，而且绝对数量也较少。机外净化领域中，韩国、法国、英国、加拿大和俄罗斯均进入前10位。

韩国、法国、英国、加拿大、俄罗斯和澳大利亚虽然进入了前10位，但是申请量相较日美德中欧明显减少，申请量在1000~5000件。

英国的机内净化专利申请量虽然远远少于日美德中欧的申请量，但是英国的申请量/产出量比值为2.3，说明英国的机外净化技术较为成熟，国外企业想要进入存在很大的困难。究其原因，英国的庄信万丰是目前世界上最大的机动车尾气净化催化剂生产厂商之一。

通过对市场量和产出量的对比可以看出，无论是机外净化领域还是机内净化领域，西班牙、巴西、加拿大、澳大利亚和印度的申请量/产出量比值远远低于日美德中欧。而通过上述对比可以发现，上述国家或地区的市场前景好，技术力量薄弱，外来企业的机会大。值得注意的是，虽然没有进入前10位，西班牙的机内净化领域申请量为1048件，产出量仅为43件，申请量/产出量比值高达24。中国可大力拓展上述国家和地区的市场业务。

---

❶ 市场量：在市场国的申请量；产出量：在产出国的申请量。

### 2.2.3 专利技术生命周期

从图 5（a）所示的机内净化技术生命周期图中可以看出 1996~1999 年为专利技术萌芽期，专利申请量只有 1000 余件，申请人数量在 400~600 件，申请集中在少数研发机构中，此时的申请主要是基础性的研究和开发。2000~2007 年为专利技术发展期，专利申请量和申请人数均急剧上升，说明在该阶段技术出现了重要突破，应用性发明专利出现，市场扩大，此时大量的申请人涌入该技术的研发中。值得注意的是 2009~2010 年出现了一个小的波折，申请量呈小幅下降趋势。2011 年后进入成熟期，机内净化技术趋于成熟，专利数量持续增加，申请人数量变化不大，说明此阶段大多数企业不再投入大量的研发力量，也没有新的企业愿意加入。2013 年后，申请人和专利申请量减少，如果技术没有突破，技术的发展将进入衰退期。当技术老化后，会有不少的企业退出。机内净化是否能进入复苏期，首先关注技术是否能取得革命性的突破，是否有政策上的鼓励和支持。

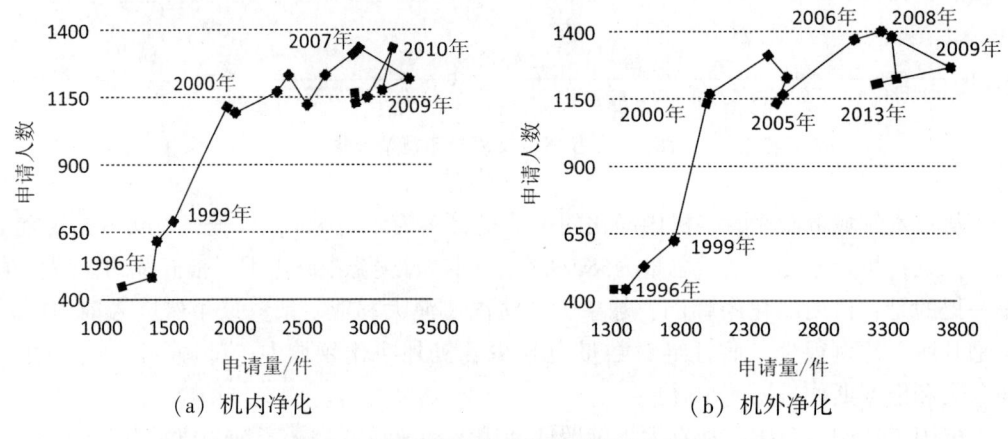

（a）机内净化　　（b）机外净化

图 5　各技术分支全球专利技术生命周期

从图 5（b）可以看出，机外净化的申请量从 1996~2008 年一直呈上升趋势，1996~1999 年是机外净化技术的萌芽期，此时申请量和申请人都较少，但人均申请量较多，可见技术主要掌握在少数几个大企业中。2000~2005 年是机外净化技术的发展期，更多的研发机构加入其中，这与当时的法规和政策有关，各国注重对机动车尾气排放的净化，促使更多的企业加入进来，促进了该技术的发展。2006~2008 年进成熟期，该阶段申请人数量和申请量增长缓慢，说明此时技术赢得了社会的广泛认同，并为广大用户所采用。在此时期，企业间竞争非常激烈，产业界研发人员对技术研发已累积了足够的经验与知识，技术商品化的程度非常高。在此时期，以符合顾客需求的技术功效改善的边际率仍大于研发资源的投资力度，故此阶段所使用的技术为主流技术。当技术处于成熟期时，由于市场有限，进入的企业开始趋少，专利增长的速度变慢。2008~2013 年进入衰退期，此时技术的发展已濒临饱和，由于技术的老化，企业因受益递减而纷纷退出市场，此时专利的申请量和申请人均呈负增长。

机内净化的人均申请量为2.29件,机外净化人均申请量为2.41件。从图5数据中可以看出,机外净化技术的申请量稍多,可见机外净化仍是主要及有效的净化方法,各生产商及研发机构对机外净化投入较多,技术相对较成熟。但是机内净化和机外净化整体呈增长状态,说明机内和机外净化技术均是研发机构关注的重点,两者的发展仍然会出现齐头并进的情况,不会出现厚此薄彼的状态。机内和机外净化技术的申请量均在2008年达到最高峰。随后申请量有小幅下降,但都保持在2000件以上。

在供油气系统领域内专利申请量最多的分类号是F02M 25(向燃烧空气、主要燃料或燃料-空气混合气中加入非燃料物质或少量二次燃烧用的发动机有关装置),共有申请2413件。这种现象说明,向燃料中添加非燃料及二次燃料技术是供油气系统领域中技术研发较为活跃的重点领域。

燃料控制的申请涉及的分类号主要是F02D,可燃气的电气控制是燃烧控制领域的一个重要子领域,主要原因在于欧V排放标准的实施,促使该领域技术研发较为活跃,并且多为配合其他尾气净化技术的发展而作出的技术改进。

内燃机与发动机的申请涉及的分类号主要是F02B。内燃机与发动机是机动车尾气机内净化的核心领域,其包含的技术范围非常广泛,技术点繁多,作为汽车的核心部件,它的技术发展对于机动车技术发展来说起着举足轻重的作用。

机动车尾气净化装置申请量较大,因采用尾气净化方法效果好,是各机构研发的重点和热点。机动车尾气净化主要是使用尾气净化催化剂,主要通过对催化剂活性组分、载体、助催化剂和基面涂层进行改进以实现净化的目的,所包括的分类号是B01D 53/94、B01D 53/86、B01J 35/04。

发动机的排气净化装置包括催化转化器、废气排放的控制装置,主要申请集中在控制空燃比、催化转化器的结构、排气冷却除去排气中的颗粒物,所包括的分类号是F01N。由于计算机技术和控制技术的发展,发动机电子控制得以实现并逐渐精确化,能够根据发动机工况利用现有的先进技术控制燃油喷射,使其达到最佳的空燃比。

## 2.3 主要竞争者

### 2.3.1 专利申请概况

机动车尾气净化技术主要申请人是日本、美国和德国的企业,申请量大,进入国家多,这也反映了这3个国家在机动车尾气净化领域占据了前沿领先位置,也证明了这3个国家的汽车工业在世界范围内具有极强优势。申请量排名前10位中日本占据6席,包括丰田、日产、本田、三菱和马自达汽车企业。丰田的申请量为9993件,远远超过其他申请人,授权率为54.89%,申请进入了27个国家和地区。这说明丰田很重视对专利的保护,其大量的申请形成了相关的专利网络,如果其他申请人想在此领域有所突破并不容易。在主要申请人中,授权率最高的是本田,高达64.45%,其专利申请进入了26个国家和地区。由此可以看出,日本的机动车企业非常重视对自主知识产权的保护,重视设置专利壁垒。全球主要竞争者总体情况见表2。

表 2　全球主要竞争者总体情况

| 竞争者 | | 专利概况 | | | 产业概况 | | |
|---|---|---|---|---|---|---|---|
| | | 总申请量/件 | 授权率 | 进入国家总数 | 发明人数量 | 诉讼/转让 | 主流工艺、核心技术 | 主营业务 |

| 竞争者 | | 总申请量/件 | 授权率 | 进入国家总数 | 发明人数量 | 诉讼/转让 | 主流工艺、核心技术 | 主营业务 |
|---|---|---|---|---|---|---|---|---|
| 日本 | 丰田 | 9993 | 54.89% | 27 | 3426 | 无/有 | 高燃耗功率汽车，油电混合动力车 | 汽车、卡车、一级方程式 |
| | 日产 | 2789 | 52.64% | 19 | 1470 | 无/有 | VQ系列发动机，电动汽车 | 大量主流的轿车和卡车，跑车 |
| | 电装 | 2270 | 41.54% | 19 | 1658 | 无/有 | 汽车动力系统如喷油器、燃料泵模块，汽油发动机，混合动力车用喷油泵 | 汽车零部件与系统 |
| | 本田 | 1962 | 64.45% | 26 | 2374 | 无/有 | 引擎的稀薄燃烧系统、废气净化系统，电动汽车、天然气汽车、混合动力系统的低公害发动机 | 汽车 |
| | 三菱自动车 | 1234 | 53.16% | 14 | 616 | 无/有 | 涡轮增压引擎、发动机技术，提高燃油效率 | 汽车 |
| | 三菱重工 | 707 | 37.66% | 19 | 919 | 无/有 | 燃气轮机，电池，发动机 | 特殊车辆 |
| 美国 | 福特 | 2211 | 44.39% | 22 | 2667 | 无/有 | 降低油耗发动机，节省燃料变速器 | 汽车 |
| 德国 | 博世 | 2699 | 25.94% | 24 | 2897 | 无/有 | 汽柴油喷射泵，电控系统，废气后处理，汽油直喷系统，电子汽油喷射系统 | 汽车零部件与系统 |
| | 巴斯夫 | 285 | 31.23% | 22 | 992 | 无/有 | 燃料添加剂，尾气处理催化剂 | 催化剂 |

（1）丰田自动车株式会社（丰田）

丰田是世界大型汽车公司，其生产宗旨是开发燃耗功率高、可靠耐用的汽车。丰田在机动车尾气净化催化剂、发动机排气净化装置等研究领域内具有非常领先的技术优势，相关的专利申请量达到9000多件，远远领先于排名第二的日产自动车株式会社。丰田使燃烧效率提高的狭角配置多阀双凸轮轴引擎、智慧型可变气门正时控制系统、燃料电池混合系统在现有车型中广泛应用。低排放量汽车丰田Prius油电混合动力系统使发动机和电动机的协同驱动得到划时代的提升，实现了世界级的低油耗和尾气排放，在减速、制动和下坡时能回收能量以供再利用，特别是当遇到红灯停驶时，发动机能够停止工作，因此油耗和尾气排放得到了有效改善。丰田的技术一般是与集团内的各公司共同开发，其立足于汽车产业的未来，不断加大环保和新能源领域的投资，成为环保汽车的领军者。

（2）日产自动车株式会社

日产的申请量仅次于丰田，授权率为52.64%。生产大量主流的轿车、卡车和跑车，低价车款与中国大陆的汽车品牌竞争，VQ系列发动机连续14年被评为最佳汽车引擎，无级变速器世界知名。日产电动汽车聆风由层叠式紧凑型锂离子电池驱动，性能与传统的汽油车相差无几。

（3）罗伯特·博世有限公司

博世是世界上最大的汽车行业独立零件供应商，世界领先的乘用车和商用车起动机和发电机供应商。其产品包括汽车零部件与系统，如汽油系统、柴油系统（发动机管理系统、变速箱控制系统、混合动力和电力驱动、供油装置、传感器、点火模块、电子节流阀控制单元）、汽车电子驱动、起动机与发动机、传动和控制系统。核心技术包括第一台带有点火塞的高压电点火系统、汽柴油喷射泵、电控系统、废气后处理、汽油直喷系统、电子汽油喷射系统。德国的宝马、奔驰、奥迪，中国的吉利、奇瑞都由博世提供技术和产品。近年博世研发成本逐年增加，可以预见博世的发展会更加迅速。

（4）福特环球技术公司

福特是美国最大的汽车制造公司，生产福特、林肯和水星等品牌的汽车。福特生产的燃料电池动力汽车，其混合燃料汽车对燃料配合比有着较宽的适应能力，Ecoboost发动机是燃油直喷与涡轮增压功能结合，降低油耗；双离合6速变速器，降低油耗最高达9%，进气格栅主动关闭系统能节省燃料。

（5）本田技研工业株式会社

本田的申请量虽然不算最多，但是授权率达到64.45%，是前10名中授权率最高的企业，而且本田的专利技术进入了26个国家，主要涉及引擎的稀薄燃烧系统、废气净化系统、发动机等。本田追求汽油发动机的尾气净化，其低公害发动机技术一直处于世界领先地位，ZLEV发动机、三级VTEC发动机、HONDA式无级变速装置性能优越。其中引擎的稀薄燃烧系统、废气净化系统被丰田引进并应用于汽车中。

全球主要竞争者中不见我国企业，说明我国整体研发实力薄弱，技术落后，国内的企业想在机动车尾气净化领域占据一席之地，还有很长的一段路要走。在国内，企业没有形成有效的竞争，不利于国内企业的共同发展，对外没有有力的技术能打入国际市场。从专利申请的角度看，申请量大的公司较为分散，申请量明显少于国外企业。国内企业主要是对现有技术的改进，没有研发自己的核心技术。国内的企业可以从研发方式、专利布局、专利策略等方面向国外公司学习，找到适合自己的发展模式。从企业的分布看，申请量排名前10位的日本公司有6家，说明从地域上看，日本作为一个整体的确垄断着一部分机动车尾气净化的核心技术。

企业的技术创新能力与其拥有的技术创新人才密切相关。通过分析专利申请可以获悉企业拥有的发明人总数及平均每件申请的发明人数。专利申请的发明人总数反映了企业的研发人员数量，平均每件申请的发明人数反映了企业每件申请的人员投入情况。根据对上述主要竞争者的统计分析发现，申请量最高的丰田发明人数量为3426

人，平均每发明人申请专利 2.9 项，每申请发明人数为 0.34 人；而主要竞争者中博世、福特、本田、三菱、巴斯夫平均每发明人申请专利均在 1 项以下，最低的是巴斯夫，为 0.29 项，每申请发明人数为 3.5 人。说明发明人数量较多的企业研发实力较强，发明人数量较低的企业已经将研发重点转移到其他相关领域。对于研发人数较低的企业应当给予重点关注，查看其是否拥有核心技术支撑其发展，又或者其是否正在逐渐转移自己的研发重点。对于研发人数较高的企业也应当予以重点关注，其有可能会重点进军机动车尾气净化领域。

### 2.3.2 主要专利技术领域分析

通过比较重要专利可以看出，福特的重要专利最多，专利主要集中在尾气的催化净化方面，其次是可燃混合气或其组分供给的电气控制，排气或消音装置，向燃烧空气、主要燃料或燃料-空气混合气中加入非燃料物质或少量二次燃料用的发动机有关装置，装有可变化阀的定时而不变更开阀持续时间阀机构或阀装置。其次是本田，全球有约 2000 件重要专利，其中一部分专利被其他汽车企业所使用。丰田虽然专利申请量排名第一，但是重要专利的比例并不大，仅有 1000 多件。另外，重要专利中均存在转让现象，说明企业对技术并不独占。对于转让方来说，转让费能回收一部分成本，继续用于研发中，促进技术的发展；对于受让方，转让一部分专利可以节约研发成本，补充自身缺陷，能够投入充足的人力和物力到擅长的领域，掌握核心技术。对于国内的企业来说，可借鉴国外企业的专利布局和专利策略，扬长补短。全球主要竞争者主要专利技术领域分布见表3。

表 3 全球主要竞争者主要专利技术领域分布　　　　　　　　单位：件

| 竞争者 | | 领域 | 数量 | 领域 | 数量 | 领域 | 数量 | 领域 | 数量 | 领域 | 数量 |
|---|---|---|---|---|---|---|---|---|---|---|---|
| 日本 | 丰田 | 催化净化的排气处理装置 | 4913 | 燃烧发动机的电器控制 | 3737 | 发动机有关的装置 | 1819 | 通过催化方法净化发动机废气 | 1428 | 排气处理装置的监控或诊断装置 | 442 |
| | 日产 | 催化净化的排气处理装置 | 1458 | 燃烧发动机的电器控制 | 1132 | 通过催化方法净化发动机废气 | 753 | 发动机有关的装置 | 546 | 燃烧发动机的电器控制 | 261 |
| | 电装 | 燃烧发动机的电器控制 | 620 | 发动机有关的装置 | 474 | 催化净化的排气处理装置 | 389 | 通过催化方法净化发动机废气 | 365 | 排气处理装置的电控 | 177 |
| | 本田 | 催化净化的排气处理装置 | 771 | 燃烧发动机的电器控制 | 663 | 通过催化方法净化发动机废气 | 359 | 发动机有关的装置 | 267 | 以结构为特征的排气或消音装置 | 170 |

续表

| 竞争者 | | 领域 | 数量 | 领域 | 数量 | 领域 | 数量 | 领域 | 数量 | 领域 | 数量 |
|---|---|---|---|---|---|---|---|---|---|---|---|
| 日本 | 三菱自动车 | 催化净化的排气处理装置 | 626 | 燃烧发动机的电器控制 | 551 | 通过催化方法净化发动机废气 | 287 | 发动机有关的装置 | 223 | 电气联合控制 | 175 |
| | 三菱重工 | 催化净化的排气处理装置 | 193 | 通过催化方法净化发动机废气 | 151 | 发动机有关的装置 | 103 | 泵的控制 | 61 | 制备催化剂的方法 | 25 |
| 德国 | 博世 | 催化净化的排气处理装置 | 1453 | 燃烧发动机的电器控制 | 788 | 排气处理装置的监控或诊断装置 | 428 | 排气处理装置的电控 | 350 | 通过催化方法净化发动机废气 | 310 |
| 美国 | 福特 | 催化净化的排气处理装置 | 1076 | 燃烧发动机的电器控制 | 978 | 发动机有关的装置 | 354 | 通过催化方法净化发动机废气 | 220 | 发动机的阀动装置 | 82 |
| | 巴斯夫 | 通过催化方法净化发动机废气 | 207 | 催化净化的排气处理装置 | 147 | 制备催化剂的方法 | 107 | 以元素为特征的催化剂 | 64 | 制备催化剂的方法 | 29 |

## 2.3.3 主要专利技术市场分析

就主要竞争者的市场分布而言，各个竞争者的主要竞争市场均为本国市场。除本国市场外，全部竞争者把注意力基本都投入了美国、德国、日本、欧洲，中国和韩国也是各个竞争者较为关注的市场。对于这些竞争者来说，在上述所有市场中更关注美国和欧洲的市场。这是因为全球的主要竞争者中日本占据了6席，而美国、德国是日本的主要竞争对手。全球主要竞争者主要专利技术市场分布见图6。

日本公司的对华申请量虽然大多能排名在全球前列，但是申请数量却明显低于其对欧美的申请量，说明我国目前没有成为日本公司专利布局的重点。我国企业的专利申请量低，专利布局不明朗。在这个时候，我们更应当努力开发自己的优势产品，先在国内进行合理的专利布局。国外公司申请量低，但其核心技术的存在，会影响我国专利申请在国内以及在海外的布局。

## 图6 全球主要竞争者主要专利技术市场分布

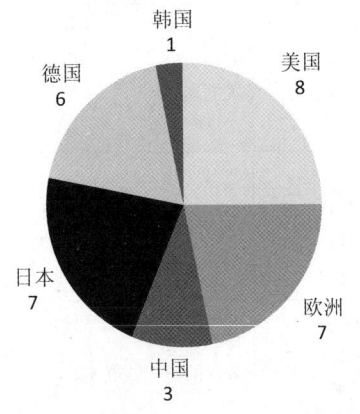

| 美国 | 通过催化方法净化发动机废气 | 催化净化的排气处理装置 | 燃烧发动机的电器控制 | 排气处理装置的电控 |
|---|---|---|---|---|
| 8家 | 8家 | 7家 | 5家 | 4家 |

| 日本 | 通过催化方法净化发动机废气 | 催化净化的排气处理装置 | 燃烧发动机的电器控制 | 排气处理装置的电控 |
|---|---|---|---|---|
| 7家 | 7家 | 7家 | 5家 | 1家 |

| 欧洲 | 通过催化方法净化发动机废气 | 催化净化的排气处理装置 | 燃烧发动机的电控 |
|---|---|---|---|
| 7家 | 7家 | 6家 | 5家 |

饼图数据：韩国1，美国8，欧洲7，中国3，日本7，德国6。单位：家

在机动车尾气控制领域，世界范围内较为大型的几家公司重点技术集中在通过催化方法净化发动机废气、催化净化的排气处理装置。这是因为在实际过程中，即使使用了更为清洁的燃料，改进了发动机等机动车性能，现阶段主要的燃料仍然是汽柴油，在燃烧过程中必定会生成废气，因此对产生的废气进行净化是必不可少的环节，也是尾气净化重要的一环。

从专利角度看，丰田、本田、日产的主要研发方向是催化剂净化，涉及活性组分、载体、辅助成分的改进，主要在于对原料、工艺步骤和工艺参数的调节来影响产品的组成和结构，进而提高所得产品的性能。从这个角度看日本貌似掌握了脱硫技术的核心技术，但是我们还应该了解，对于日本来说，其是全球范围内拥有专利数量较多的国家之一，在多个领域，其专利申请量均名列前茅，或者说明日本企业擅长在世界范围内进行专利布局，信任专利制度所带来的经济效益，所以，在尾气净化领域其仍然具有较高的专利申请量。在授权率方面，本田的授权率略高于其他几个日本公司。而发明人数最多的是丰田，从专利布局情况来看，丰田对其他国家的专利申请量也明显高于其他几家日本公司。因此，无论是从专利申请角度，还是从市场角度来看，丰田均是在机动车尾气净化领域最为活跃的公司。全球主要竞争者主要专利技术在不同市场的领域分布见表4。

## 第 2 章　全球专利竞争情报分析

### 表 4　全球主要竞争者主要专利技术在不同市场的领域分布　　单位：件

| 公司 | | 丰田 | 日产 | 电装 | 本田 | 三菱自动车 | 三菱重工 | 福特 | 博世 | 巴斯夫 |
|---|---|---|---|---|---|---|---|---|---|---|
| 本国 | | 日本 | 日本 | 日本 | 日本 | 日本 | 日本 | 美国 | 德国 | 德国 |
| 申请量 | | 9719 | 2727 | 2233 | 1900 | 1230 | 685 | 1722 | 2427 | 246 |
| 技术领域 | 领域1 | 催化净化的排气处理装置 | 催化净化的排气处理装置 | 发动机有关的装置 | 催化净化的排气处理装置 | 催化净化的排气处理装置 | 燃烧发动机的电器控制 | 燃烧发动机的电器控制 | 催化净化的排气处理装置 | 通过催化方法净化发动机废气 |
| | 数量 | 4776 | 1458 | 473 | 639 | 600 | 163 | 513 | 586 | 178 |
| | 领域2 | 燃烧发动机的电器控制 | 燃烧发动机的电器控制 | 催化净化的排气处理装置 | 燃烧发动机的电器控制 | 燃烧发动机的电器控制 | 通过催化方法净化发动机废气 | 催化净化的排气处理装置 | 排气处理装置的电控 | 催化净化的排气处理装置 |
| | 数量 | 3643 | 1132 | 295 | 429 | 549 | 149 | 453 | 337 | 127 |
| | 领域3 | 通过催化方法净化发动机废气 | 通过催化方法净化发动机废气 | 通过催化方法净化发动机废气 | 通过催化方法净化发动机废气 | 通过催化方法净化发动机废气 | 泵的控制 | 通过催化方法净化发动机废气 | 通过催化方法净化发动机废气 | 制备催化剂的方法 |
| | 数量 | 2976 | 753 | 363 | 332 | 287 | 25 | 173 | 212 | 87 |
| 海外1 | | 美国 | 美国 | 美国 | 美国 | 美国 | WIPO | 德国 | 美国 | WIPO |
| 申请量 | | 1827 | 484 | 673 | 656 | 120 | 156 | 1310 | 851 | 199 |
| 技术领域 | 领域1 | 催化净化的排气处理装置 | 催化净化的排气处理装置 | 催化净化的排气处理装置 | 催化净化的排气处理装置 | 燃烧发动机的电器控制 | 燃烧发动机的电器控制 | 燃烧发动机的电器控制 | 催化净化的排气处理装置 | 通过催化方法净化发动机废气 |
| | 数量 | 998 | 318 | 209 | 193 | 43 | 48 | 185 | 275 | 147 |
| | 领域2 | 燃烧发动机的电器控制 | 燃烧发动机的电器控制 | 通过催化方法净化发动机废气 | 通过催化方法净化发动机废气 | 燃烧发动机的电器控制 | 泵的控制 | 催化净化的排气处理装置 | 通过催化方法净化发动机废气 | 催化净化的排气处理装置 |
| | 数量 | 772 | 280 | 129 | 123 | 39 | 35 | 152 | 122 | 118 |
| | 领域3 | 通过催化方法净化发动机废气 | 通过催化方法净化发动机废气 | 排气处理装置的电控 | 燃烧发动机的电器控制 | 催化净化的排气处理装置 | 通过催化方法净化发动机废气 | 催化净化的排气处理装置 | 排气处理装置的电控 | 制备催化剂的方法 |
| | 数量 | 610 | 174 | 104 | 59 | 37 | 31 | 123 | 119 | 81 |
| 海外2 | | WIPO | 欧洲 | 德国 | 欧洲 | 德国 | 欧洲 | 中国 | WIPO | 欧洲 |
| 申请量 | | 1626 | 409 | 658 | 368 | 92 | 131 | 801 | 821 | 156 |
| 技术领域 | 领域1 | 催化净化的排气处理装置 | 催化净化的排气处理装置 | 催化净化的排气处理装置 | 催化净化的排气处理装置 | 燃烧发动机的电器控制 | 通过催化方法净化发动机废气 | 发动机有关的装置 | 催化净化的排气处理装置 | 通过催化方法净化发动机废气 |
| | 数量 | 910 | 278 | 205 | 118 | 48 | 10 | 209 | 313 | 130 |
| | 领域2 | 通过催化方法净化发动机废气 | 燃烧发动机的电器控制 | 燃烧发动机的电器控制 | 催化净化的排气处理装置 | 催化净化的排气处理装置 | 泵的控制 | 燃烧发动机的电器控制 | 通过催化方法净化发动机废气 | 催化净化的排气处理装置 |
| | 数量 | 581 | 153 | 175 | 112 | 36 | 6 | 170 | 137 | 104 |
| | 领域3 | 排气处理装置的电控 | 通过催化方法净化发动机废气 | 排气处理装置的电控 | 通过催化方法净化发动机废气 | 通过催化方法净化发动机废气 | 泵的控制 | 通过催化方法净化发动机废气 | 燃烧发动机的电器控制 | 制备催化剂的方法 |
| | 数量 | 243 | 158 | 146 | 85 | 34 | 28 | 71 | 82 | 70 |
| 海外3 | | 欧洲 | 中国 | 中国 | 德国 | 欧洲 | 美国 | 欧洲 | 日本 | 韩国 |
| 申请量 | | 1559 | 246 | 188 | 316 | 77 | 117 | 393 | 759 | 149 |
| 技术领域 | 领域1 | 催化净化的排气处理装置 | 催化净化的排气处理装置 | 发动机有关的装置 | 燃烧发动机的电器控制 | 通过催化方法净化发动机废气 | 催化净化的排气处理装置 | 催化净化的排气处理装置 | 催化净化的排气处理装置 | 通过催化方法净化发动机废气 |
| | 数量 | 908 | 130 | 56 | 139 | 38 | 24 | 101 | 308 | 114 |
| | 领域2 | 通过催化方法净化发动机废气 | 燃烧发动机的电器控制 | 燃烧发动机的电器控制 | 燃烧发动机的电器控制 | 燃烧发动机的电器控制 | 泵的控制 | 燃烧发动机的电器控制 | 燃烧发动机的电器控制 | 催化净化的排气处理装置 |
| | 数量 | 648 | 130 | 44 | 129 | 22 | 4 | 96 | 293 | 87 |
| | 领域3 | 燃烧发动机的电器控制 | 通过催化方法净化发动机废气 | 通过催化方法净化发动机废气 | 催化净化的排气处理装置 | 以元素为特征的催化剂 | 通过催化方法净化发动机废气 | 通过催化方法净化发动机废气 | 通过催化方法净化发动机废气 | 制备催化剂的方法 |
| | 数量 | 379 | 89 | 44 | 59 | 21 | 3 | 67 | 180 | 64 |

# 第3章 中国专利竞争情报分析

## 3.1 总体竞争环境

近年来,我国的机动车保有量持续增长,据统计,至2014年,全国机动车保有量达到2.46亿辆,其中汽车占58.8%,低速汽车占4.0%,摩托车占37.2%。❶ 2012年全国机动车4项污染物排放总量为4547.3万吨,比2013年削减0.5%,其中国Ⅰ~国Ⅲ标准机动车污染物排放占总排放量的75%以上。《"十二五"节能环保产业发展规划》中指出,一些发达国家利用节能环保方面的技术优势,在国际贸易中制造绿色壁垒。为使我国在新一轮经济竞争中占据有利地位,必须大力发展节能环保产业。《"十二五"规划纲要》提出"十二五"期间全国氮氧化物排放量削减10%。然而,《"十二五"规划纲要》实施中期评估报告❷显示,氮氧化物排放量指标2011年不降反升,较上年上升5.74%;尽管2012年这项指标下降2.8%,但综合上两年的指标数仍比2010年高出2.8%。据测算,要完成《"十二五"规划纲要》目标,后3年需年均下降4.3%。可见我国的机动车尾气控制前景并不乐观,这给汽车厂商和研发机构带来挑战和困难。

### 3.1.1 政策环境

中国的机动车尾气排放控制工作始于20世纪80年代。1983年我国颁布了第一批汽油车、柴油车排放标准和检测标准❸❹,于1984年4月1日起实施。但该标准仅对汽车急速污染物检测规定单一、简单工况排放值,并没有考虑汽车在道路上运行的复杂工况,也未控制$NO_x$的排放。此后在分析美日欧的机动车尾气排放控制体系的基础上,经过多次修订,于2000年出台了我国第一阶段实施的排放标准GB 18352.1—2000(相当于欧Ⅰ标准),2004年1月1日开始实施GB 18352.2—2000(欧Ⅱ标准)。2007年7月,全国实施轻型汽车国Ⅲ标准,2011年开始实施国Ⅳ标准,北京已率先于2013年2月1日起开始实施国Ⅴ标准。虽然我国机动车尾气排放控制的法规起步比欧美日等发达国家和地区晚了十多年,但在20世纪90年代后却加快了尾气排放控制的实施进程。❺ 2014年,全国机动车保有量比2013年增长了6.1%,但污染物排放量削减了0.5%,这与实施更严格的机动车排放标准、加快淘汰高排放的"黄标车"、提升车用燃料品质有关。

---

❶ 参见《2015年中国机动车污染防治年报》。
❷ 参见《"十二五"规划纲要》实施中期评估报告。
❸ 汽油车急速污染物排放标准:GB 3842—83 [S]。
❹ 汽油车急速污染物测量方法:GB 3845—83 [S]。
❺ 方茂东,许心凤,王则武. 机动车污染防治行业发展综述 [J]. 中国环保业,2010 (11):22-24.

## 3.1.2　经济环境

在现行法律框架下，以市场为主导，以有效的财税政策作为经济刺激手段，是目前我国控制硫氧化物排放的高效方式。

提升燃油品质，要求中石油、中石化、中海油等炼化企业合理安排生产和改造计划，制订合格油品保障方案，确保按期供应合格油品。在 2014 年年底前，全国供应符合国家第四阶段标准的车用柴油；在 2015 年年底前，京津冀、长三角、珠三角等区域内重点城市全面供应符合国家第五阶段标准的车用汽、柴油；在 2017 年年底前，全国供应符合国家第五阶段标准的车用汽、柴油。

加快淘汰黄标车和老旧车辆。采取划定禁行区域、经济补偿等方式，逐步淘汰黄标车和老旧车辆。到 2015 年，淘汰 2005 年年底前注册营运的黄标车，基本淘汰京津冀、长三角、珠三角等区域内的 500 万辆黄标车。到 2017 年，基本淘汰全国范围的黄标车。

鼓励企业加快研发和示范具有自主知识产权的汽油直喷、涡轮增压等先进发动机节能技术，以及双离合式自动变速器（DCT）等多档化高效自动变速器等节能减排技术，新型车辆动力蓄电池和新型混合动力汽车机电耦合动力系统、车用动力系统和发电设备等技术装备；大力推广节能型牵引车和挂车。

推广采用各类节能技术实现的节能汽车，采取财政补贴和直接上牌等方式鼓励个人购买。公交、环卫等行业和政府带头使用新能源汽车。实施补贴等激励政策，鼓励出租车每年更换高效尾气净化装置。❶

本着"谁污染、谁负责，多排放、多负担，节能减排得收益、获补偿"的原则，积极推行激励与约束并举的节能减排新机制。全面落实"合同能源管理"的财税优惠政策，完善促进环境服务业发展的扶持政策，推行污染治理设施投资、建设、运行一体化特许经营。

## 3.1.3　技术环境

机动车的净化技术主要掌握在国外的汽车生产厂商和企业中，我国的机动车主要选择国外的设备和技术。国内实力较强的企业和研发机构有无锡威孚立达、重庆海特、昆明贵研、贵州贵金属研究所、福州大学催化中心、北京工业大学、中科院生态环境研究中心、中国石化石油化工科学研究院，主要集中在催化剂的研发和改进。

1994 年至今，国内的专利申请量虽然远远大于排名第二的日本，但是申请分散在各个公司、企业、高校和个人手中，没有形成有效的专利网。

除了专利申请外，机动车尾气净化在非专利方面的文献量为 54 045 篇，作者包括 4601 家企业和 4284 家科研机构。研发机构中大学和研究所占很大一部分比例，说明很大一部分技术仍然处于科研阶段，将其转化为工业应用还需一段时间。而研发机构的重点是该技术能够在工业生产中实际应用并能取得良好效果。这需要科研机构与企业联合，有针对性地对企业的需求进行研究和开发，避免盲目追求技术的进步而忽略了

---

❶ 参见《京津冀及周边地区落实大气污染防治行动计划实施细则》。

企业和市场真正的需要。

## 3.2 专利竞争环境

### 3.2.1 专利申请概况

根据中国专利申请的检索及统计结果，就中国的专利竞争环境而言，我国机动车尾气净化领域专利申请量一直处于增长阶段，机动车尾气净化控制相关技术的市场参与者除中国大陆外，主要包括日本、美国和德国，专利权人除来自中国大陆外，主要来自美国、日本、德国、我国台湾和韩国。除了前 6 名外，其他国家和地区的申请量均不大，只有几十件。中国专利技术市场情况见图 7。

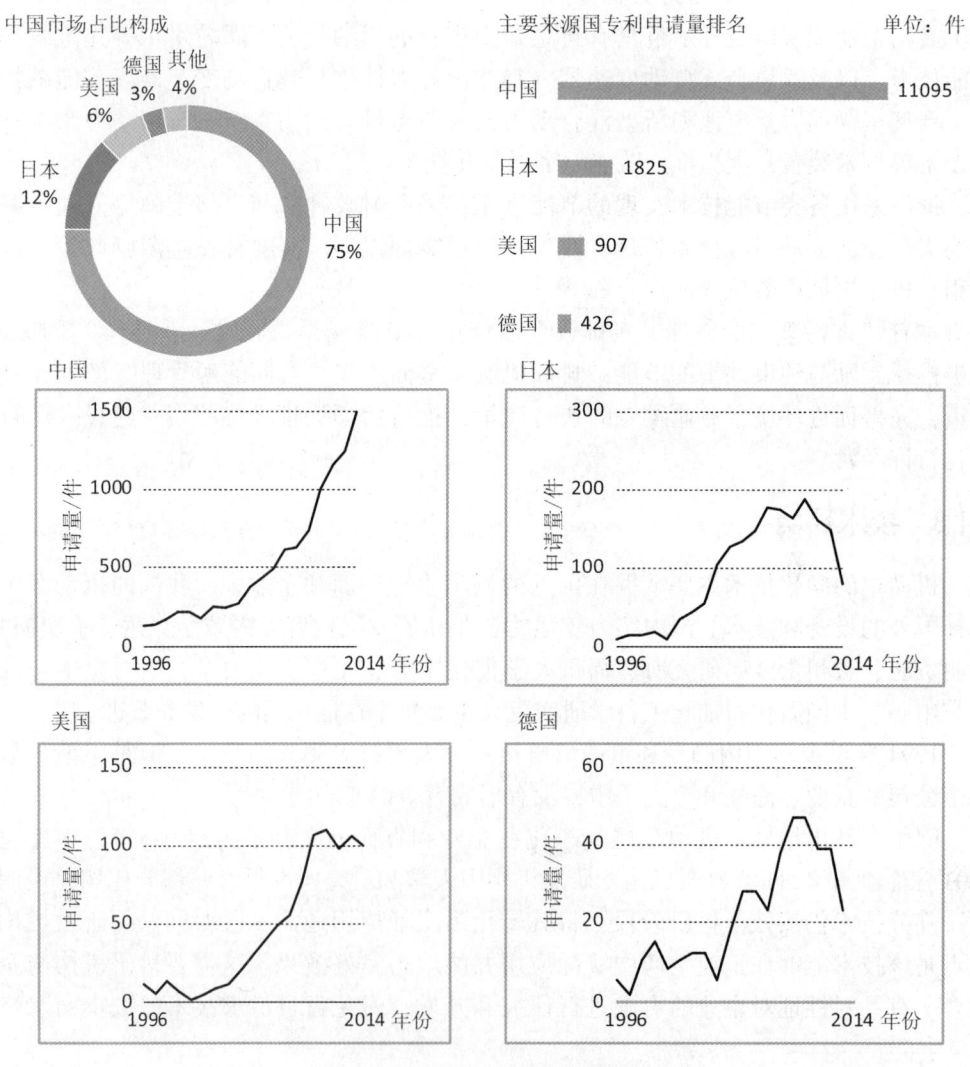

图 7 中国专利技术市场情况

对于我国市场来说，本国申请量占据主导地位，国外申请虽然存在一定数量，但并未对我国专利布局造成影响。无论是专利制度还是领域内的发展均起步较晚，从整体技术环境来看，整体技术水平明显落后于美日欧等国家和地区。近几年在国家政策和经济发展的促进下，机动车尾气污染控制领域得到了较好的发展。虽然国外专利布局在我国并不明显，但是专利审查过程是相对于全球公开的技术作为对比，使得一些没有在国内申请，但是已经在国外公开的技术，成为我国专利申请的阻碍，研发者在研发时不应局限于国内公开的技术，而应该开阔眼界，去关注世界范围内的现有技术，有的放矢地进行研发以及专利申请工作，对于已有技术进行了解，减少重复开发。

从各国的申请量趋势可以看出，日本、美国和德国在华申请整体呈增长状态，从最初的几件到如今的上百件，说明国外的研发机构认识到中国是一个巨大的市场，其有目的地在中国市场进行专利布局。2012年的申请量略有下降，说明在机动车尾气净化领域的成熟专利较多，要想突破瓶颈，开发新的技术有一定困难。国内研发机构应抓住机会，在对政策和法规及国内市场的充分了解下，充分利用国内的资源，有针对性进行研发和专利布局，提高市场占有率。要全面了解竞争对手的技术情况，研究国外专利背后的经济以及利益市场，有目的和针对性地进行技术研发，避免"走弯路"和侵权。国内的申请人更需注意对核心专利的研发和利用，减少对国外技术的依赖。

### 3.2.2 专利地区分布

在各省份排名中，发达省市和东部省份的申请量较高，其中江苏、北京和浙江占据前三的位置。江苏省无锡威孚的产品覆盖内燃机进气系统、内燃机燃油喷射系统、机动车尾气后处理系统，是国内机动车尾气催化净化装置规模最大的供应商和中国机动车尾气环保产业高新技术的领跑者，专利申请量大。另外，江苏省已经供应硫含量不超过50ppm的国Ⅳ汽油。北京有很多大型国企，其申请量较大。北京为了控制机动车尾气的排放，颁布了地方法规，率先使用达到欧Ⅴ排放标准的国Ⅴ标准，加速淘汰黄标车和老旧车辆，这都加快了当地技术的发展。中国专利技术地域分布情况见图8。

华南地区 1023
台湾 182
东北地区 960
西南地区 1295
华北地区 1779
西北地区 331
华中地区 958
华东地区 4567

单位：件

图8 中国专利技术地域分布情况

各个地区会出台一些相关的法律法规，竞争者应当针对各地区政策有的放矢，指导产业和研发的投入。

### 3.2.3 专利技术生命周期

从专利生命周期（如图9所示）角度来看，就中国的专利竞争情况而言，两个主要技术分支目前均处于发展期；机内净化领域与机外净化领域的申请人以及申请量均处于增长阶段，这与当前的国情和形势是吻合的。我国的机动车保有量持续增长，空气污染严重，国家出台了旨在净化空气、降低和限制汽车的尾气排放、消除雾霾的法律法规。在此情况下，各研发机构加大投入和研发力度，申请量和申请人呈持续增长趋势。由于我国的机动车尾气净化技术较国外还有一定的差距，因此主要技术分支的专利生命周期的发展期还会持续一段时间。各研发机构应有针对性地进行研究和开发，充分利用国内资源和技术的优势，占据市场份额，提高与国外企业的竞争力。

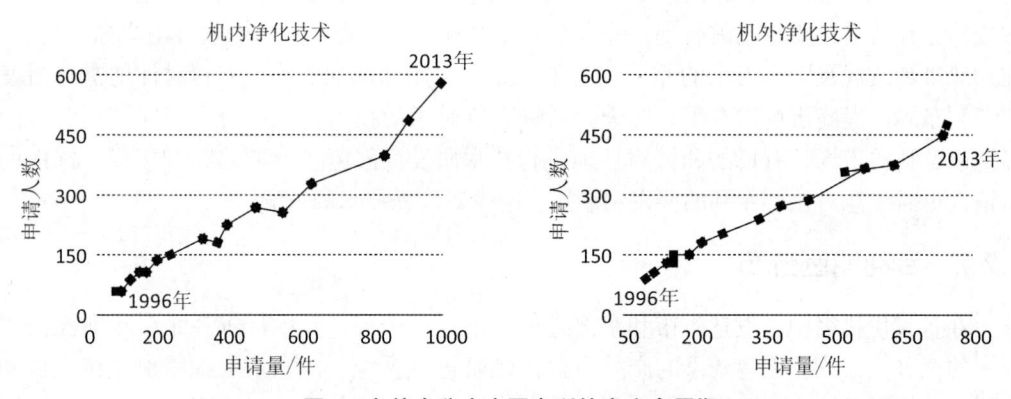

**图9 各技术分支中国专利技术生命周期**

机内净化从源头减少有害物质的排放，节约能源，是机动车尾气净化技术非常重要的一个方面。国内的机内净化主要集中在对供油气系统的改进上，其中申请量最多的分类号是F02M 25，主要涉及向燃烧空气、主要燃料或燃料-空气混合气中加入非燃料物质或少量二次燃料用的发动机有关装置，主要添加物质是乙炔、非水中氢、非空气中氧或臭氧、水或蒸汽，并包括用于产生上述气体的装置。其次是燃烧发动机的控制，内燃机与发动机是机动车尾气机内净化的核心领域，其包含的技术范围非常广泛，技术点繁多，作为汽车的核心部件，它的技术发展对于机动车技术发展来说起着举足轻重的作用。更新发动机技术并不单单是为了降低尾气排放，还包括提高发动机效能、增大输出功率等多个目的。其专利申请量最多的分类号是F02B 75。

在国内申请中，关于适用于混合动力车辆的控制系统、燃烧发动机的电气控制、内燃机点火的申请量较少。由于我国的汽车生产起步较晚，发动机控制系统和点火系统的核心技术主要掌握在西方国家手中。随着模拟技术和现代控制理论的不断完善和发展，各种先进的控制理论和技术应用到汽车生产中。随着排放法规的日益严格，稀薄燃烧技术成为发动机技术的研究重点。我国的车企和研发机构可着重对发动机的控制技术、点火系统进行开发，减少尾气的产生。一些厂家正在研究高压脉冲点火即纳秒气体放电，这项技术可影响发动机的燃烧效果，减少机动车的燃耗和废气排放。

国务院的《节能与新能源汽车产业发展规划（2012～2020年）》明确鼓励多种技术路线车型的发展，其预计2015年中国市场的混合动力汽车的增长率为18%，而政府采购和混合动力客车将是主要消费客户。但是由于全球混合动力核心技术主要由日本的两家汽车公司所掌握，中国的车企发展混合动力将无法回避日系车企的技术壁垒。与此对应的，在电动车领域，中国并不比国外差，一份研究报告表明，在传统汽车领域，中国比西方落后几十年，但是在电动汽车领域，中国与国外处于同一起跑线。以中国庞大的市场需求和低成本优势，在发展电动汽车方面，中国有可能赢得先机。因此对于国内的研发机构和车企来说，机遇与挑战并存，快速研发和掌握核心技术将在未来的市场上占据一席之地。在我国大力推进、鼓励和扶持电动车辆的情况下，研发机构和生产厂商可着重对此领域的研究和开发，生产出节能环保、尾气排放量减少的新能源汽车。

机外净化中使用催化剂是控制机动车尾气排放、减少污染的最有效的手段。各大车企对此投入了大量的人力和物力。我国的无锡威孚、昆明贵研和重庆海特是这方面的佼佼者。

机外净化主要是使用三元催化剂，但是三元催化剂中采用了贵金属元素Pt、Pd和Rh为活性组分，导致催化剂价格较高。而我国稀土含量高，近年来在机动车尾气净化稀土催化剂方面取得了一些突破性的进展，特别是在稀土-过渡金属-微量贵金属催化剂研究方面颇具中国特色。国内的研发机构可充分利用中国丰富的稀土资源，开发具有自主知识产权的稀土催化剂。其中昆明贵研催化剂有限公司开发的高稀土-低贵金属机动车尾气净化催化剂满足欧Ⅲ标准并已投入生产和使用。中国科学院长春应化所开发了由密耦催化剂-稀土催化剂构成的可达到欧Ⅲ排放标准的机动车尾气净化剂。另外，提高催化剂的催化活性，选择比表面积大、耐振动性强、起燃更迅速的催化剂载体、合适的助催化剂以提高催化剂的活性、选择性和寿命也是研发的重点。

## 3.3 主要竞争者

### 3.3.1 专利申请概况

企业申请占鳌头，获权专利多维持。

从专利申请量、市场占有率等综合分析得到的机动车尾气净化领域国内主要竞争者包括：奇瑞汽车、浙江吉利汽车、潍柴动力、中国第一汽车、重庆宗申、比亚迪、无锡威孚和昆明贵研（见表5）。其中6个为国内的车企，说明国内的车企越来越重视对自主知识产权的开发和保护。但是申请量并不多，排名第一的奇瑞汽车的申请量仅有114件，远远落后于国外企业几千件的申请量，这说明了我国在机动车尾气净化领域的研发能力与国外的研发机构相比差距巨大，我国的机动车企业想在国内占据一席之地仍有很长的路要走。

值得注意的是，虽然申请量并不多，奇瑞汽车和吉利汽车在我国的自主研发汽车方面、无锡威孚和昆明贵研在机动车尾气净化方面取得了突出的进步。下面对这几个企业作简要介绍。中国主要竞争者专利技术领域分布见表6。

表5 国内主要竞争者总体情况

| 企 业 | 专利情况 |||
|---|---|---|---|
| | 申请量/件 | 授权率 | 发明人数量 |
| 奇瑞汽车 | 114 | 78.9% | 162 |
| 中国第一汽车 | 104 | 67.3% | 122 |
| 潍柴动力 | 94 | 69.2% | 147 |
| 重庆宗申 | 76 | 100.0% | 63 |
| 浙江吉利汽车 | 62 | 82.3% | 96 |
| 比亚迪 | 50 | 80.0% | 68 |
| 无锡威孚 | 32 | 74.2% | 57 |
| 昆明贵研 | 7 | 71.4% | 26 |

表6 中国主要竞争者专利技术领域分布　　　　　　　　　　　　　　　　　　　　单位：件

| 竞争者 | 领域 | 数量 | 领域 | 数量 | 领域 | 数量 | 领域 | 数量 | 领域 | 数量 |
|---|---|---|---|---|---|---|---|---|---|---|
| 奇瑞汽车 | 催化净化的排气处理装置 | 16 | 排气装置 | — | 发动机有关的装置 | 13 | 排气处理装置的电控 | 3 | 催化方法净化发动机废气 | 1 |
| 中国第一汽车 | 催化净化的排气处理装置 | 54 | 排气处理装置的电控 | 21 | 催化方法净化发动机废气 | 20 | 发动机有关的装置 | 11 | 燃料喷射的控制 | 5 |
| 潍柴动力 | 排气处理装置的电控 | 18 | 发动机有关的装置 | 15 | 催化净化的排气处理装置 | 11 | 排气装置 | 4 | 以结构为特征的排气或消音装置 | 2 |
| 重庆宗申 | 排气装置 | 22 | 催化净化的排气处理装置 | 10 | 燃料发动机的气缸或气缸盖 | 6 | 消音装置 | 2 | 催化方法净化发动机废气 | 1 |
| 浙江吉利汽车 | 与动力装置燃气进气或排气结合的布置 | 9 | 催化净化的排气处理装置 | 4 | 发动机有关的装置 | 3 | 排气处理装置的电控 | 3 | 发动机控制 | 3 |
| 比亚迪 | 催化方法净化发动机废气 | 13 | 包含金属或金属氧化物或氢氧化物的催化剂 | 6 | 制备催化剂的方法 | 5 | 包括电动机和内燃机的原动机 | 5 | 催化剂载体 | 4 |

续表

| 竞争者 | 领域 | 数量 | 领域 | 数量 | 领域 | 数量 | 领域 | 数量 | 领域 | 数量 |
|--------|------|------|------|------|------|------|------|------|------|------|
| 无锡威孚 | 催化方法净化发动机废气 | 18 | 包含金属或金属氧化物或氢氧化物的催化剂 | 9 | 制备催化剂的方法 | 9 | 以其形态或物理性质为特征的催化剂 | 5 | 催化剂载体 | 3 |
| 昆明贵研 | 催化方法净化发动机废气 | 5 | 包含金属或金属氧化物或氢氧化物的催化剂 | 4 | 制备催化剂的方法 | 2 | 包含分子筛的催化剂 | 1 | 催化剂再生 | 1 |

### 3.3.2 主要专利技术信息分析

（1）奇瑞汽车

奇瑞汽车是中国最具有代表性的自主品牌汽车企业之一，具有完整的技术和产品研发体系，授权率为78.9%，人均申请量为0.7件，主要研发技术集中在发动机有关的装置、催化方法净化发动机废气、排气或消音装置上，可见奇瑞汽车将机动车净化技术的关注点集中在机内净化上。这可能是由于机动车尾气催化剂净化技术掌握在国外几个大企业手中，国内又有无锡威孚、昆明贵研两个强劲对手，奇瑞汽车充分利用自身作为汽车企业的优势，将人力和物力集中在优势领域，寻求技术上的突破和专利布局。奇瑞汽车的TGDI涡轮增压缸内直喷技术、新能源等在国内尖端核心技术上取得突破。TGDI涡轮增压缸内直喷技术能增加燃油效率。

（2）中国第一汽车

中国第一汽车是中央直属国有特大型汽车企业，成立于1956年，现已成为国内最大的汽车企业集团之一，跻身于世界500强。中国第一汽车具有强大的研发机构，研究领域涉及整车、总成、零部件和制造技术。中国第一汽车在国内的申请量占据第二的位置，授权率为67.3%，人均申请量为0.85件，净化技术主要集中在发动机废气、排气处理装置的电控、催化剂载体和与发动机有关的装置方面。自主研发的环保大功率天然气发动机已配置在解放J6P重卡中，这种发动机代替了污染严重的柴油发动机，有利于减少重型汽车的尾气排放。虽然中国第一汽车的申请量占据国内企业的领先地位，但是与国外的相关企业比较，无论是在申请量、研发人数、技术、市场占有率方面还有很大的差距。

（3）重庆宗申

重庆宗申主要生产摩托车，其授权率高达100%，人均申请量为1.2件，是国内主要竞争者中唯一的人均申请量大于1件的企业，说明重庆宗申在研发上投入并不高，但是质量很高。这可能是由于国家知识产权局在重庆宗申技术中心设立了企业专利工作站，建立起了全国行业最完备的知识产权库，非常有利于重庆宗申在研发前进行有目的地检索和调研。重庆宗申的研发重点是催化方法净化发动机废气、排气、消音装置和与发动机相关的装置。宗申在可替代、环保无污染燃料电池方面有着多年的研发经验和积累，并致力于研发生产清洁高效的小型交通工具。

（4）潍柴动力

潍柴动力的申请量为94件，发明人数量达到147人，人均申请量只有0.64件。潍柴动力重视与高校的合作，多年来与清华大学、同济大学、天津大学、吉林大学等进行项目合作和开发。潍柴动力的轻型动力融合了当今世界柴油机前沿科技，采用动力总成进行系统优化，降低能耗，采用硅油风扇比传统风扇省油3%。

（5）浙江吉利汽车

主要竞争者中，吉利汽车的申请量和授权率均不高，但是比较重视对人力的投入。吉利汽车的GeTec是拥有自主知识产权的发动机，综合运用了CVVT、DCVVT、全铝缸体、涡轮增压、缸内直喷等技术。该公司也有满足欧洲市场的清洁轿车柴油机。

（6）比亚迪

比亚迪是一家高新技术民营企业，申请量虽然只有50件，但是授权率比较高。比亚迪的新能源汽车虽然市场推广有限，因其产品率先应用于公交车和出租车，在此领域的名声很好。比亚迪的绿混能源管理体系以更高效、更低耗、更洁净为目的，开发铁电电池，电机与涡轮发动机无缝配合应用于机动车中。比亚迪还重视对机动车尾气催化净化技术的研究开发。

（7）无锡威孚

无锡威孚的申请量只有32件，但是它是目前我国机动车尾气催化净化装置规模最大的供应商和中国机动车尾气环保产业高新技术的领跑者，市场份额约为15%，为国内的多家主机厂、汽车厂家生产催化剂，市场占有量大。产品选用我国特有的混合系统加微量贵金属做活性组分，并用寿命长、耐热性好、吸附性强、耐磨损的蜂窝陶瓷做载体。具备800万件汽柴催化剂、800万件通用催化剂生产能力，产品已达到国Ⅳ排放标准。

（8）昆明贵研

昆明贵研在国内汽车催化剂行业占有重要地位，并成功进入国际主流汽车及零部件供应体系，研发的贵金属-稀土三效催化剂是具有领先水平的催化剂，已满足国Ⅴ排放标准。该公司已建成300万升/年催化剂的生产线。

虽然在机动车尾气净化领域，日美德三国具有绝对的优势，现在的国际及中国市场仍然是它们的天下，我国的企业仍未强大到与洋品牌分庭抗礼的地步，但是它们正在不断积蓄力量，并逐渐崭露头角。

# 第4章 竞争启示及产业发展建议

## 4.1 技术启示及建议

### 4.1.1 技术启示

我国机动车工业发展较晚，技术落后，日美德等发达国家在机动车尾气净化领域起步早，在各方面拥有多项成熟技术，特别是日本的汽车企业无论是在申请量、授权率、核心技术上具有绝对的优势，并且非常注重占领中国市场，已经形成了一定的专利布局和专利壁垒，这对国内的申请人及中国市场形成了极大的威胁。我国申请人的申请量和优先权都相对较少，申请人比较分散，核心技术少，近几年技术上虽有所突破，但是与日美德相比仍有不小差距，我国的自主知识产权的机动车尾气净化技术面临相对严峻的形势。我国应加强对国外先进经验的学习和引进，寻求技术上的进步。

### 4.1.2 技术建议

我国很多高校和科研院所如清华大学、华东理工大学、北京工业大学、中国科技大学、中科院生态环境研究中心、中石化石油化工科学研究院等都对机动车尾气净化领域有研究并取得了一定的成果，但是由于我国目前大部分企业较为注重生产销售环节以获取经济利益，在科研开发上投入不足，而科研院所和大专院校则面临科研成果转化以进一步积累科研资金的问题，因此国内企业、科研院所和大专院校之间要加强交流与合作，企业要充分利用大专院校雄厚的科研实力，有的放矢，有针对性地研发新技术、新产品，避免产研脱节，实现技术的应用和市场转化。催化剂的研发仍将是当前机动车尾气净化技术的核心内容，但是贵金属催化剂价格昂贵，我国应充分利用现有资源，发挥我国稀土资源的优势和稀土机动车尾气催化剂研究的特色，开发满足超低排放标准的稀土催化剂和净化器成套技术，完成新型稀土催化剂的更新换代技术；开发利用先进技术如低温等离子体技术、汽油直喷技术、电动车技术，加强投入和研发，以期在机动车未来的发展中占领一席之地。

### 4.1.3 技术方向

从《"十二五"规划纲要》实施中期评估中可以看出，由于经济的快速增长，产业结构升级慢，另一方面由于机动车持续增长，污染物减排压力巨大，如何减少机动车尾气的排放成为尾气净化的重点，我国应加快研发和示范具有自主知识产权的汽油直喷、涡轮增压等先进发动机节能技术，以及双离合式自动变速器（DCT）等多档化高效自动变速器等节能减排技术,新型车辆动力蓄电池和新型混合动力汽车机电耦合动力系统、车用动力系统和发电设备等技术装备;推广采用各类节能技术实现的节能汽车;大力推广节能型牵引车和挂车。鼓励经改造能达到现阶段排放标准的车辆进行在用车改造,加速淘汰老旧汽车。控制汽车的数量以减少尾气的产生,提高汽油和柴油质量。通过机内净化从源头遏制尾气的产生,辅之以催化净化等机外净化措施,将机动车排气污染控制在尽量小乃至"零排放"的范围。

## 4.2　市场启示及建议

### 4.2.1　市场发展启示

不同的国家和地区对机动车尾气排放有不同的标准,日本、美国和欧洲对汽油车和柴油车尾气排放均制定了更严格的要求,我国的产品进入上述国家和地区时应符合当地的规定和要求。

### 4.2.2　市场发展建议

国外在机动车尾气控制方面卓有成效,主要措施有采取实施通行税、财政补贴等经济刺激手段及政策控制城市机动车的数量或控制机动车行驶的时空范围。

日本在20世纪70年代开始对烟气脱硫(FGD)进行巨额投资,之后逐年上升,1974年达到峰值,约为17.1亿美元,相当于当年GDP的2%;而在当年日本对污染控制的全部投资更达到GDP的6.5%以及全社会固定资产投资的18%。到20世纪90年代,由于设备的更新,又掀起了新的投资高潮。事实证明,巨额的污染控制投资不仅没有影响经济的发展,污染物排放得到削减的同时还极大地促进了环保产业的发展,使得日本的污染控制技术一直处于世界领先地位,在国内和国际市场出售这些技术和设备为日本经济带来了很大活力。

日本将机动车尾气控制列为大气环境政策中的重要专项,相关控制包括机动车单车排放削减、绿色驾驶的推广政策和低公害车的促进计划。规划新能源车辆的发展路线,根据路线图计划,新能源车辆对日本实现2050年二氧化碳减排目标的贡献率为11%。日本还着眼于排放的多阶段控制,生产端严格控制车辆排放标准和燃油品质限制,消费端控制则致力于绿色驾驶。日本现阶段的标准较我国国Ⅳ阶段的排放标准更为严格。日本还针对专有车型和专项污染物开展各类专项削减措施,如"柴油车减排对策技术评价研讨会议"、《机动车$NO_x$和PM总量削减特别措施法》。❶

美国出台了《清洁空气法》,对全国的机动车尾气排放控制:汽车投产前认证,生产期间和销售环节均有质量监督控制;在用车污染管理方面实行在用车检修、车辆担保和调回制度,并发放"排放许可"等经济措施控制尾气的产生。

设立"低排放区",如英国伦敦、意大利米兰和德国柏林,对不符合规定的车辆予

---

❶ 岳昆. 借鉴日本经验助推我国机动车污染减排 [J]. Environmental Protection, 2013, 41 (7): 69-71.

以禁行或收取排污费。❶ 德国采取税收政策以控制机动车尾气污染，自2001年起，汽车每年纳税额根据汽车功率及汽车排放污染气体体积计算；对那些排放污染气体少的汽车实行财政补贴。

### 4.2.3 市场发展方向

国内申请人的专利申请量逐年增加，表明国内申请人的知识产权保护意识逐渐增强，也说明了国内的申请人在技术上有了一定的进步。我国正大力推广新能源汽车，《汽车产业发展政策》《"十一五"汽车产业发展规划》等政策和文件都鼓励清洁汽车、代用燃料及汽车节油技术的发展。混合动力汽车的核心技术被日本丰田等大公司掌握，已实现了技术的稳定和产品的产业化，而在电动车领域，中国与国外处于同一起跑线，而且中国在电动自行车方面已经积累了很多经验，中国应抓住机会，以低成本优势和庞大的市场，大力发展电动汽车，抢占市场，赢得先机。

## 4.3 专利布局启示及建议

### 4.3.1 海外布局建议

日本、美国和德国在我国和国际上的专利申请量巨大，特别是日本丰田，该公司在世界汽车生产业中有着举足轻重的地位，专利技术涉及催化剂、载体、空燃比、发动机等众多技术领域。以丰田为代表的、先进的发达国家的企业非常重视在世界范围内的专利布局，已经在机动车尾气净化技术领域及相关行业形成了垄断的局面，筑成了坚固的专利壁垒，大大限制了我国申请人自主研发的空间和方向。我国的企业应该大胆走出国门，参与国际合作和发展，不断寻求新的研发方向，实现技术上的突破；抓住契机，攻占国外企业忽视的地区，以国内低成本的优势占据海外市场。例如，澳大利亚、印度和加拿大的产出量相对低，技术力量薄弱，但是市场前景看好，我国可重点选择以上国家进行专利布局。

### 4.3.2 技术布局建议

由于我国贵金属资源严重不足，而稀土资源相当丰富，我国的研发机构可以重点开发完全用稀土元素或者以稀土为主与少量贵金属相结合的具有中国特色的高效机动车尾气净化催化剂，加大科研投入，加强基础研究，提高催化剂的稳定性、耐高温性、寿命和活性，以提高市场占有率，增强与国外企业的竞争力。

### 4.3.3 政策布局建议

在我国现行政策的推动和鼓励下，机动车尾气净化前景和市场广大，国内的申请

---

❶ 柳杨，等．减少机动车排放污染，远离"杀人雾"天气：基于环境经济学视角的国外城市"低排放区"政策分析 [J]．Environmental Protection，2013，41（7）：72-73．

人应抓住契机,加大研发力度,加强专利申请力度。关注国内外市场企业的发展动向,在引进国外先进技术时,注重知识产权保护,以获得更多具有竞争力的核心技术。

虽然目前国外企业在中国的申请量稍有下降,但是随着我国政策对机动车尾气的重视程度加强,外国企业必然会重视和关注中国市场。我国的研发机构应加强专利申请,不仅有利于提高企业在国内市场的竞争力,还有利于抵御国外企业在我国的专利布局。

国内的申请人侧重于中国的专利申请,在其他国家和地区的专利申请很少,我国企业可以更多地在市场前景好、技术薄弱的国家和地区进行专利布局。

高校和科研院校具有强大的科研能力,但是对市场了解少,研发没有明确的目标,技术的市场转化率低,国内企业可加强与科研院所的合作;科研院所应根据企业发现的问题、提出的问题有目的地进行研究,尽快地将技术转化为生产力。

国外一部分核心技术已经或快到保护期,我国的企业和科研单位应着重关注这些专利,我们更应该去关注这些核心技术的改进与发展,厘清机动车尾气净化技术的发展现状,从中确定中国的发展思路,掌握更适合当今社会发展与需求的新一代核心技术。

# 颗粒物控制

# 颗粒物控制研究团队

**一、项目指导**

于立彪

**二、项目管理**

北京国知专利预警咨询有限公司

**三、项目组**

负责人：聂春艳

撰稿人：樊培伟（主要执笔第2章）

宋　欢（主要执笔第3章）

王义刚（主要执笔第1章）

李晶晶（主要执笔第4章）

统稿人：王扬平　黄志敏　孙晶晶

审稿人：彭　博

# 分 目 录

摘　要 / 39
第1章　颗粒物控制领域概述 / 40
　　1.1　技术概述 / 40
　　1.2　产业发展综述 / 42
第2章　全球专利竞争情报分析 / 44
　　2.1　总体竞争状况 / 44
　　　　2.1.1　政策环境 / 44
　　　　2.1.2　经济环境 / 45
　　　　2.1.3　技术环境 / 46
　　2.2　专利竞争环境 / 47
　　　　2.2.1　专利申请概况 / 47
　　　　2.2.2　专利技术分布概况 / 49
　　　　2.2.3　专利技术生命周期 / 51
　　2.3　主要竞争者 / 53
　　　　2.3.1　专利申请概况 / 53
　　　　2.3.2　主要专利技术领域分析 / 53
　　　　2.3.3　主要专利技术市场分析 / 55
第3章　中国专利竞争情报分析 / 57
　　3.1　总体竞争环境 / 57
　　　　3.1.1　政策环境 / 57
　　　　3.1.2　经济环境 / 57
　　　　3.1.3　技术环境 / 58
　　3.2　专利竞争环境 / 58
　　　　3.2.1　专利申请概况 / 58
　　　　3.2.2　专利地区分布 / 59
　　　　3.2.3　专利技术生命周期 / 61
　　3.3　主要竞争者 / 63

3.3.1 专利申请概况 / 63
3.3.2 主要专利技术信息分析 / 63

**第4章 竞争启示及产业发展建议 / 65**
4.1 技术启示及建议 / 65
    4.1.1 技术启示 / 65
    4.1.2 技术建议 / 65
4.2 市场启示及建议 / 66
    4.2.1 市场发展建议 / 66
    4.2.2 区域发展建议 / 67
4.3 专利布局启示及建议 / 68
    4.3.1 专利布局启示 / 68
    4.3.2 专利布局建议 / 68

# 摘 要

随着工业的不断发展，排放的颗粒污染物数量越来越多，大气中颗粒物的浓度也越来越高，颗粒物对人们的生活环境和身体健康的危害也越来越大。改进颗粒物控制技术，提高颗粒物控制效果，已经成为当前我国颗粒物防治政策中最重要的一部分。

本报告涉及大气污染防治技术产业颗粒物控制领域的专利竞争情报分析。报告中全球专利竞争情报分析和中国专利竞争情报分析两大部分内容，分别从总体竞争环境、专利竞争环境和主要竞争者出发，分析得出该行业的竞争情报信息。总体竞争环境从技术、政策、经济出发分析各国的行业状况，专利竞争环境和主要竞争者主要基于专利统计数据挖掘各国、各大公司的专利技术情况，包括生命周期发展状况、技术热点空白点、海外市场布局、企业研发方向。最后，对我国的颗粒物控制领域从技术、市场和专利布局3个方面提出了建议。

**关键词：** 颗粒物　专利　机械　静电　湿法　过滤

# 第1章 颗粒物控制领域概述

## 1.1 技术概况

颗粒物是大气中危害最大的污染物，我国大多数地区空气的首要污染物就是颗粒物。每个成年人平均每天呼吸空气 15m³，保证人们呼吸到清洁干净的空气是最重要的环保任务之一。由于颗粒物表面的吸附作用，其组分非常复杂，其中含有多种有毒有害化学成分，对大气环境造成诸多不良影响，并危及人体健康。❶ 颗粒物按粒径大小又分为降尘、TSP（总悬浮颗粒物）、PM10（可吸入颗粒物）、粗颗粒物和细颗粒物。总悬浮颗粒物是直径小于 100μm 的颗粒物，按粒径大小，它可分为好多种。❷ 不同粒径的颗粒物可在不同的呼吸道部位沉积。10~100μm 的颗粒物被阻挡在鼻腔外，2.5~10μm 的颗粒物大部分被鼻咽区截留，0.01~2.5μm 的颗粒物主要沉积在支气管和肺部，特别是 0.1μm 左右的颗粒物沉积在肺部，甚至可穿过肺泡进入血液中，对人体健康危害最大。

2000年以来，我国环境研究者已对近 30 个城市的大气颗粒物进行了源解析工作。扬尘源是我国大部分地区可吸入颗粒物（PM10）的重要来源。扬尘是指地表松散物质在自然力或人力作用下进入环境空气中形成的大气颗粒物，其主要包括土壤风沙尘、道路扬尘、建筑水泥尘等。煤烟尘在全国范围内有较大贡献，受能源结构影响，煤烟尘对我国城市的 PM10 浓度都有重要贡献。研究结果显示我国绝大多数城市煤烟尘对 PM10 的年均贡献为 15%~30%，中小城市的贡献尤为突出，煤烟尘污染呈现明显的冬高夏低的季节变化，非采暖期和采暖期煤烟尘占 PM10 的比例分别为 5%~30% 和 20%~45%。工业源排放是工业城市 PM10 的重要来源，工业生产过程种类繁多，生产过程都会产生种类不同的大气颗粒物，多数集中在细颗粒物和超细颗粒物。机动车排放的"贡献"日趋增加，从 1990~2009 年，全国机动车保有量从 500 万辆猛增到 1.86 亿辆，机动车尾气排放也随之成为大气环境的主要污染源之一。机动车排放主要源于燃料在汽缸中的不完全燃烧而产生的有机物、炭黑、CO 等污染物，以及由于大气中的氮气在汽缸中被氧化而成的 $NO_x$。与煤烟尘相比，机动车排放的颗粒物的炭黑比例更高。区域生物质燃烧的贡献不容忽视，我国的农业生产每年会产生大量的秸秆等农作物残体。这些农作物残体一部分被农村居民作为燃料燃烧，另一部分则直接在收割之际即被焚烧。由于燃烧条件非常简单，这些生物质的燃烧会产生大量颗粒态与气态污染物。二次颗粒物已经成为主要城市和城市群地区大气颗粒物的重要来源，工业生产、各类燃烧过程都会产生大量气态污染物，如 $SO_2$、$NO_x$、挥发性有机物等。气态前体物（二氧化硫、氮氧化物）经过气态氧化、非均相氧化以及液相氧化等各类氧化途径，生成气态硫酸与气态硝酸，并与大气中的碱性气体（如农业生产释放的氨气）反应生成硫酸铵与硝酸铵，进入颗粒态。部分挥发性有机物也会被氧化成低挥发性物质，通过

---

❶ 尹洧. 大气颗粒物及其组成研究进展 [J]. 现代仪器，2012，18（2）：1-5.
❷ 张秀清. 空气中颗粒物的危害及其防治 [J]. 山西气象，2007（3）：27-28.

凝结等方式进入颗粒态。❶

如图 1 所示,就颗粒物控制而言,根据其产生时机的不同,可以在颗粒物产生前、颗粒物产生时、颗粒物产生后加以去除控制。就颗粒物的产生而言,化石燃料的燃烧,尤其是煤的燃烧是空气中可吸入颗粒物的主要来源。煤燃烧过程中形成的颗粒物根据排放形态不同可分为一次颗粒物和二次颗粒物。一次颗粒物是直接由燃烧源排放到大气中的,多为固体状颗粒,也有液体状或液体包裹固体内核形成的颗粒。而二次颗粒物则是由排放出的气态前驱体在大气中间接转化形成的。根据颗粒物飞灰中 $SiO_2$、$Al_2O_3$、$CaO$、$Fe_2O_3$ 和 $SO_3$ 的含量,一般将燃煤或燃油飞灰分为硅质、铝质、硅铝质(还可细分为硅铝质、钙-硅铝质、铁-硅铝质)、铁质和钙质等类型。利用电子探针对燃油与燃煤排放的可吸入颗粒物进行单个颗粒的成分分析发现,燃油排放的可吸入颗粒物类型有硅铝质和钙-硅铝质两种颗粒,燃煤排放的可吸入颗粒物类型有硅质、硅铝质、铁质、铁-硅铝质和钙质 5 种颗粒。燃烧前控制即是在煤粉燃烧之前,通过煤种选择和煤粒加工的方式,降低煤粉在燃烧过程中颗粒物的生成和排放。对于燃油而言,产生前控制燃油颗粒物排放主要是提高燃油品质。燃油油品是降低排放的基础,燃油中含硫量高会增加机动车尾气排放。硫是燃烧过程中形成可溶性有机物、硫化物、硫酸与硫酸盐的根源,碳烟微粒主要是由未充分燃烧的燃油所产生的。

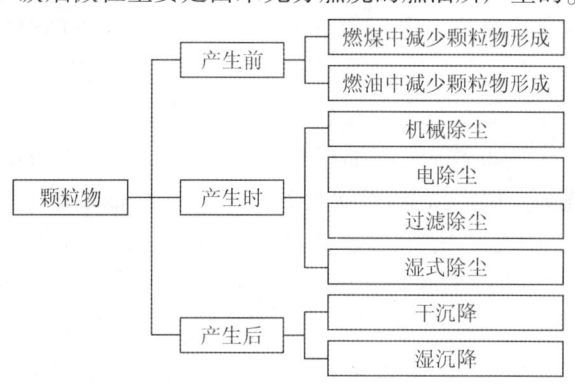

图 1 颗粒物控制技术分支

在颗粒物产生时控制颗粒物的技术分为机械法、静电法、过滤法和湿法。机械法包括重力沉降室、惯性除尘器、旋风除尘器等。静电法是烟气中颗粒物通过高压静电场时,与电极间的正负离子和电子发生碰撞,带上电子和离子的尘粒在电场力的作用下向异性电极运动并积附在异性电极上,使电极上的灰尘落入收集灰斗中,使通过静电场的烟气得到净化,达到保护大气、保护环境的目的。过滤法是利用多孔介质来进行的。当含尘气流通过多孔介质时,粒子黏附在介质上而与气体分离。湿法是借助于水或其他液体与含尘烟气接触,利用液网、液膜或液滴使烟气得到净化。

对于颗粒物产生后控制技术,主要为干法沉降和湿法沉降。德国鲁奇公司和蒂森钢厂在 20 世纪 60 年代末联合开发了转炉煤气干法除尘技术,简称 LT 技术;后奥地利奥钢联对转炉干法除尘技术作了改进,简称 DDS 技术。转炉煤气干法除尘技术在国际

---

❶ 胡敏,等. 我国大气颗粒物来源及特征分析[J]. 环境与可持续发展, 2011 (5): 15-19.

上已被认定为今后的发展方向。湿法除尘技术是含尘气体由引风机通过风管送入除尘塔下部，由于断面变大，流速降低，并且粗颗粒粉尘先在气流中沉降，较细粉尘随气流上升，喷淋下来的水珠与粉尘气流逆向运动，粉尘被润湿自重不断增加，在重力作用下，克服气流的升力而下降成泥浆水，通过下部管道进入沉淀池，达到除尘的目的。

## 1.2 产业发展综述

18世纪工业革命以来，从英国到欧洲大陆再到美国，一根根大烟囱、一块块煤炭推动着这些国家的经济高速发展，但同时，环境污染也给它们留下了严重的后遗症。1813年冬，历史上有记录的最早的空气污染案例在英国爆发。此后，掺杂着大量二氧化硫、臭氧、氮氧化物、颗粒物的空气所形成的雾霾，开始沿着工业革命的轨迹在欧美国家的城市里引发危机：1952年英国"伦敦烟雾事件"，1962年、1985年德国"鲁尔雾霾危机"，1953年、1963年、1966年美国"雾霾杀人事件"……大气污染物中的悬浮颗粒物对人体健康产生直接的负面影响，引起各国政府及有关部门的高度重视。

1）欧洲

交通运输是欧洲大气颗粒物及先驱物的主要来源之一。为减少大气颗粒物及先驱物排放，欧洲在交通运输领域采取了如下措施：①随着对大气颗粒物污染研究认识的不断进步，从1992年开始，制定对排放限制越来越严的汽车废气排放标准（Euro 1~6）并逐步予以施行。②发布指令对燃料质量进行规定，转而使用含硫量较低的燃料。③使用柴油车替代汽油车。与汽油车相比较，柴油车颗粒物排放较少，同时车辆寿命和价格有一定优势。根据2010年欧盟27国新车市场的数据，柴油车的份额已超过了50%。④在车辆上安装颗粒过滤器、催化剂转换器等减排装置。⑤发展电动车、混合动力车辆和其他清洁燃料车辆。有预测称，欧洲2020年的电动车市场份额将达到4%。⑥推进"智能交通"项目，发展公共交通，控制车辆数量，减少城市拥堵。

以下是欧洲在大气颗粒物污染治理方面存在的一些较为突出的问题：❶①相当多的地区仍然存在大气颗粒物污染超标的现象。根据欧盟的数据，2010年，欧盟有21%的城市人口生活在大气颗粒物污染的环境中。②大气颗粒物污染仍在给欧洲带来巨大的经济损失。根据较新的数据，2009年，欧洲空气污染导致的健康问题和环境危害造成的经济损失超过了1000亿欧元，人均200~300欧元。③各国大气颗粒物污染治理发展不平衡。④由于经济困难，清洁能源补贴等治理措施受到了影响。

2）美国

针对颗粒物的重点源排放突出、二次颗粒物贡献大以及远距离传输等特性，美国联邦政府以强化重点源减排、多污染物协同控制、区域联合治理为主要思路，在《清洁空气法》体系下制定了多项清洁空气专项条例，有针对性地对不同行业、不同区域的颗粒物以及颗粒物的前体物（$SO_2$、$NO_x$等）的排放进行了严格控制。同时，联邦政府针对企业制定了严厉的违规处罚机制，有力地保障了颗粒物污染防治政策的贯彻落实。

---

❶ 尹盛鑫，等. 欧洲大气颗粒物污染治理 [J]. 全球科技经济瞭望，2013，28（9）：23-28.

(1) 开展重点行业颗粒物减排，控制重点源一次和二次排放

美国的人为颗粒物排放源主要包括道路和建筑扬尘、燃料燃烧、工业工艺、移动源等。近几年来，随着电厂最佳可用技术改造（BART）的全面实现，电厂对颗粒物污染的影响逐渐减小，道路交通导致的颗粒物排放贡献则逐渐显现，美国对颗粒物排放源的控制重心开始逐渐转向了移动源。自20世纪90年代初至今，美国联邦政府颁布实施了汽车排放标准和汽油硫计划、清洁空气非公路柴油设备条例、清洁空气柴油卡车与柴油公交车条例、机车发动机以及船舶柴油发动机排放标准等一系列移动源相关的清洁空气下游条例，对设备制造商、燃油供应商以及使用者均提出了严格的技术与行为标准。

(2) 重点保护区治理和区域联防综合进行，改善区域阴霾污染

在阴霾问题的治理上，美国采取了重点保护区治理和区域治理综合进行的方法。根据空气质量状况以及区域功能划分，美国环保署在全国范围内指定了156个一级地区（国家公园和野生动植物保护区）作为阴霾问题的重点治理对象。同时根据地域和空气质量，全国范围内成立了5个民间区域治理联盟（WRAP、CENRAP、LADCO、MANE-VU、VISTAS），该五大联盟接受美国联邦政府的资金支持对各自区域内的颗粒物污染进行整治。

(3) 严格处罚机制，有力保障政策落实

为了保障颗粒物治理工作的贯彻执行，有效推进相关环境政策的落实，美国联邦政府针对政府机构和企业单位均制定了严厉的处罚制度。❶

3）日本

日本的颗粒物污染防治措施主要体现在以下4个方面。

(1) 强化环境监测

日本的空气质量监测主要由地方政府执行。

(2) 工业污染防治

在日本，颗粒物污染的主要来源为工厂与机动车。工厂的国家排污标准由环境省制定，但各县有权在自己的辖区内制定更为严格的排污标准。县政府与大城市的市政府有责任保障排污标准的执行。任何人新建工厂都需要向当地政府上报拟使用的设备。

(3) 机动车污染防治

针对机动车尾气造成的颗粒物污染，日本环境省于2002年将颗粒物浓度限值加入了机动车与其他类型发动机（如建筑用机械）的尾气排放标准中，并联合其他相关省厅来保障这些标准得以顺利执行。

(4) 大力推行煤炭清洁利用技术

20世纪70年代爆发的两次石油危机促使日本把煤炭作为代替石油的能源放在重要的位置上，希望能够加大对其利用的力度。增加煤炭消费量的关键是控制燃煤污染。2006年5月，日本在出台的新国家能源概要中明确提出，要促进煤炭气化联合发电技术、煤炭强化燃料电池联合发电技术的开发和普及。❷

---

❶ 汪旭颖，等. 美国颗粒物污染防治政策对中国的启示 [J]. 环境与可持续发展，2014（1）：22-27.
❷ 刘乃瑞. 日本颗粒物污染防治政策分析及其对我国的启示 [J]. 环境与可持续发展，2014（2）：54-56.

# 第 2 章　全球专利竞争情报分析

## 2.1　总体竞争状况

### 2.1.1　政策环境

从 1973 年欧共体时代开始，欧洲出台了一系列的环境行动计划（Environment Action Programme，EAP）。欧盟的第五环境行动计划（1993~2000 年）和第六环境行动计划（2002~2012 年）是近 20 年来欧洲采取一系列与大气颗粒物及其先驱物相关的政策和措施的指导纲领。2005 年，欧盟根据第六环境行动计划推出空气污染主题战略（EU Thematic Strategy on Air Pollution），制定了到 2020 年相对于 2000 年空气质量改善的长期治理目标。其中，要将大气颗粒物污染中造成的人类寿命期望损失降低 47%，这要求与大气颗粒物及其先驱物达到如下治理目标：$SO_2$ 排放降低 82%，$NO_x$ 排放降低 60%，$NH_3$ 排放降低 51%，VOC 排放降低 27%，PM2.5（一次颗粒）排放降低 59%。

1980 年 7 月 15 日，欧盟推出了第一个关于空气质量中 $SO_2$ 和空气悬浮颗粒物浓度进行限定的指令（80/779/EEC）。欧盟空气质量框架指令（96/62/EC）及其后续指令制定了大气颗粒物相关的空气质量标准，如表 1 所示。

表 1　欧盟大气颗粒物空气质量标准

| 项目 | 浓度/($\mu g/m^3$) | | 说　明 |
|---|---|---|---|
| PM10 | 日平均 | 50 | 于 2005 年 1 月 1 日达到，一年内不能超过 35 天超过标准限额 |
|  | 年平均 | 40 | 于 2005 年 1 月 1 日生效 |
| PM2.5 | 年平均 | 25 | 于 2010 年 1 月 1 日生效，目标指标没有强制性 |
|  |  | 25 | 于 2015 年 1 月 1 日生效 |
|  |  | 20 | 于 2020 年 1 月 1 日生效（2013 年重新评估） |

目前，欧盟对 PM10 设立的日平均和年平均的浓度标准，均已生效；对 PM2.5 设立的年平均浓度标准，于 2015 年 1 月 1 日生效，还未设立 PM2.5 的日平均浓度标准。

美国环保署于 1971 年首次设立有关颗粒物的国家环境空气质量标准（1971 NAAQS），并分别于 1987 年、1997 年、2006 年和 2012 年对标准进行了修订。美国对颗粒物污染的控制经历了从 TSP、PM10 到 PM2.5 的历程，当前以 PM2.5 的控制为主。自 20 世纪 70 年代至今，NAAQS 对颗粒物质量浓度的要求逐步加严，2006NAAQS 中将 PM2.5 的 24 小时平均浓度限值由 1997 年的 65$\mu g/m^3$ 加严至 35$\mu g/m^3$，2012 年标准修订时 PM2.5 的年均浓度首要标准限值由 1997 年的 15.0μg/m³ 加严至 12.0μg/m³。美国大气颗粒物空气质量标准变化历程见表 2。

表 2　美国大气颗粒物空气质量标准变化历程

| 标准发布时间及编号 | 首要标准/次要标准 | 因子 | 平均时间 | 限值/(μg/m³) |
|---|---|---|---|---|
| 1971.4.30<br>36 FR 8186 | 首要标准 | TSP | 24 小时 | 260 |
| | | | 年 | 75 |
| | 次要标准 | TSP | 24 小时 | 150 |
| 1987.7.1<br>52 FR 24634 | 首要标准和次要标准 | PM10 | 24 小时 | 150 |
| | | | 年 | 50 |
| 1997.7.18<br>62 FR 38652 | 首要标准和次要标准 | PM2.5 | 24 小时 | 65 |
| | | | 年 | 15.0 |
| | | PM10 | 24 小时 | 150 |
| | | | 年 | 50 |
| 2006.10.17<br>71 FR 61144 | 首要标准和次要标准 | PM2.5 | 24 小时 | 35 |
| | | | 年 | 15.0 |
| | | PM10 | 24 小时 | 150 |
| 2012.12.14<br>78 FR 3086 | 首要标准 | PM2.5 | 年 | 12.0 |
| | 次要标准 | | 年 | 15.0 |
| | 首要标准和次要标准 | | 24 小时 | 35 |
| | 首要标准和次要标准 | PM10 | 24 小时 | 150 |

世界其他国家也都有自己的标准和计划目标，如表 3 所示。

表 3　部分国家空气质量标准及长远规划

| 国家 | 目前空气质量标准 PM10 | 长远规划 |
|---|---|---|
| 英国 | 50μg/m³（24 小时平均） | 目标是在 2005 年使其 99%的时间都不超过 50μg/m³ |
| 芬兰 | 70μg/m³（24 小时平均） | 正在计划新的环境空气质量标准，同时考虑制定 PM10 和 PM2.5 的空气质量标准 |
| 德国 | 未知 | 制定 PM 的标准 |
| 土耳其 | 150μg/m³（24 小时平均） | 待定 |
| 日本 | 200μg/m³（1 小时平均）<br>100μg/m³（24 小时平均） | 正在对有关机动车辆污染的问题进行研究，其中包括颗粒物的详细研究 |

## 2.1.2　经济环境

19 世纪，英国进入工业急速发展期，伦敦的工厂产生的废气形成极浓的灰黄色烟雾。20 世纪 50 年代最为严重。1968 年以后，英国出台了一系列的空气污染防控法案，这些法案针对各种废气排放进行了严格约束，并规定了明确的处罚措施，有效减少了烟尘和颗粒物。2003年，伦敦市政府开始对进入市中心的私家车征收"拥堵费"。2008年，伦敦市政府推行了低污染排放区政策，目的是加快污染严重车辆的更换速度，促进老旧车辆加装减排装置，降低车辆的污染排放，使伦敦的空气质量得到改善。在低污染排放区内行驶的车辆必须达到一定的排放标准，否则将会被征收费用。近年来，以自行车为标志的"绿色交通"在英国异军突起，越来越多的伦敦市民选择自行车作为代步工具。伦敦市长曾说，"这个计划的目标是要转变伦敦成为骑自行车和步行的城市。在未来的10年内，我们将投资5亿英镑在提高自行车和步行的计划上"。伦敦市政府对发展自行车这一交通方式的投资逐年上升。目前，伦敦已有350多条自行车专用道。人们甚至可以在总长8000公里的自行车专用道上穿越整个英国。

从英国开始，西方发达国家自20世纪50年代实施了几十年的外部治理，其弊端越来越明显。在越来越加剧的世界能源环境危机的倒逼作用下，如何从根源治理危机，成为当代世界发展的新潮流。特别是2008年金融危机之后兴起的新能源革命，这个潮流更加明显。在这方面英国开始了一些新探索。一是英国政府利用经济因素双重作用，非常重视调整能源结构，重视利用可再生能源。政府在2007年5月公布了《英国能源白皮书》，规定了英国可再生能源的利用和开发目标，即2020年将煤炭在英国能源总量中的比重由35%降低到20%，核能比重由19%降为5%，可再生能源的比重将由2007年的6%扩大到35%，远远超出了欧盟对各成员国要求的可再生能源占本国能源20%比重的基本要求。二是政府采取优惠措施鼓励企业投资利用绿色能源。通过各种激励和惩罚机制，促使企业进行节能减排。如通过征收气候变化税、设立碳基金、建立碳排放交易制度等。三是采取其他手段实施减排，比如利用税收政策鼓励家庭进行节能减排，推出"绿色家庭"计划，鼓励购买绿色汽车等。

美国的许多城市在经济快速增长的同时，同样也付出了巨大的环境代价。历史上，纽约市曾数度经历严重空气污染。2007年，纽约市推出了一个名为"纽约规划"的25年规划，旨在通过132个不同领域的项目，将纽约建设成一个绿色环保都市。美国《清洁空气法》实施后，许多工业企业的环保成本开始大大增加。互联网、金融等服务业逐渐取代制造业成为美国许多大城市的主要产业。一度林立的工厂在纽约市昆士区、布鲁克林区逐渐踪迹难寻，雾霾等空气污染问题得到逐步改善。美国的空气质量管理目标是达标，而标准按照法律规定需五年核定一次，根据已有研究评估空气污染和人体健康的关系，确定是否修订。美国大气管理方面另一项重要的制度是排污许可制度，即排污单位需要申领排污许可证，批准后才能排污。❶

### 2.1.3 技术环境

颗粒物控制技术目前最主要的是颗粒物产生时进行去除，包括机械法、静电法、湿法和过滤法。

机械法包括重力沉降室、惯性除尘器、旋风除尘器等。重力沉降室除尘效率低，

---

❶ 壮歌德. 环境与经济的融合：以PM2.5为例 [J]. 世界环境，2012（1）：26-28.

主要适用处理中等气量的常温或高温气体。惯性除尘是利用气流中粉尘惯性力大于气体的惯性力而使粉尘与气体分离的除尘技术。旋风除尘技术是利用含尘气体旋转时所产生的离心力将粉尘从气流中分离出来的一种干式气-固相分离装置，具有结构简单、操作维修方便、对粉尘负荷适应性强、分离效率高等特点。

静电法是烟气中灰尘尘粒通过高压静电场时，与电极间的正负离子和电子发生碰撞，带上电子和离子的尘粒在电场力的作用下向异性电极运动并积附在异性电极上，使电极上的灰尘落入收集灰斗中，使通过电除尘器的烟气得到净化，达到保护大气、保护环境的目的。静电法去除颗粒物效率高，阻力损失小，处理烟气量大，能捕集腐蚀性很强的物质，对不同粒径的颗粒物有很好的分类富集作用；但是对制造、安装和运行水平要求较高，钢材消耗量大，占地面积大。

湿法是借助于水或其他液体与含尘烟气接触，利用液网、液膜或液滴使烟气得到净化。其机理是含尘气流通过水或其他液体，利用惯性碰撞、拦截和扩散等，尘粒留在水或其他液体内，而干净气体则通过水或其他液体。湿法除尘流程简单，运行可靠，除尘废水可循环回用。

过滤法是利用多孔介质来进行的。当颗粒物气流通过多孔介质时，粒子黏附在介质上而与气体分离。在过滤式净化设备中，袋式除尘器去除颗粒物的效率最高，捕集粒径范围最大，能适应高温、高湿、高浓度、微细颗粒物、吸湿性颗粒物、易燃易爆颗粒物等不利工况条件。因此，它的应用范围也最为广泛。

在颗粒物控制技术中，装置的组合和配置，不仅要考虑颗粒物去除效率，还要考虑它的处理气体量、压力损失、设备基建投资与运转管理费用、使用寿命和占地面积或占用空间体积等因素。

## 2.2 专利竞争环境

### 2.2.1 专利申请概况

就全球的专利竞争环境而言，颗粒物控制领域的专利申请主要分布在日本、中国和美国。在整体申请量方面，日本独占鳌头，占有全球市场的23%，远远超出排在第二位的中国、排在第三位的美国。

图2所示颗粒物控制技术全球专利技术市场情况显示了日中美三国在1996~2014年间在颗粒物领域的专利申请量年度变化。日本每年均有庞大的申请量，在2003~2005年达到了其专利申请量的顶峰，随后逐步放缓。美国也经历了同样的增长至顶峰、随后放缓的过程，其在2006~2007年达到了其本领域专利申请量的顶峰。对于中国而言，颗粒物控制领域专利申请的步伐并未放缓，截至2014年，仍然处于稳步增长的阶段，并且其年申请量在2014年增至964件，超过了美国、日本在其顶峰时的申请量。可以说在颗粒物控制领域，中国的专利技术发展正在快速增长。

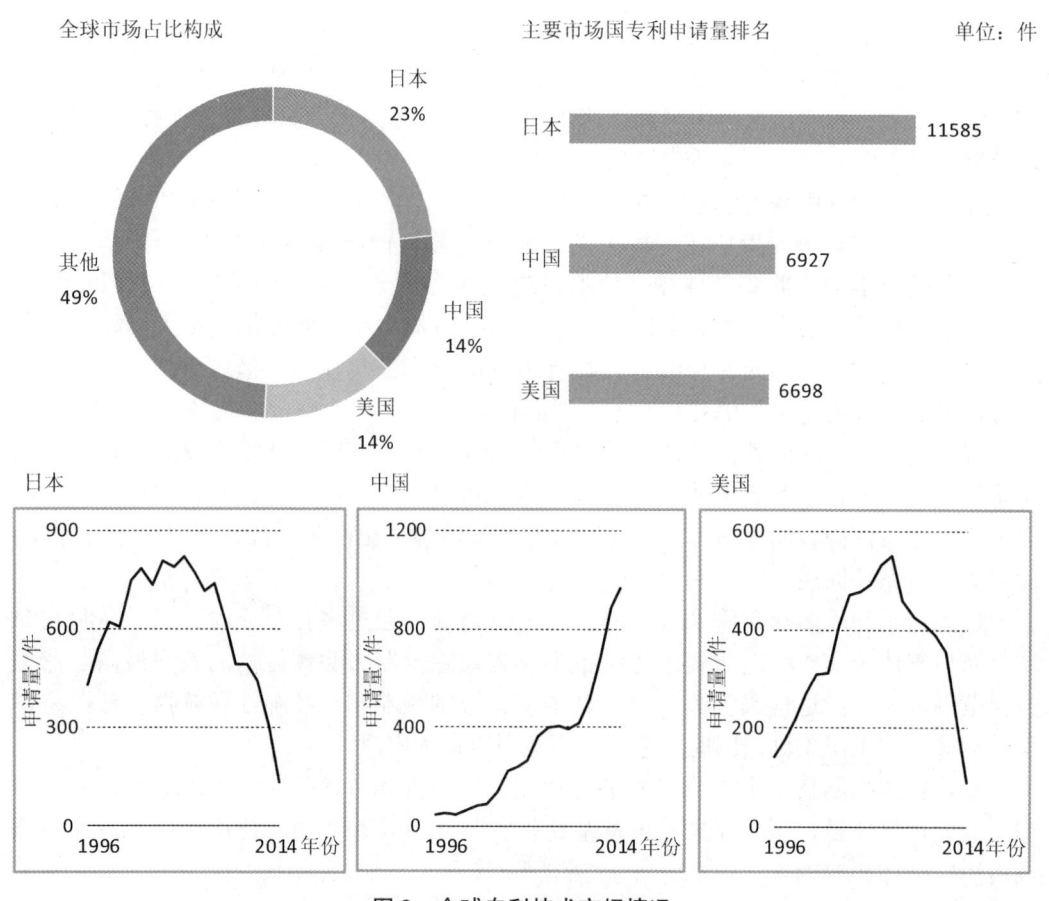

图2 全球专利技术市场情况

在技术产出方面（见图3），排名前4位的国家依次是日本、中国、美国、韩国，这4个国家专利产出总量超过全球产出量的80%。与技术的市场占有相比，前3位日本、中国、美国没有发生变化，韩国的位次发生了变化。

从技术产出的角度看，日本作为技术产出的第一输出国，其技术产出一直遥遥领先其他各国，每年的专利申请量均在300件以上。这与其专利申请的排名是一致的。在2000~2006年，日本专利技术产出达到顶峰，每年的专利申请量均保持650件以上。在2008年之后，专利申请量有所下滑，但仍然保持了其数量的领先位置。美国的技术产出量从1997年开始逐步上升，2002~2007年申请量基本就在280~300件波动，申请量一直保持稳定，随后申请量逐渐降低。中国可以说是颗粒物控制领域的后起之秀，在2006年，迎来了该领域发展的第一波发展潮；在2011年，中国在颗粒物控制领域的技术产出更是进入了迅速发展时期，其申请量的年增长率保持在50%以上。

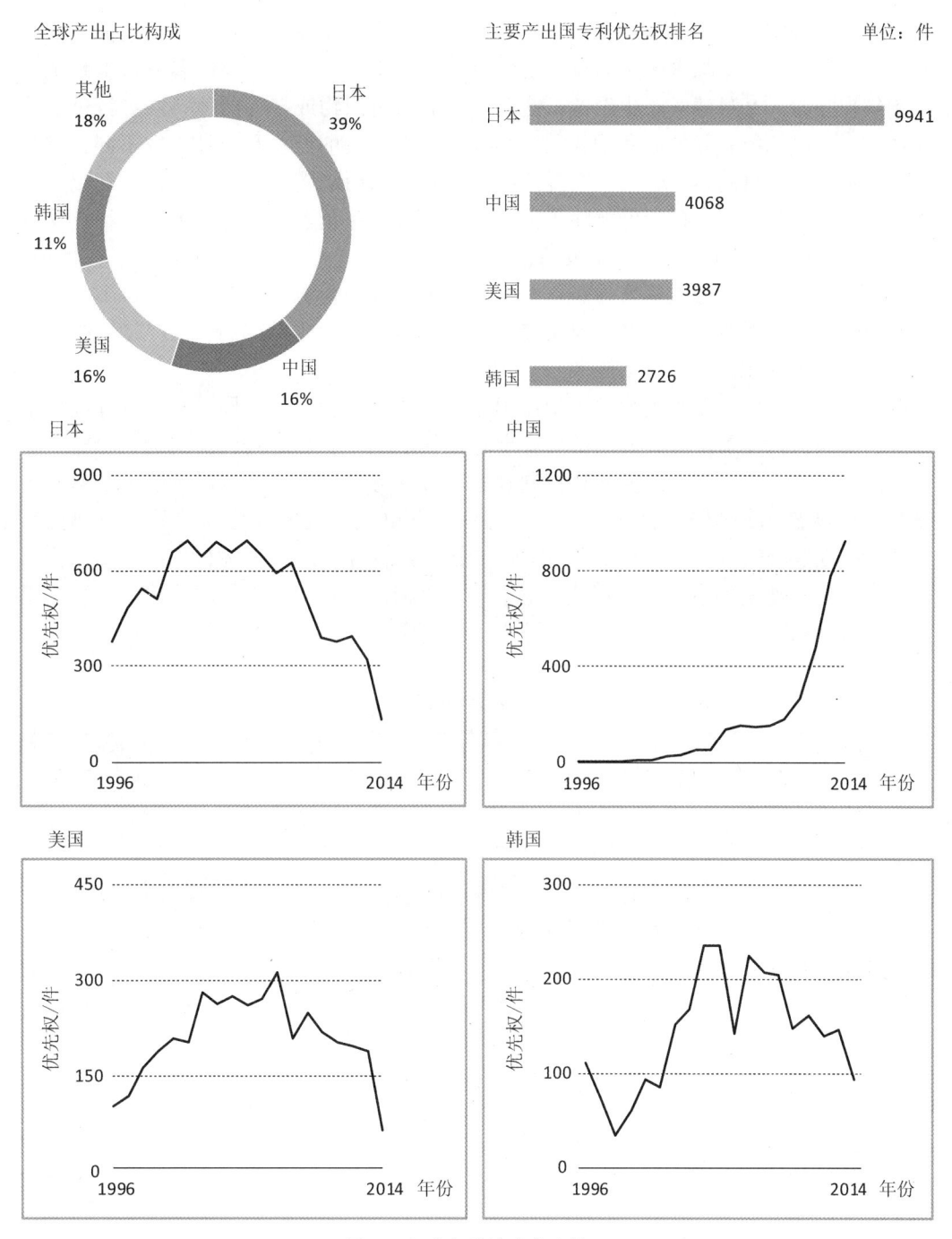

图 3  全球专利技术产出情况

## 2.2.2  专利技术分布概况

根据颗粒污染物净化机理的不同,可将净化设备分为以下四大类:①机械式净化设备:利用质量力(如重力、离心力等)的作用使颗粒物与气流分离并被捕集的装置。

包括重力沉降室、惯性除尘器和旋风除尘器等。这类净化设备的特点是结构简单、造价低、维护方便，但除尘效率不高，往往用于要求不高的场合，或作多级除尘系统中的前级预除尘。②过滤式净化设备：使含尘气流通过织物或多孔的填料层进行过滤分离的装置，包括袋式除尘器和颗粒层除尘器。根据选用的滤料和设计参数不同，袋式净化设备的效率可高达99.9%。③湿式净化设备：利用液滴或液膜洗涤含尘气流使粉尘与气流分离的装置，包括低能除尘器和高能文氏管除尘器。这类除尘器的特点是主要用水作为除尘介质，除尘效率较高，主要缺点是会产生含尘污水，需要进行处理，以消除二次污染。④静电净化设备：利用静电力作为捕尘机理的装置，包括干式静电净化设备和湿式静电净化设备。这类净化设备的特点是除尘效率高、消耗动力少，主要缺点是占地面积大、钢材消耗多、一次性投资高。

在实际应用中，每种类型的除尘器根据其本身结构特点的不同，还可以分成若干小类，如袋式除尘器可分为低压喷吹脉冲袋式除尘器、对喷脉冲袋式除尘器等。[1]

由表4可以看出，对于颗粒物控制技术的具体分支，过滤法占据目前市场的主导地位，申请量为13 292件，占比59%。湿法、静电法、机械法位列其后，分别仅有5060件、3199件、1038件，三者总占比41%。可见颗粒物控制技术的二级分支分化明显，主要以过滤为主。对于湿法、静电法、机械法，可能面临一定的技术瓶颈需要突破，进而有可能在专利申请方面获得进一步的增长。

表4 颗粒物领域分支申请量分布（总量22589件）

| 二级分支 | 机械法 | 静电法 | 过滤法 | 湿法 |
| --- | --- | --- | --- | --- |
| 申请量/件 | 1038 | 3199 | 13292 | 5060 |
| 占比 | 5% | 14% | 59% | 22% |

专利产出量表明了一个国家或地区专利创新能力的高低和专利技术力量的强弱，而专利市场量则在一定程度上表明了该国家或地区市场需求量和外来专利侵入程度。因此当某一国家或地区的专利申请量远大于专利产出量时，表明上述国家以及地区的市场前景好，技术力量薄弱，外来企业的机会大，可作为开发市场。从图4可以看出，四项技术的市场量/产出量的比值排名前5位的国家主要涉及印度、加拿大、墨西哥和新加坡，上述国家对于外来企业来说，市场机会大，打入市场较为容易，可以作为待开发的后期市场。

---

[1] 李依丽，等. 颗粒污染物净化技术经济分析[J]. 煤炭学报，2007，32（11）.

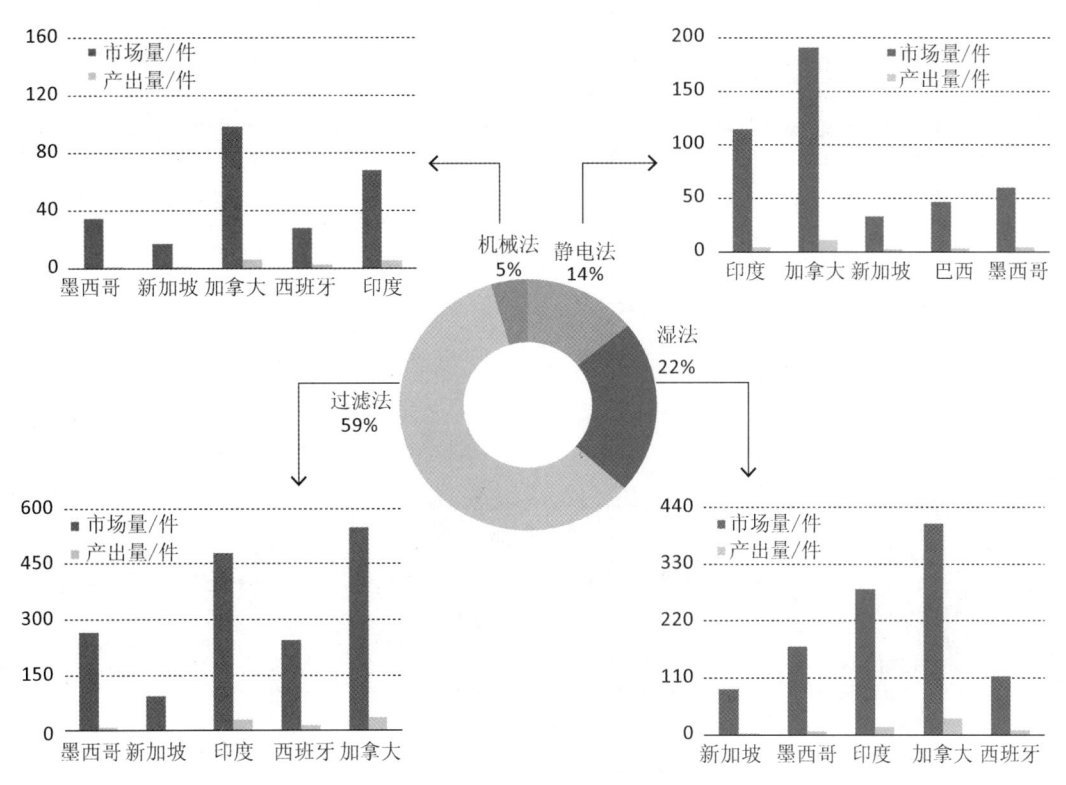

图 4　各技术分支海外市场情况

以印度为例，WHO 2014 年曾对世界约 1600 个城市进行大气污染调查，结果显示，新德里的空气最脏。总体来说，在空气质量项目上，印度落后于其他"金砖国家"。全球污染最严重的城市中，印度有 13 个；在居民暴露于空气中 PM2.5 微粒的指标上，印度亦处于"领先"地位。空气中的颗粒物浓度与其能源结构有着密切的关系，印度的能源结构目前主要依赖于煤炭，这使得其具备了空气污染的基础。受经济发展制约，印度目前在环境治理方面投入非常小，但是未来随着收入的增加、人们环境诉求的提升，可能会对空气污染加强治理，那么印度必将成为颗粒物控制技术的巨大市场。

## 2.2.3　专利技术生命周期

专利技术生命周期理论上存在 5 个阶段，即萌芽期、发展期、成熟期、衰退期、复苏期。萌芽期：专利申请量和专利申请人数量均不多；发展期：申请人和专利量快速增多，技术有了突破性的进展，市场扩大；成熟期：技术趋于成熟，除少量企业外，大多数企业已经不再投入研发力量，专利数量增长变慢，申请人数量基本维持不变；衰退期：经过市场淘汰，申请人数量大为减少，同时专利数量呈负增长；复苏期：技术是否能进入复苏期，主要取决于是否有突破性创新，可以为技术市场注入活力。

对图 5 中所示的全世界范围内颗粒物控制领域各分支专利在 1996~2013 年之间的生命周期进行分析（横轴为申请量，纵轴为申请人数量），可以得到以下竞争情报信息。

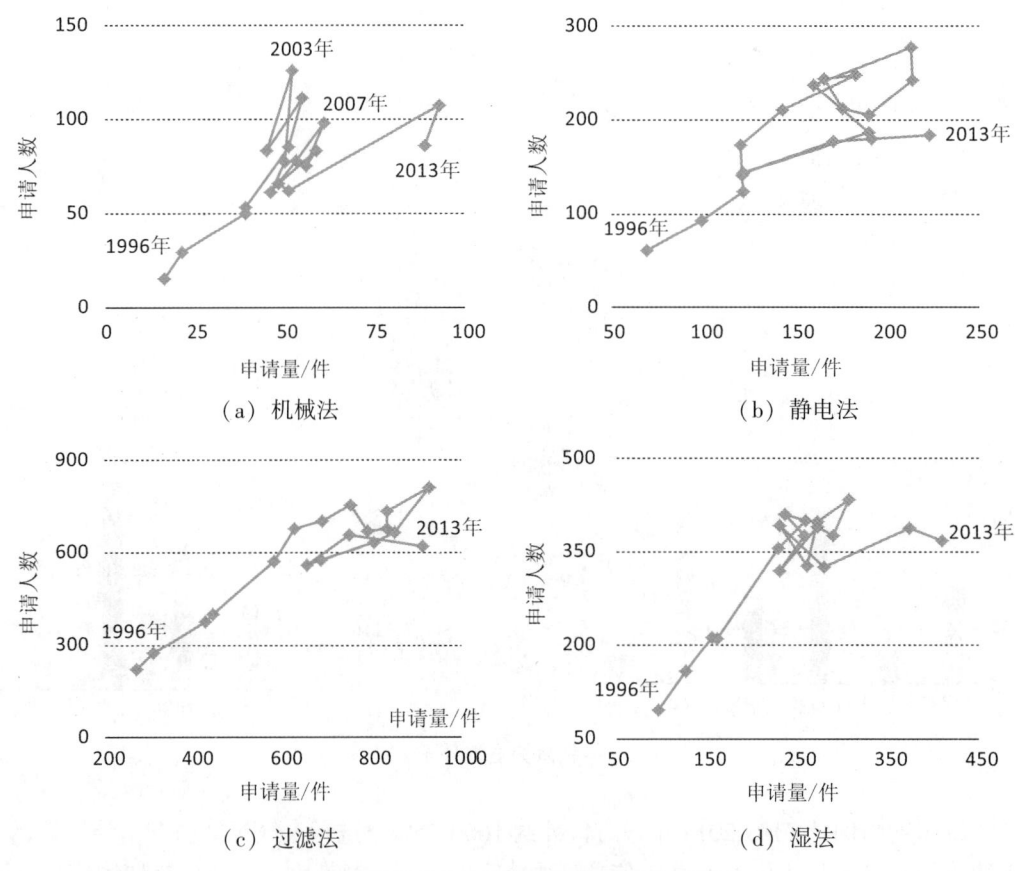

(a) 机械法　　(b) 静电法　　(c) 过滤法　　(d) 湿法

**图5　各技术分支全球专利技术生命周期**

在全球的专利竞争中，过滤法是传统技术，自1996年起，过滤法技术迅速发展，在2003~2007年达到了其技术的高峰期，整个高峰期申请一直保持高申请量，同时申请人数量也稳定于高位，随后申请量、申请人数量均有一定数量的下降，这也就是说过滤法技术发展成熟，企业的发展已经完成了兼并或者淘汰过程，格局已经稳定。

对于颗粒物控制相对新兴的技术，如机械法、静电法、湿法，其技术发展变化较快，生命周期并无明显规律，这也表明整个技术还处于发展期。从近几年的发展趋势上看，随着相对新兴技术的发展，申请量随年有所波动，而申请人数却逐渐下降，这有可能是因为专利申请正在向一部分申请人集中，换而言之，这些申请人的创新实力可能正在逐步加强。例如静电法和湿法，技术进步不断涌现，工艺革新层出不穷，这些新工艺、新设备的产业化，将极大促进静电法和湿法的发展，进而提高去除颗粒物的处理效率和能力，其市场前景也是不言而喻的。目前仅从申请量的角度而言，由于传统的过滤法处理技术成熟且多样化，申请量远远大于新兴处理技术，其仍然占据市场主体地位。但是如果技术没有突破，技术的发展将进入衰退期。当技术老化后，会有不少的企业退出。

## 2.3 主要竞争者

### 2.3.1 专利申请概况

如表5所示，从全球范围来看，颗粒物控制技术主要申请人集中在日本、韩国的企业。申请量排名前10名中日本占据6席，包括丰田、松下、本田、大金、夏普和日立；韩国占据2席，现代位于第三位，LG位于第五位。这些企业在颗粒物控制技术方面不仅申请量大，而且进入较多国家，可以说日韩在颗粒物控制技术方面占据着领先位置以及霸主位置，其在世界范围内具有绝对的优势。

表5 全球主要竞争者总体情况

| 竞争者 | | 专利概况 | | | | |
|---|---|---|---|---|---|---|
| | | 总申请量/件 | 授权率 | 进入国家总数 | 发明人数量 | 诉讼/转让 |
| 日本 | 丰田 | 997 | 52.00% | 20 | 630 | 无/有 |
| | 松下 | 545 | 31.00% | 15 | 489 | 无/有 |
| | 本田 | 403 | 75.00% | 26 | 816 | 无/有 |
| | 大金 | 279 | 41.00% | 16 | 243 | 无/有 |
| | 夏普 | 272 | 41.00% | 16 | 283 | 无/有 |
| | 日立 | 71 | 63.00% | 7 | 85 | 无/有 |
| 韩国 | 现代 | 422 | 52.00% | 7 | 351 | 有/有 |
| | LG | 299 | 54.00% | 9 | 355 | 无/有 |
| 荷兰 | 飞利浦 | 16 | 53.00% | 15 | 58 | 无/有 |
| 美国 | 霍尼韦尔 | 29 | 47.00% | 12 | 84 | 无/有 |

在这些企业中，日本的丰田、本田、日立，以及韩国的现代、LG，其不仅申请量大，而且授权率均超过50%，由此可见这些企业在去除颗粒物技术方面具有较强的研发能力，而且重视知识产权，其专利质量很高。

荷兰的飞利浦和美国的霍尼韦尔在颗粒物控制技术领域也占有一席之地，但是与日韩企业相比，在颗粒物控制技术方面只能说是小巫见大巫。这与日韩、欧美本身的地理位置、大气环境也有一定的关系。日韩经济较欧美而言，发展起步晚，目前正经历着大气污染治理与环境保护的关键时期。中国的经济也与此类似。

### 2.3.2 主要专利技术领域分析

对颗粒物控制技术领域的全球主要竞争者的专利信息进行统计（参见表6 全球主要竞争者主要专利技术领域分布），可见大部分的公司或集团将该领域的研究重点放在过滤法上，并且对于过滤法的各个工艺环节如过滤器、过滤材料、催化处理等均有所关注。对于空气的颗粒物处理也成为主要竞争者的技术关注重点，如空气通风、净化空气等。对于新兴技术，如静电法，部分主要竞争者如大金、现代均已经开始研发和布局。

表6　全球主要竞争者主要专利技术领域分布　　　　　　　　　　　　　　单位：件

| 竞争者 | | 领域 | 数量 | 领域 | 数量 | 领域 | 数量 | 领域 | 数量 | 领域 | 数量 |
|---|---|---|---|---|---|---|---|---|---|---|---|
| 日本 | 丰田 | 废气的化学或生物净化 | 609 | 催化处理排气 | 484 | 机器排气处理 | 472 | 过滤器再生 | 247 | 催化净化废气 | 196 |
| | 松下 | 空气通风 | 152 | 过滤分离 | 133 | 空气消毒灭菌或除臭 | 122 | 催化处理尾气 | 54 | 空气控制装置 | 49 |
| | 本田 | 内燃机空气输送装置 | 255 | 内燃机滤清器 | 191 | 车辆其他附件 | 117 | 排气处理装置 | 89 | 催化处理尾气 | 84 |
| | 大金 | 空气调节通风 | 89 | 空气消毒灭菌或除臭 | 74 | 过滤分离 | 56 | 静电分离 | 37 | 空气调节 | 29 |
| | 夏普 | 空气消毒灭菌或除臭 | 152 | 产生引入大气的离子装置 | 82 | 通风 | 71 | 电晕放电装置 | 50 | 过滤分离 | 45 |
| | 日立 | 特定结构过滤器 | 60 | 过滤材料 | 48 | 过滤分离 | 31 | 催化剂 | 26 | 陶瓷制品 | 17 |
| 韩国 | 现代 | 内燃机滤清器 | 150 | 内燃机空气输送装置 | 108 | 催化处理尾气 | 39 | 带有催化器的静电分离 | 22 | 使排气无害化 | 21 |
| | LG | 过滤分离 | 232 | 空调净化处理 | 48 | 空气消毒灭菌或除臭 | 15 | 空气调节 | 15 | 空气调节增湿通风 | 12 |
| 荷兰 | 飞利浦 | 过滤分离 | 7 | 吸尘器的过滤器 | 4 | 静电分离 | 3 | 离心分离 | 3 | 空气消毒灭菌或除臭 | 2 |
| 美国 | 霍尼韦尔 | 自持式过滤材料 | 3 | 机械分离 | 3 | 有机过滤材料 | 3 | 过滤分离 | 3 | 离心分离 | 3 |

在颗粒物控制的主要竞争者中，日本丰田对于去除颗粒物的废气的化学或生物净化、催化处理排气关注较高，机器排气处理、过滤器再生技术也在其申请中占有相当的部分，而催化净化废气技术的专利申请量相对较少。夏普更加重视净化空气的研究，包括应用物理现象、离子化、放电等。其他的日本企业在去除颗粒物技术的各个方面均有研究，但并没有非常突出的研究方法，可以说比较均衡地重视相关技术。韩国的LG和现代在过滤除尘方面也表现突出，如现代的滤清器、LG的过滤分离，在其各自的申请总量中占据了绝对的地位，可见二者对相关技术的重视程度。

## 2.3.3 主要专利技术市场分析

如图 6 所示，对于颗粒物控制技术领域，全球主要竞争者的市场布局非常集中，主要位于美国、日本和中国。全球前 10 位的主要竞争者中，在美国、日本和中国市场进行专利布局的分别是 9 家、9 家和 8 家。美国作为发达国家的代表，对于大气污染防治包括颗粒物的控制均在不断发展，标准不断提升。中国则是发展中国家的代表，迅速发展的工业以及人们生活水平的日益提高，对于大气污染以及颗粒物控制的需求也越来越强烈。日本则是全球前 10 位主要竞争者的本土国，布局较多也是十分合理的。

单位：家

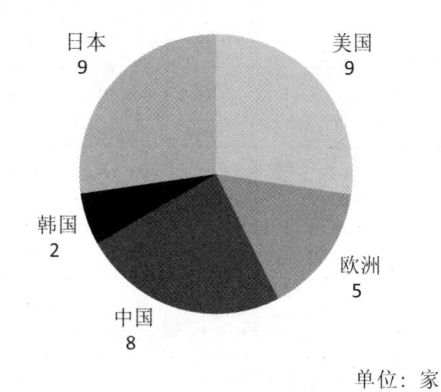

图 6 全球主要竞争者主要专利技术市场分布

由表 7 全球主要竞争者专利的市场分布可见，除本国市场外，在海外专利市场的布局策略上，全球主要竞争者的第一布局是欧洲、美国和中国，第二布局是中国、美国，第三布局是美国和日本。这与各地的经济发展、空气污染治理是密不可分的。

在具体技术方面，对于欧洲市场，主要是催化处理尾气；对于美国市场，内燃机滤清、催化处理尾气和过滤基本均衡；对于中国市场，内燃机处理、过滤分离占据了首要位置。

表7 全球主要竞争者主要专利技术在不同市场的领域分布  单位：件

| 公司 | | 丰田 | 松下 | 本田 | 大金 | 夏普 | 日立 | 现代 | LG | 飞利浦 | 霍尼韦尔 |
|---|---|---|---|---|---|---|---|---|---|---|---|
| 本国 | | 日本 | 日本 | 日本 | 日本 | 日本 | 日本 | 韩国 | 韩国 | 荷兰 | 美国 |
| 申请量 | | 981 | 540 | 391 | 278 | 265 | 65 | 422 | 265 | 11 | 26 |
| 技术领域 | 领域1 | 催化处理尾气 | 空气通风 | 内燃机滤清器 | 空气通风 | 离子化处理空气 | 过滤材料 | 内燃机滤清器 | 过滤分离 | 静电效应 | 惯性分离 |
| | 数量 | 594 | 152 | 49 | 89 | 110 | 47 | 80 | 123 | 3 | 4 |
| | 领域2 | 机器排气处理 | 过滤分离 | 催化处理尾气 | 辐照处理空气 | 离子化装置 | 催化剂 | 车辆内部空气过滤 | 室内空气净化 | 吸尘器的过滤器 | 过滤分离 |
| | 数量 | 469 | 123 | 83 | 65 | 81 | 2 | 17 | 20 | 3 | 3 |
| | 领域3 | 机器排气处理 | 加热处理 | 内燃机滤清器 | 过滤分离 | 空气的通风 | 辐照处理空气 | 内燃机空气输送 | 空气调节装置 | 离心分离 | 吸附处理废气 |
| | 数量 | 288 | 31 | 15 | 52 | 70 | 5 | 30 | 17 | 3 | 3 |
| 海外1 | | 欧洲 | 中国 | 美国 | WIPO | WIPO | 欧洲 | 美国 | 中国 | WIPO | 欧洲 |
| 申请量 | | 215 | 30 | 123 | 32 | 41 | 21 | 37 | 61 | 15 | 13 |
| 技术领域 | 领域1 | 催化处理尾气 | 空气调节装置 | 内燃机空气滤清器 | 辐照处理空气 | 离子化处理空气 | 催化剂 | 催化处理尾气 | 过滤分离 | 过滤分离 | 过滤材料 |
| | 数量 | 172 | 9 | 29 | 7 | 23 | 2 | 22 | 39 | 4 | 2 |
| | 领域2 | 机器排气处理 | 过滤空气 | 催化处理尾气 | 催化剂 | 空气的通风 | 过滤材料 | 催化过滤分离 | 室内空气净化 | 吸尘器的过滤器 | 纤维制层絮 |
| | 数量 | 99 | 5 | 24 | 2 | 20 | 16 | 15 | 37 | 4 | 2 |
| | 领域3 | 机器排气处理 | 空气的消毒灭菌或除臭 | 排气处理装置 | 空气的除臭组合物 | 离子化装置 | 催化剂 | 催化处理排气 | 吸尘器的过滤器 | 离心分离 | 惯性分离 |
| | 数量 | 108 | 7 | 14 | 2 | 18 | 16 | 15 | 2 | 3 | 3 |
| 海外2 | | 美国 | WIPO | 中国 | 中国 | 中国 | 中国 | 中国 | 美国 | 中国 | WIPO |
| 申请量 | | 214 | 21 | 93 | 35 | 38 | 20 | 31 | 28 | 12 | 12 |
| 技术领域 | 领域1 | 催化处理尾气 | 空气的消毒灭菌或除臭 | 内燃机空气滤清器 | 空气的消毒灭菌或除臭 | 离子化处理空气 | 过滤材料 | 催化处理尾气 | 过滤分离 | 吸尘器的过滤器 | 过滤材料 |
| | 数量 | 157 | 5 | 26 | 6 | 19 | 17 | 19 | 16 | 4 | 4 |
| | 领域2 | 机器排气处理 | 过滤材料 | 内燃机上空气滤清器 | 催化剂 | 空气的通风 | 催化剂 | 催化过滤分离 | 室内空气净化 | 用静电效应分离 | 纤维制层絮 |
| | 数量 | 105 | 1 | 10 | 2 | 15 | 2 | 12 | 9 | 3 | 3 |
| | 领域3 | 机器排气处理 | 过滤分离 | 自行车的其他附件 | 空气的除臭组合物 | 离子化装置 | 过滤分离 | 催化处理 | 吸尘器的过滤器 | 离心分离 | 呼吸面具或防护帽 |
| | 数量 | 89 | 4 | 5 | 2 | 14 | 14 | 12 | 2 | 3 | 3 |
| 海外3 | | WIPO | 美国 | 欧洲 | 美国 | 美国 | 中国 | 日本 | WIPO | 日本 | 日本 |
| 申请量 | | 187 | 16 | 74 | 21 | 30 | 19 | 19 | 23 | 9 | 5 |
| 技术领域 | 领域1 | 催化处理尾气 | 空气的消毒灭菌或除臭 | 催化处理尾气 | 辐照处理空气 | 离子化处理空气 | 过滤分离 | 催化处理尾气 | 过滤材料 | 用静电效应分离 | 过滤材料 |
| | 数量 | 154 | 4 | 23 | 4 | 15 | 18 | 14 | 8 | 3 | 4 |
| | 领域2 | 机器排气处理 | 过滤材料 | 内燃机空气滤清器 | 空气的除臭组合物 | 空气的通风 | 过滤分离 | 机器排气处理 | 过滤分离 | 吸尘器的过滤器 | 纤维制层絮 |
| | 数量 | 77 | 1 | 12 | 2 | 10 | 15 | 10 | 8 | 3 | 2 |
| | 领域3 | 机器排气处理 | 离心分离 | 机器排气处理 | 催化剂 | 离子化装置 | 催化剂 | 催化处理尾气 | 吸尘器的过滤器 | 离心分离 | 固体吸附剂 |
| | 数量 | 84 | 1 | 11 | 2 | 9 | 1 | 10 | 3 | 3 | 2 |

# 第 3 章　中国专利竞争情报分析

## 3.1　总体竞争环境

随着大气污染防治工作的推进，我国大气环境质量逐步改善，但是可吸入颗粒物仍然是影响多数城市空气质量的首要污染物。而且随着城市化、工业化进程的加快，细颗粒物污染日益突出，严重影响区域大气能见度和公众健康。全面加强颗粒物污染防治已成为我国"十二五"期间大气污染防治的主要任务。[1]

### 3.1.1　政策环境

我国自 20 世纪 70 年代开始，将消烟除尘作为环境保护的重点工作，对工业和生活排放的烟尘和工业粉尘制定了相应的控制措施，尤其是工业行业烟粉尘排放控制取得初步成效。但颗粒物来源和构成非常复杂，目前单纯控制烟尘和工业粉尘排放不能解决颗粒物污染问题，且电力、工业锅炉及工业窑炉的烟粉尘排放控制水平已经不能满足环境管理需求。

2013 年 8 月 30 日，环境保护部发布了国内首个《大气颗粒物来源解析技术指南（试行）》。这一指南的发布对灰霾天气防治工作，尤其是对多个城市之间联防联控大气污染，提供了重要且直接的技术支撑。

2013 年 9 月 12 日，国务院发布《大气污染防治行动计划》。这是我国发布的第二个大气污染治理专项规划，也即众口相传的大气"国十条"。该计划提出的新目标为：到 2017 年全国地级及以上城市可吸入颗粒物浓度比 2012 年下降 10% 以上，优良天数逐年提高；京津冀、长三角、珠三角等区域细颗粒物浓度分别下降 25%、20%、15% 左右，其中北京市细颗粒物年均浓度控制在 60μg/m³ 左右，新规划的起止时间为 2013~2017 年。

### 3.1.2　经济环境

2013 年以来，我国中东部地区反复出现雾霾，大气污染十分严重，给工业生产、交通运输和群众的健康带来了较大的影响。尤其是在京津冀、长三角、珠三角出现的程度最为严重。中央财政安排 50 亿元资金，全部用于京津冀及周边地区大气污染治理工作，具体包括京津冀晋鲁和内蒙古 6 个省区市，并重点向治理任务重的河北省倾斜。

2013 年 9 月 17 日，财政部、科技部、工信部、国家发改委发布《关于继续开展新

---

[1] 严刚，等. 十二五我国大气颗粒物污染防治对策 [J]. 环境与可持续发展，2011，36（5）：20-24.

能源汽车推广应用工作的通知》（以下简称《通知》），明确2013~2015年的新能源汽车补贴政策。根据《通知》，2013~2015年，特大型城市或重点区域新能源汽车累计推广量不低于10 000辆，其他城市或区域累计推广量不低于5000辆。推广应用的车辆中外地品牌数量不得低于30%。新增或更新的公交、公务、物流、环卫车辆中新能源汽车比例不低于30%。

### 3.1.3 技术环境

我国颗粒物来源和构成非常复杂，不仅包括电力、工业锅炉及工业窑炉的烟粉尘，还有城市扬尘、移动源颗粒物等。对于电力行业烟尘，随着《火电厂大气污染物排放标准》的逐步加严，火电厂除尘设备由20世纪70年代初的低效水膜除尘器和机械除尘器逐步升级改造为高效静电除尘器，火电厂除尘技术水平不断提升。为改善区域环境质量，国务院办公厅转发的《关于推进大气污染联防联控改善区域空气质量的指导意见》（国办发〔2010〕33号）中明确要求，所有火电、工业锅炉需要采用袋式除尘等高效除尘技术。

对于工业锅炉烟尘，我国的烟尘控制水平相当滞后。我国工业锅炉的主流除尘设备是旋风除尘器，小于10t/h的锅炉基本上配置了单管或多管旋风除尘器，大于10t/h的部分锅炉配置了多筒、多管旋风除尘器或者湿式除尘器，但是这些除尘设备除尘效率较低，难以满足日趋严格的污染控制要求。

我国正处于城市基础设施建设的高峰期，建筑、拆迁、道路施工及堆料、运输遗撒等施工过程产生的建筑扬尘和道路扬尘，以及城市周围生态环境的恶化，导致城市扬尘污染呈现进一步加重趋势。

机动车不仅是一次颗粒物的主要来源，也是二次细粒子主要前体物的重要"贡献"者。根据全国第一次污染源普查结果，截至2009年年底，全国机动车保有量接近1.4亿辆，颗粒物排放量为56.1万吨。加强机动车颗粒物排放以及氮氧化物、碳氢化合物的综合控制，已成为我国大气颗粒物污染防治的重要任务。

## 3.2 专利竞争环境

### 3.2.1 专利申请概况

根据中国专利申请的检索及统计结果，就中国的专利竞争环境而言，我国在颗粒物控制领域专利申请量一直处于增长阶段，相关技术的市场参与者除中国自身外，主要包括日本、美国、欧洲、韩国。除了前五名外，其他国家和地区的申请量较小，均不足1000件。

对于我国市场来说本国申请量占据主导地位，国外申请虽然存在一定数量，但并未对我国专利布局造成影响（见图7）。我国无论是专利制度还是领域内的发展均起步较晚，从整体技术环境来看，整体技术水平明显落后于日美韩等国家和地区。虽然国外专利布局在我国并不明显，但是专利审查是将全球公开的技术作为对比，使得一些没有在国内申请，但是已经在国外公开的技术，成为我国专利申请的阻碍，研发者在研发时不应局限于国内公开的技术，而应该开阔眼界，去关注世界范围内的现有技术，有的放矢地进行研发以及专利申请工作，对于已有技术进行了解，减少重复开发。

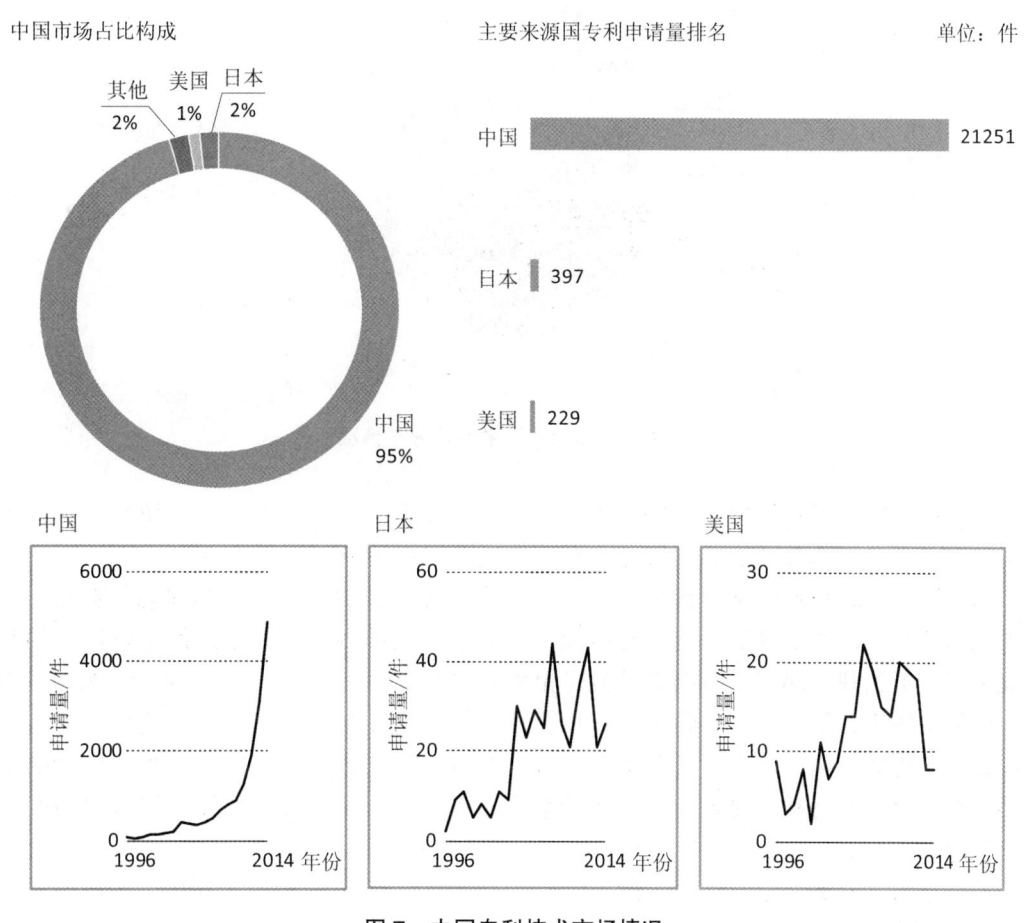

图 7　中国专利技术市场情况

## 3.2.2　专利地区分布

就国内各省区市的专利竞争环境而言，颗粒物控制领域的专利申请主要分布在华东地区、华南地区和华北地区（见图8），包括江苏、广东、浙江以及北京，上述四省市颗粒物领域专利申请量占国内总申请量的将近一半；中西部内陆地区，比如山西、重庆等地，颗粒物领域研究薄弱。

首先，沿海各省以及北京是我国经济发展较好的地区，这对于其投入一定的资金进行颗粒物领域的除尘技术研究具备一定的优势。再者，随着上述地区经济的快速增长，不断增长的能源消耗和机动车辆加重了其大气环境的负担，城市空气污染特别是颗粒物去除已经作为一个主要的环境问题正迅速地显现出来。中国气象局国家气候中心监测数据显示，2011年9月1日至12月20日，我国中东部地区共发生了12次较大范围的雾霾天气，不仅持续时间长，而且影响范围广，研究表明空气颗粒物是造成空气污染和雾霾天气的主要原因。❶

台湾地区 260
东北地区 1017
华北地区 3277
华南地区 3004
西南地区 1416
西北地区 749
华中地区 1621
华东地区 9907
单位：件

**图8　中国专利技术地域分布情况**

《江苏省大气颗粒物污染防治管理办法》（以下简称《办法》）已正式出台，于2013年8月1日起实施，这是江苏省首部大气颗粒物污染防治的地方性法规。《办法》作为控制大气颗粒物污染的指导性文件，旨在从源头减少直接排放的固态颗粒物，保护人体健康，改善空气清洁度，提高大气能见度；明确颗粒物污染防治工作涉及的相关部门职责，建立部门联动机制，实现相关管理权和治污监管责任的统一。例如，为有效抑制扬尘污染，首次明确了工程建设单位承担施工扬尘的污染防治责任；为了控制机动车排放污染，确定了机动车区域限行制度，并禁止排放黑烟等可视污染物的机动车在城市道路行驶；要求向大气排放烟尘、粉尘的工业企业，将无组织排放转变为有组织达标排放。

广东省人民政府关于印发《广东省大气污染防治行动方案（2014～2017年）》的通知中提出，到2017年，力争珠三角区域细颗粒物年均浓度在全国重点控制区域率先达标，全省空气质量明显好转，重污染天气较大幅度减少，优良天数逐年提高，全省可吸入颗粒物年均浓度比2012年下降10%，珠三角地区各城市$SO_2$、$NO_2$和可吸入颗粒物年均浓度达标；珠三角区域细颗粒物年均浓度比2012年下降15%左右，臭氧污染形势有所改善；与2012年细颗粒物年均浓度相比，广州、佛山（含顺德区）、东莞下降20%，深圳、中山、江门、肇庆下降15%；珠海、惠州细颗粒物年均浓度不超过$35\mu g/m^3$；珠三角地区以外的城市环境空气质量达到国家标准要求，可吸入颗粒物年均浓度不超过$60\mu g/m^3$、细颗粒物年均浓度不超过$35\mu g/m^3$。

浙江省人民政府关于印发《浙江省大气污染防治行动计划（2013～2017年）》的通知中提出，以能源和产业结构调整、机动车排气污染防治、工业废气污染整治、城

---

❶ 宋英石，等. 城市空气颗粒物的来源、影响和控制研究进展［J］. 环境科学与技术，2013（S2）：214-222.

乡废气治理等为突破口，坚持源头治理、综合防治，倡导绿色低碳生产生活方式，建立政府统领、企业施治、市场驱动、公众参与的大气污染防治新机制。通过5年时间的努力，全省环境空气质量明显改善，重污染天气大幅减少；到2017年，全省细颗粒物（PM2.5）浓度在2012年基础上下降20%以上。

《北京市2013~2017年清洁空气行动计划》提出，经过5年努力，全市空气质量明显改善，重污染天数较大幅度减少。到2017年，全市空气中的细颗粒物年均浓度比2012年下降25%以上，控制在60μg/m³左右。其中：

怀柔、密云、延庆空气中的细颗粒物年均浓度下降25%以上，控制在50μg/m³左右；

顺义、昌平、平谷空气中的细颗粒物年均浓度下降25%以上，控制在55μg/m³左右；

东城、西城、朝阳、海淀、丰台、石景山空气中的细颗粒物年均浓度下降30%以上，控制在60μg/m³左右；

门头沟、房山、通州、大兴和北京经济技术开发区空气中的细颗粒物年均浓度下降30%以上，控制在65μg/m³左右。

2013年北京能源论坛召开，对于北京的空气治理，时任北京市发改委副主任刘印春阐述了政府的治理目标和举措。北京市下一步会继续减少煤的使用，全面关停燃煤机组，集中推进采暖锅炉的清洁改造。与此同时，北京市还在调整能源结构，加大散煤治理，对400多万吨散煤进行分类处理：对核心区、平房区的散煤实现煤改电，北京市已经完成23万户煤改电，还剩两三万户正在改造中。对城乡接合部采取通过城市化改造、拆除违规建筑等方式共同推进能源结构调整。北京市还会推进用优质无烟煤替代现有煤炭，每更换一吨，市政府会给予200元补助。在农村地区，不仅要推进煤改电、煤改气试点，同样会推动优质煤使用。刘印春当时透露，北京市要在2014年发布一个文件，出台一系列优惠政策，如对大型锅炉改造方面的投资，政府可补助近一半资金，对改进热泵系统的工作也会有投资支持，还会加快一些区域性能源中心的建设。北京市计划，到2017年天然气的消费比重从2013年的14%上升到35%，届时电在能源体系中的比重降至30%，燃气从而成为能源消费结构中的第一大能源。

### 3.2.3 专利技术生命周期

图9描述的是颗粒物控制领域各分支国内专利1996~2013年期间的申请状态，其中生命周期图中的横轴为申请人数量，纵轴数据为申请量。

(a) 机械法

(b) 静电法

(c) 过滤法

(d) 湿法

**图9　各技术分支中国专利技术生命周期**

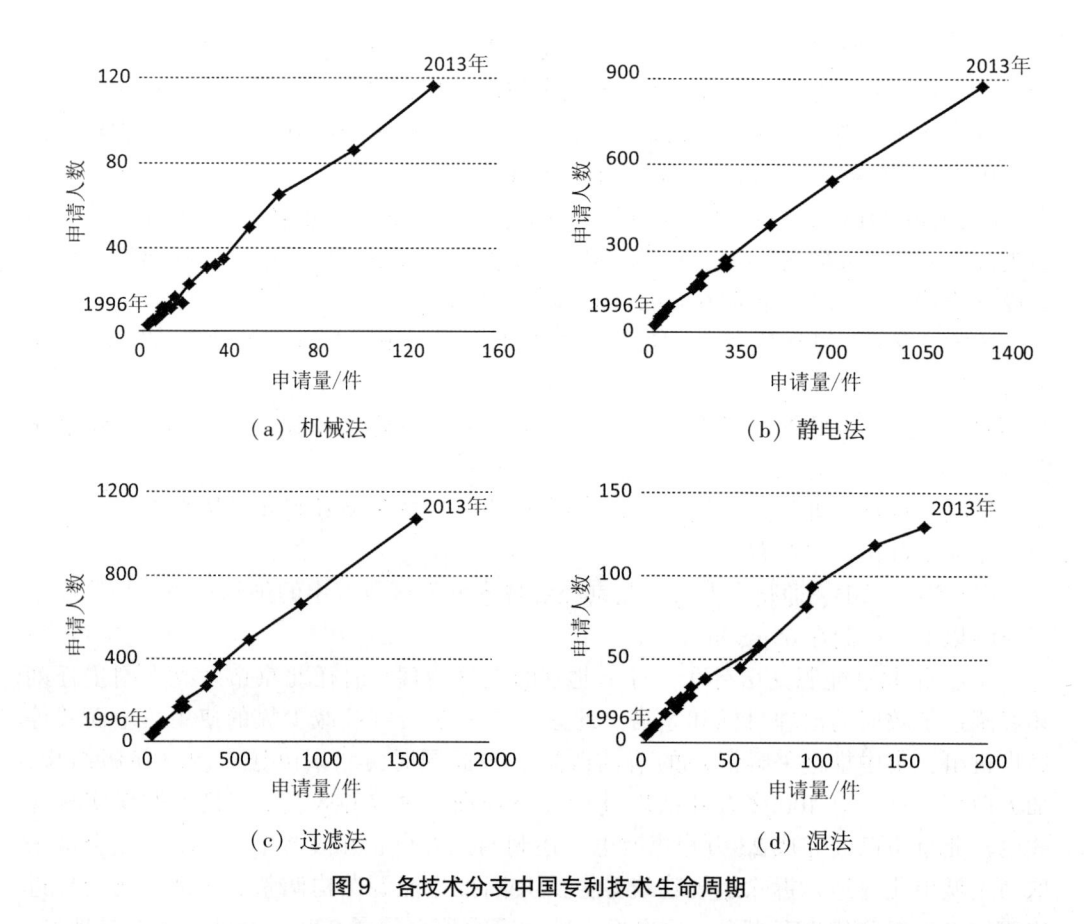

在我国的专利竞争中，过滤法、静电法、湿式、机械法均处于快速发展时期。但过滤法作为传统技术，申请量明显占据首位，且一直保持高申请量，同时申请人也稳定于高位。

对于颗粒物控制的新兴技术，如机械法、静电法、湿法，其技术发展变化较快，湿法和静电法的生命周期虽然略有波动，但整体而言也是处于稳步快速发展期。从近几年的发展趋势上看，随着新兴技术的发展，申请量随年有所波动，而申请人数有时会有波动。这表明虽然新兴技术领域处于发展期，但是也将不断涌现出越来越多具备竞争实力的企业，尤其是静电法和湿法，技术进步不断涌现，工艺革新层出不穷，这些新工艺新设备的产业化，将极大促进静电法和湿法的发展，进而提高去除颗粒物的处理效率和能力，其市场前景也是不言而喻的。但仅从申请量的角度而言，由于传统的过滤法处理技术成熟且多样化，申请量远远大于新兴的颗粒物控制技术，其仍然占据市场主体地位。但是如果技术没有突破，技术的发展将进入衰退期。当技术老化后，会有不少的企业退出。

## 3.3 主要竞争者

### 3.3.1 专利申请概况

我国国内的主要申请人,其申请量与日韩企业相比并没有优势,但也有所发展。我国主要的申请人是格力、美的、海尔、亚都、浙江大学和清华大学,可见是企业以及高校并存。对于高校,浙江大学、清华大学凭借其强大的发明人团队,在专利申请数量上明显占优。对于海尔、格力、美的,其发明人数量虽然略逊一筹,但专利申请的质量并不差,尤其是美的,在申请量高增长的情况下授权率能保持在60%以上。国内主要竞争者总体情况见表8。

表8 国内主要竞争者总体情况

| 竞争者 | | 专利概况 | | | 产业概况 | | |
|---|---|---|---|---|---|---|---|
| | | 申请量/件 | 授权率 | 发明人数量 | 主流工艺、核心工艺 | 主营业务 | 研发方向 |
| 企业 | 格力 | 150 | 52% | 106 | 静电分离、等离子体净化 | 空调、空气净化器 | 静电分离 |
| | 亚都 | 25 | 80% | 5 | 过滤分离、湿法分离 | 空气加湿器 | 湿法分离 |
| | 美的 | 112 | 62% | 104 | 过滤分离 | 空调 | 过滤分离 |
| | 海尔 | 50 | 66% | 79 | 过滤分离、湿法分离 | 冰箱、空调 | 过滤分离 |
| 高校 | 清华大学 | 67 | 69% | 149 | 催化净化、离子分离 | | 催化净化 |
| | 浙江大学 | 75 | 63% | 171 | 湿法分离、催化净化 | | 湿法分离 |

在我国的主要申请人中,亚都具有明显的特点,即发明人集中,专利申请质量高。这说明亚都在湿法分离颗粒物方面具有很强的优势。

### 3.3.2 主要专利技术信息分析

中国主要竞争者专利技术领域分布见表9。整体而言,虽然我国主要申请人的专利申请数量并不高,但在颗粒物控制的各个领域均有涉及,包括静电法、空气调节、催化净化废气、过滤分离等。对于清华大学而言,其技术领域主要是气体的处理,包括颗粒物的催化净化和离子分离。对于浙江大学,其技术领域则主要是湿法分离和催化净化。

国内主要竞争者的各个企业,如格力、海尔、亚都和美的,相应技术领域均为空气的净化处理。格力自1991年成立起一直致力于空调业务。海尔成立于1984年,作为家用电器制造商,海尔在冰箱、空调、小家电等17种家用电器方面均有研发,与颗粒物控制相关的主要是空调业务。亚都成立于1987年,在空气品质领域起步早、规模大,在室内环保产业领域处于领先地位,其空气净化器、加湿器、除尘器等均有研发应用。美的创业于1968年,1980年进入家电业,主要家电产品包括空调(家用空调、商用空调、大型中央空调)、空气清新机、灶具、消毒柜等。在颗粒物控制方面,格力、海尔、美的与之相关的技术产品主要是空调,但三者的技术侧重各有不同。格力重在静电分离领域;美的重在物理方法分离,特别是与过滤分离相关的技术领域;海尔则侧重在空气调节。亚都与格力、海尔、美的不同,其主要技术领域是室内空气的净化处理,这与其主营业务空气净化器密切相关,并且亚都的专利申请授权率高达80%,可见在该领域,亚都具有较好的研发团队。

表9 中国主要竞争者专利技术领域分布　　　　　　　　　　　　　　　　单位:件

| 竞争者 | 领域 | 申请量 | 领域 | 申请量 | 领域 | 申请量 | 领域 | 申请量 | 领域 | 申请量 |
|---|---|---|---|---|---|---|---|---|---|---|
| 格力 | 静电分离 | 55 | 空气调节的室内装置 | 40 | 过滤器的配置或安装 | 34 | 控制或安全装置的配置 | 18 | 供电技术的应用 | 8 |
| 亚都 | 空气净化处理 | 11 | 过滤分离 | 6 | 车辆内部空气过滤 | 3 | 辐照净化空气 | 2 | 利用液体分离 | 2 |
| 美的 | 过滤器的配置或安装 | 40 | 空气调节的室内装置 | 40 | 静电分离 | 26 | 空气净化处理 | 18 | 控制或安全装置的配置 | 18 |
| 清华大学 | 物理方法对空气除臭消毒 | 24 | 催化净化废气 | 12 | 分离粒子的组合器械 | 10 | 气体的净化处理 | 8 | 固相方法净化废气 | 6 |
| 浙江大学 | 分离粒子的组合器械 | 14 | 催化净化废气 | 9 | 空气调节的室内装置 | 8 | 气液接触净化废气 | 8 | 利用液体分离 | 6 |
| 海尔 | 空气调节通用部件 | 33 | 空气调节接收空气装置 | 21 | 室内空气调节系统零部件 | 10 | 空气增湿 | 4 | 制冷装置的一般结构特征 | 3 |

# 第4章　竞争启示及产业发展建议

## 4.1　技术启示及建议

### 4.1.1　技术启示

　　从全球竞争者数据可以看出，排名前10位的基本都是日韩大型企业。这些企业在颗粒物控制领域拥有绝对的霸主地位，其专利申请量以及授权量远远领先其他国家和地区。依据其各自的知识产权战略，这些企业在颗粒物控制领域拥有大量的基础专利以及核心专利，并且不断进行技术创新。依据其强大的经济以及科技实力，这些企业不断向全球各地进行专利技术输出、扩张和占据市场。

　　虽然我国在颗粒物控制领域的专利申请总量不足，但2003年之后，我国在这一领域的专利申请开始进入快速增长期。但是我国企业所进行的研究涉及基础性技术较少，核心技术欠缺。在颗粒物控制市场上，我国企业所拥有的专利只是尽量保障其产品的自身所有，可以说其整个市场的知识产权策略只能是防御型。国内企业或公司在核心技术上还需要引入国外专利技术进行支撑，这就需要国内企业积极学习，以及适当进行技术合作。因此，为了进一步提升企业竞争力，国内企业或公司在引进国外先进技术的同时，还应当借鉴国外企业的发展经验，加大对技术创新的投入力度，大力培养创新型研发人才，储备相关技术，克服技术障碍，寻找空白技术点，在专利申请上保持数量的同时增加专利申请的技术含量，为实施开拓性知识产权战略进行储备。

### 4.1.2　技术建议

　　颗粒物控制技术分为机械法、静电法、湿法和过滤法。然而随着工业的不断发展，排放的颗粒污染物的数量越来越多，大气中颗粒物的浓度也越来越高，颗粒物对人们的生活环境和身体健康的危害也越来越大，这些都对颗粒物净化设备的性能及可靠性提出了更高的要求。在实际的颗粒物控制过程中，并不是单一的一种控制技术就能够达到控制效果，这就需要将各种控制技术结合起来，开发出复合式净化设备。

　　目前，颗粒物引起的环境问题也越来越受到人们的重视。在我国日益加重的大气颗粒物污染形势下，我国的颗粒物控制技术发展迅速，有以下几种发展趋势：①净化设备趋向高效率化；②逐步发展处理大烟气量的设备；③着重研究提高现有高效净化设备的性能；④发展新型的净化设备；⑤发展家用小型净化设备。

　　发达国家在颗粒物控制理论和技术上的研究则趋向于3个方面：①对传统高效颗粒物控制技术进行更深更系统的研究；②为了适应更高的环保要求，追求高效率、高品质颗粒物控制,注重各类净化机理和技术的结合;③强调除尘与脱硫一体化。同时国外对电除尘理论方面的研究也比较重视。

整体而言,在颗粒物控制技术中,净化设备的组合和配置,不仅要考虑净化设备的净化效率,还要考虑它的处理气体量、压力损失、设备基建投资与运转管理费用、使用寿命和占地面积或占用空间体积等因素;复合式控制技术是颗粒物控制技术的未来发展趋势。而就市场而言,高效的家用小型净化设备将越来越受到欢迎。比如颗粒物的控制器,其发展大致经历了3个时期:以过滤法和吸附等物理性能设计的第一代净化器,增加了静电除尘、离子发生器、臭氧发生器等功能的第二代净化器,以及采用高效催化技术的第三代净化器。高效小型化已经成了衡量第三代净化器的关键参数。

## 4.2 市场启示及建议

### 4.2.1 市场发展建议

2011年我国共发布环境保护标准多达60余项,同时出台了《国家环境保护"十二五"规划》(下称《规划》)。在防治污染包括颗粒物控制方面,技术水平升级以及产业结构调整已经成为必然。《规划》确定了7项环境监测指标,并进一步明确了"十二五"期间我国环保行业的发展方向。在《规划》中,强调要深化颗粒物污染控制。包括加强工业烟粉尘控制,推进燃煤电厂、水泥厂除尘设施改造,钢铁行业现役烧结(球团)设备要全部采用高效除尘器,加强工艺过程除尘设施建设;20蒸吨(含)以上的燃煤锅炉要安装高效除尘器,鼓励其他中小型燃煤工业锅炉使用低灰分煤或清洁能源;加强施工工地、渣土运输及道路等扬尘控制。可见,大气污染治理包括颗粒物去除已成为环保工作的重中之重。

对于颗粒物净化设备,同一种类型的净化设备对于不同特点的污染源,在设计、运行、管理上均会存在较大的差别。通常情况下,净化效果是比较稳定的。不同类型净化设备有其自身的特点和特殊的适用性。净化设备类型的选取最重要的参考标准是总除尘效率和分级除尘效率。通常对于同一种净化设备,效率越高,相应的一次性投资也越高。净化设备性能比较见表10。

表10 净化设备性能比较

| 除尘器 | | 净化程度 | 最小捕集粒径/μm | 总效率/% | 分级效率$\eta_{10}$/% |
|---|---|---|---|---|---|
| | 重力沉降室 | 粗净化 | 50~100 | <50.0 | — |
| | 惯性除尘器 | 粗净化 | 20~50 | 50.0~70.0 | — |
| 旋风除尘器 | 中效旋风除尘器 | 粗、中净化 | 20~40 | 60.0~85.0 | — |
| | 高效旋风除尘器 | 中净化 | 5~10 | 80.0~90.0 | 单筒 55~70<br>多管 70~80 |
| | 水浴除尘器 | 粗净化 | 3~5 | 85.0~95.0 | — |

续表

| | 除尘器 | 净化程度 | 最小捕集粒径/μm | 总效率/% | 分级效率 $\eta_{10}$/% |
|---|---|---|---|---|---|
| 湿式除尘器 | 立式旋风水膜除尘器 | 粗、中净化 | 1~2 | 90.0~98.0 | 65~80 |
| | 卧式旋风水膜除尘器 | 粗、中净化 | 1~2 | 90.0~99.0 | 65~80 |
| | 泡沫除尘器 | 粗、中净化 | 2 | 80.0~95.0 | — |
| | 冲击除尘器 | 粗、中净化 | 0.5~10 | 95.0~98.0 | 85~90 |
| | 文丘里除尘器 | 细净化 | 0.1~0.3 | 90.0~99.5 | 93~96 |
| | 袋式除尘器 | 细净化 | <0.1 | 98.0~99.9 | 95.0~99.5 |
| 电除尘器 | 湿式电除尘器 | 细净化 | <0.1 | 90.0~99.8 | 95~99 |
| | 干式电除尘器 | 细净化 | <0.1 | 90.0~99.8 | 95~99 |

对国内本土市场而言，我国地区经济发展差异显著，对于颗粒物的控制标准不同，结合各地具体政策，合理选择相应效率的除尘器，发展相应的技术是其关键。沿海各省市以及北京是我国经济发展较好的地区，其投入一定的资金进行颗粒物领域的除尘技术研究具备一定的优势，同时沿海各省市如江苏、广东等均对颗粒物控制提出了明确的规划发展。在沿海各省市应侧重于高效除尘器的发展与研究。文丘里除尘器、袋式除尘器和静电除尘器属于高效除尘器，三者对于TSP和PM10的去除效率相近。从基建投资角度来看，静电除尘器造价最高，袋式除尘器次之，而文丘里除尘器最低；从运行费用来看，文丘里除尘器和袋式除尘器的运行费用较高，静电除尘器较低。对于中西部地区，不仅要考虑欠发达地区工业发展的需要，还要综合考虑我国目前颗粒物的控制现状和趋势，可以合理考虑低、中效除尘器，低、中效的机械式除尘和湿式除尘，基建投资和运行费用较低。低效除尘器，特别是旋风除尘器亦可作为多级除尘系统中的第一级除尘装置。中效除尘设备中湿式除尘器的治理成本比旋风除尘器略高。

## 4.2.2 区域发展建议

大气颗粒物指除气体之外的所有包含在大气中的物质，包括所有各种各样的固体或液体气溶胶。一个地区的颗粒物浓度和成分与当地的发展程度、地理位置和绿化率等因素有密切关系。例如，东北吉林市空气颗粒物的主要成分是扬尘、土壤风沙尘和建筑尘；青岛市空气颗粒物的主要成分有土壤扬尘和燃煤飞灰、硫酸钙和其他硫酸盐类的二次颗粒物、有机物质颗粒物、盐类。

不同粒径的颗粒物在空气中的停留时间和传输距离不同。粒径越小的颗粒物，在空气中停留的时间越长，传输和影响的范围越广，例如细颗粒物可在空气中停留几天到几十天，传输的距离有几百到几千公里。

由于地区差异，所使用的颗粒物控制技术必然要有所区别，同时又要考虑到颗粒物，特别是细小颗粒物的流动性。细小粒子在大气中飘浮的范围从几公里到几十公里，甚至上千公里，通过水平或垂直输送至远处，造成了越来越严重的区域性污染。因此，在颗粒物去除方面，三代技术可以说应根据地区各有侧重。第一代颗粒物的控制以过滤除尘和吸附等物理性能设计为主，对于扬尘、风沙尘等大颗粒的去除具有高效、低成本的特点。第二代颗粒物的控制设备增加了静电除尘器、离子发生器、臭氧发生器等功能。第三代颗粒物的控制器采用高效催化技术。第二代、第三代颗粒物的控制器更加注重细小颗粒的去除效率以及同时具备的消毒能力，更适用于雾霾污染严重的地区和城市。合理注重城市差异，智慧性地统一全国市场，是颗粒物控制短期经济目标和持续发展长期目标的协调关键所在。

## 4.3 专利布局启示及建议

### 4.3.1 专利布局启示

随着现代工业的发展，排放到大气中的粉尘越来越多，颗粒物控制技术也在不断地发展。发达国家在颗粒物控制理论和技术上的研究趋向于3个方面：①对传统高效技术进行更深更系统的研究；②为了适应更高的环保要求，追求高效率、高品质，而注重各类颗粒物控制机理和技术的结合；③强调除尘脱硫一体化。同时国外对静电法理论方面的研究也比较重视。

我国企业在发展自身基础技术的同时，也应紧跟发达国家颗粒物控制技术的发展趋势，加强相关研究，可以通过校企联合、与发达国家龙头企业合作等方式不断创新、提升技术能力，改进颗粒物控制技术、提高净化效果，为下一步的市场拓展奠定基础。

### 4.3.2 专利布局建议

我国在颗粒物控制技术方面的研究起步较晚，而许多发达国家的研究机构和公司已经申请了很多和核心技术相关的专利。只有全面了解这一技术的发展历程和研究热点，寻找到发达国家研究机构和公司技术的薄弱点，不断突破技术，才能使我国的相关研究机构和企业获得技术性竞争优势，为企业的创新创业带来活力。

国外的企业在颗粒物控制领域研发能力较强，特别是日本和韩国的企业，而我国在该领域的研发能力较弱。颗粒物的控制涉及的主要技术领域包括颗粒物的过滤和静电分离，部分还涉及过滤材料和催化材料。

我国在大力发展工业的情况下，空气污染对环境造成的影响不容忽视，经济发展的重点应放在加快促进经济增长方式的转型。在颗粒物控制技术中，净化设备的组合和配置、复合技术尚处于发展初期，也是目前颗粒物控制的薄弱环节，我国企业可以在该方面加强研究与布局。

# 氮氧化物控制

# 氮氧化物控制研究团队

## 一、项目指导
于立彪

## 二、项目管理
北京国知专利预警咨询有限公司

## 三、项目组
负责人：聂春艳
撰稿人：周　勤（主要执笔第 2 章）
　　　　时彦卫（主要执笔第 3 章）
　　　　李晶晶（主要执笔第 1 章）
　　　　王扬平（主要执笔第 4 章）
统稿人：宋　欢　赵奕磊　彭　博
审稿人：孙瑞丰　孙晶晶

# 分 目 录

摘　要 / 73
第 1 章　氮氧化物控制领域概述 / 74
　　1.1　技术概述 / 74
　　1.2　产业发展综述 / 75
第 2 章　全球专利竞争情报分析 / 76
　　2.1　总体竞争状况 / 76
　　　　2.1.1　政策环境 / 76
　　　　2.1.2　经济环境 / 77
　　　　2.1.3　技术环境 / 78
　　2.2　专利竞争环境 / 78
　　　　2.2.1　专利申请概况 / 78
　　　　2.2.2　专利技术分布概况 / 80
　　　　2.2.3　专利技术生命周期 / 81
　　2.3　主要竞争者 / 82
　　　　2.3.1　专利申请概况 / 82
　　　　2.3.2　主要专利技术领域分析 / 84
　　　　2.3.3　主要专利技术市场分析 / 85
第 3 章　中国专利竞争情报分析 / 88
　　3.1　总体竞争环境 / 88
　　　　3.1.1　政策环境 / 88
　　　　3.1.2　经济环境 / 89
　　　　3.1.3　技术环境 / 89
　　3.2　专利竞争环境 / 90
　　　　3.2.1　专利申请概况 / 90
　　　　3.2.2　专利地区分布 / 91
　　　　3.2.3　专利技术生命周期 / 92
　　3.3　主要竞争者 / 93
　　　　3.3.1　专利申请概况 / 93

3.3.2　主要专利技术信息分析 / 95

# 第4章　竞争启示及产业发展建议 / 96
4.1　技术启示及建议 / 96
　　4.1.1　技术启示 / 96
　　4.1.2　技术建议 / 96
4.2　市场启示及建议 / 97
　　4.2.1　市场启示 / 97
　　4.2.2　市场建议 / 97
4.3　专利布局启示及建议 / 98
　　4.3.1　海外布局建议 / 98
　　4.3.2　国内布局建议 / 98

# 摘　要

　　本报告涉及大气污染防治技术产业氮氧化物控制领域的专利竞争情报分析。报告中全球专利竞争情况分析和中国专利竞争情报分析两大部分内容，分别从总体竞争环境、专利竞争环境和主要竞争者出发分析得出该行业的竞争情报信息。其中整体竞争环境从政策、经济、技术出发分析各国的行业状况，专利竞争环境和主要竞争者则主要基于专利统计数据挖掘各国、各大公司的专利技术情况，包括生命周期发展状况、技术热点空白点、海外市场布局、企业研发方向。最后结合中外数据的情报分析，提出对行业的一些发展建议。

**关键词：** 脱硝　专利竞争情报　专利

# 第1章 氮氧化物控制领域概述

## 1.1 技术概述

氮氧化物（$NO_x$，nitrogen oxides）是大气的主要污染物之一，包括多种化合物，如氧化亚氮（$N_2O$）、一氧化氮（NO）、二氧化氮（$NO_2$）、三氧化氮（$NO_3$）、三氧化二氮（$N_2O_3$）、四氧化二氮（$N_2O_4$）和五氧化二氮（$N_2O_5$）等。$N_2O$、$NO_3$、$N_2O_3$、$N_2O_4$、$N_2O_5$、$NO_3$在大气中很不稳定，常温下极易转化形成 NO 和 $NO_2$。因此通常所说的氮氧化物（$NO_x$）就是指 NO 和 $NO_2$。

$NO_x$是形成光化学烟雾的一个重要原因，此外，氮沉降量的增加会导致地表水的富营养化和陆地、湿地、地下水系的酸化和毒化，从而对陆地和水生态系统造成破坏，同时 $NO_x$ 产生的温室效应是 $CO_2$ 的 200～300 倍。$NO_x$ 中的 NO 与血红蛋白的亲和力比 CO 还强，通过呼吸道及肺进入血液，使其失去输氧能力。$NO_x$ 中的 $NO_2$ 对人体健康的影响很大，因其在水中溶解度低，不易为上呼吸道吸收，而浸入肺脏深处的肺毛细血管，引起肺部损害。$NO_x$ 污染产生的经济损失和防治所需费用比 $SO_2$ 约高出 33.3%。同时从世界范围来看，发达国家对 $SO_2$ 的控制取得了很大的成效，20 世纪 90 年代后期，已经把控制重点逐步转移到对 $NO_x$ 的控制。

大气中的 $NO_x$ 主要来自工业污染源和交通污染源。其中工业污染源主要是火电厂、工业锅炉烟气排放，交通污染源主要包括机动车尾气。

$NO_x$ 控制方法主要包括：低氮燃烧和烟气脱硝。其技术分解如图 1 所示。

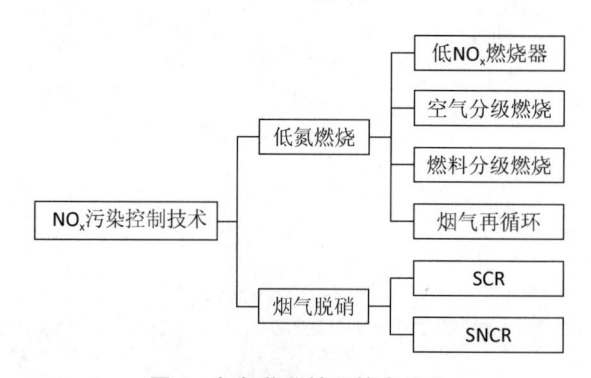

图 1 氮氧化物控制技术分支

（1）低 $NO_x$ 燃烧器。通过改进燃烧器的结构达到降低烟气中、排气中氮氧化物浓度的目的。从燃烧角度来看，燃烧器的性能对燃烧设备的可靠性和经济性起着主要作用,通过特殊设计的燃烧器结构能够达到抑制 $NO_x$ 生成的目的。电厂运行经验表明,低 $NO_x$ 单独使用可达到 $NO_x$ 降低率 30%~60%,低 $NO_x$ 燃烧器与低 $NO_x$ 燃烧技术相结合,可使 $NO_x$ 排放降低 74%。

(2)空气分级燃烧。将燃烧用风分两次喷入炉膛,减少煤粉燃烧区域的空气量,以降低燃料型 $NO_x$ 的生成。在燃用挥发分较高的烟煤时,采用低 $NO_x$ 燃烧器加燃尽风系统的改造可使锅炉氢氧化物排放量降低 20%~50%。

(3)燃料分级燃烧。按炉内燃烧过程分为 3 个燃烧区:主燃烧区、再燃区和燃尽区。通过燃料的分层送入使未完全燃烧产物燃尽,其单独使用的 $NO_x$ 排放降低率为 40% 左右。

(4)烟气再循环。烟气再循环是在锅炉的空气预热器前抽取一部分低温烟气送入炉内。单独使用烟气再循环技术脱硝效率较低。

(5)选择性催化还原法(SCR)。其原理是在含氧气氛下,以氨、尿素或碳氢化合物等作为还原剂注入烟气中,在金属催化剂的作用下,$NO_x$ 被还原成 $N_2$ 和 $H_2O$。该技术具有工艺成熟可靠、反应温度低、脱硝效率高等优点。

(6)选择性非催化还原法(SNCR)。其原理是在烟气高温区,均匀喷入氨或尿素等还原剂,在不需要催化剂的情况下使 $NO_x$ 还原成 $N_2$ 和 $H_2O$。该工艺由于不需要催化剂,其投资成本及运行成本较 SCR 工艺要低得多,但是脱硝效率较低。

## 1.2 产业发展综述

早在 20 世纪 40 年代和 50 年代,英国和美国就先后有了关于 $NO_x$ 危害的报道,之后在德国等工业发达国家也出现了类似报道,到 20 世纪 60 年代,$NO_x$ 被国际社会正式确认为大气的主要污染物之一。

随着工业的快速发展,全球范围 $NO_x$ 的排放量持续上升。为了应对 $NO_x$ 大气污染,发达国家如日本、西德、美国、苏联和加拿大等自 20 世纪 70 年代率先实行一系列的控制措施,$NO_x$ 污染治理实现了高度产业化。20 世纪 90 年代,发达国家在 $NO_x$ 治理方面取得了很大进步,我国也开始借鉴国外的经验。近几年来由于我国进入大规模工业化发展时期,经济增长迅速,氮氧化物排放量呈现快速增长的趋势。我国把治理大气污染作为一项宏观政策对待,快速带动了氮氧化物控制产业的发展,与发达国家的差距缩小。

# 第 2 章　全球专利竞争情报分析

## 2.1　总体竞争环境

全球气候变暖问题日益严峻，$NO_x$ 排放已经成为威胁人类可持续发展的主要因素之一。由于 20 世纪全球对于硫氧化物的污染控制已经积累了宝贵的经验，因此在 $NO_x$ 排放控制和治理上，各国都给出了有效的综合治理措施，同时各种先进的污染控制技术在其中发挥了重要作用。

### 2.1.1　政策环境

由于 $NO_x$ 的控制涉及多种二次污染物，因而既要考虑其本身的危害，又要考虑其二次污染物的危害。针对这一特点，欧美等发达国家和地区采取了系统的防控措施，并取得了显著成效。

（1）制定相应的标准体系

在欧洲各国中，德国率先制定了《大型燃烧装置法》（GFAVO）。该法要求自 1987 年 7 月 1 日起，大型燃烧装置排放烟气中的 $NO_x$ 不得超过规定值，因此几乎所有的电厂都在原有的锅炉厂房旁建立起脱硫脱硝设备。在德国的推动下，欧共体颁布出台了《大型燃烧企业大气污染物排放限制指令》，对大型燃烧装置的 $NO_x$ 排放规定了排放限值，并先后于 2001 年、2003 年、2006 年对该指令进行了修改。目前执行的是 2006/609/EEC，其规定了不同类型燃烧装置的排放限值，并给出了 27 个成员国的总量削减目标。为了综合治理各种污染物，欧盟于 1996 年颁布《综合污染防治和控制》（IPPC）指令，对工业装置的排污许可作了控制，约有 52 000 套装置涵盖在 IPPC 指令中。❶

美国环保署于 1971 年颁布了第一个有关火电厂的新源性能标准，其中规定新建的功率超过 73MW 的电站锅炉的 $NO_x$ 排放量不得超过 $860mg/m^3$。该标准于 1977 年进行了修订。由于上述标准对新源规定了严格的排放标准，却忽视了现有污染源的管理，而新源并没有像想象的那样占支配地位，为了综合解决各种污染源，1990 年《清洁空气法》中提出了酸雨计划，通过执行酸雨计划中的 $NO_x$ 削减计划来控制固定源 $NO_x$ 污染。酸雨计划分两个阶段在全国范围实施燃煤电厂的 $NO_x$ 削减。

日本于 1960 年出台了一套比较完整的环境保护法律法规《环境基本法》，以《环境基本法》为基础，相应制定了《大气污染防治法》。1968 年，日本国会通过了《大气污染防治法》，此后，对排放标准进行了 4 次强化，均强调了硫氧化物和 $NO_x$ 的排放控制，1992 年，

---

❶ 盛青. 主要氮氧化物排放源排放标准及其环境影响模拟研究［D］. 北京：中国环境科学研究院，2011.

最新排放标准规定新建大型燃煤电厂的 $NO_x$ 排放浓度小于100ppm（约200mg/m³）。

（2）实施多指标综合管理措施

美国和欧盟的 $NO_x$ 控制政策的目标不仅在于控制 $NO_x$ 排放的限值，还在于控制二次污染物的环境损害。在控制 $NO_x$ 污染时，不仅要求各类排放源达到相应的排放标准，还根据二次污染物的削减目标来制定区域 $NO_x$ 的排放总量。因此美国和欧盟实施的是"多指标综合管理"措施。欧盟的酸雨政策从一开始便将酸沉降、富营养化和近地面臭氧问题纳入同一控制体系，采取一揽子控制政策。多指标的污染控制政策有效地避免了多个单指标控制政策之间的冲突，并且更易于执行。美国 $NO_x$ 控制主要以二次污染物臭氧和酸雨为最终控制目标，一方面通过州际合作解决近地面臭氧非达标区的二次污染问题，另一方面通过酸雨计划解决氮沉降问题。❶

（3）推动实施区域联防联控

为了解决 $NO_x$ 及其二次污染物的长距离输送的问题，欧洲和美国都推行"区域联防联控"。在欧洲，通过欧盟各成员国签署各类国际公约、提交国家削减计划等方式来达到控制 $NO_x$ 区域污染的目标。在美国，各州在《州际清洁空气法案》基础上共同执行 $NO_x$ 削减的合作计划。

## 2.1.2 经济环境

除了制定排放标准之外，发达国家还将税收等经济手段引入 $NO_x$ 的控制政策体系，主要手段为基于成本收益分析的经济激励政策，其已成为基于法规政令的命令控制型政策的有益补充。

美国最常用的是排污许可证交易制度。美国在臭氧输送委员会 $NO_x$ 配额管理方案和 $NO_x$ 州际执行计划中实施了 $NO_x$ 配额交易，使得控制政策在实现了污染排放削减指标的同时，大大降低了减排成本。美国环保署2007年的评估数据显示，在实施 $NO_x$ 配额交易之后，2006年目标排放源的 $NO_x$ 排放量与2005年相比削减了7%，与1990相比削减了74%。❷

欧洲部分国家则借助于排污收费和排污税来控制企业的排污行为，但通常只是针对较大的排放源（例如发电厂、供热厂等）征收排污费。法国自1990年起即开始对大型燃烧源收取 $NO_x$ 排污税，并将75%的收入用到减排投资和研发。缴税企业可依据减排技术类型申请补贴，标准减排技术补贴比例为增量成本的15%。这种税收收入分配机制调动了企业使用先进减排技术的积极性。此外，欧洲还将企业排放登记制度和企业污染源信息披露制度作为重要的辅助工具应用于污染物削减政策的制定与执行。2009年10月8日全球第一份具有法律约束效力的《污染物排放和转移登记议定书》在欧洲17个国家正式生效，并向所有联合国成员国或区域一体化组织开放。参加议定书的国家必须对其国内工业、农业、交通和商业等领域排放的包括 $NO_x$ 在内的主要污染物、污染源进行登记和通报，并将数据以网络公开登记册等方式向公众公开。❸

---

❶❷❸ 杜譞，朱留财. 氮氧化物污染防治的国外经验与国内应对措施[J]. 环境保护与循环经济，2011，31(4)：6-10.

### 2.1.3 技术环境

近几十年来，各国都在大力开展 $NO_x$ 控制的研究，开发了各种不同的低 $NO_x$ 控制技术。这些技术主要掌握在各国的各大锅炉厂商和环保公司中。

低氮燃烧技术是起步较早也是较为成熟的技术，其代表性的技术有日本巴布考克日立的 HN-NR 系列燃烧器，日本三菱的 PM 型双通道垂直浓淡燃烧器，美国巴布考克及威尔考克斯公司的 DRB-XCL 双调风旋流燃烧器，燃烧工程有限公司的 WR 宽调节比燃烧器，以及烟气循环、空气分级和燃料分级技术。

烟气脱硝技术是目前世界上发达国家普遍采用的减少 $NO_x$ 排放的方法，能达到很高的 $NO_x$ 脱除效率，而其中应用较多的有选择性催化还原法（SCR），能达到90%以上的脱除率。SCR 发明于美国，而日本率先于 20 世纪 70 年代对其实现了商业化。目前这一技术在发达国家已经得到了比较广泛的应用。SCR 所取得的经验已经见诸文献资料，关于氨的逃逸量、空间速度、$NO_x$ 的去除率、空气预热器的设计和运行等已是较为成熟的技术，但是关于 SCR 催化剂的选择仍是各国研发的热点，处在蓬勃发展中。

## 2.2 专利竞争环境

### 2.2.1 专利申请概况

全球专利技术市场情况见图2。由图2可知，全球专利申请量排名前3位的是中国、日本和美国。

中国从总体上来看专利申请起步相对较晚，自 20 世纪 80 年代 $NO_x$ 污染控制专利申请起步以来，一直处于缓慢发展阶段，仅有几大高校、科研院所和知名锅炉厂等有限的申请人，且申请总数有限。这种情况一直维持到 2003 年，该年我国强制执行《火电厂大气污染物排放标准》，引发了业内研究人员对污染物排放技术的高度重视，各高校、科研院所、锅炉厂以及环保设备公司纷纷加入 $NO_x$ 减排技术的研发大军中，专利申请数量有了突破性的进展，专利数量大幅上升，进入高速发展阶段，到 2005 年中国专利申请量已跃居世界第一。

日本对 $NO_x$ 污染控制的起步较早，主要是受日本环保局 20 世纪 70 年代对 $NO_x$ 排放标准政策的影响。日本各大锅炉厂自 20 世纪 70 年代就开始研究 $NO_x$ 污染控制，并为了不断应对日益严格的排放标准，对低 $NO_x$ 燃烧技术的技术创新力度加大，呈现了政策带动技术快速发展的局面。1994 年，日本的专利申请量已经进入鼎盛时期。而在此之后，专利申请数量没有明显增长，反而逐年下降。这是由于日本低 $NO_x$ 燃烧技术趋于成熟，减排效果显著，且各国排放标准也已趋于稳定，技术和市场需求达到一个相对平衡的状态。

美国对 $NO_x$ 污染控制的起步时间与日本基本相同，其同样是受排放政策的影响。20 世纪 70~90 年代，美国大力发展 $NO_x$ 污染控制技术，1994 年专利申请处于鼎盛时期。但与日本不同的是，美国在 1994 年之后的专利申请数量稳中有增，可以看出 $NO_x$ 污染控制技术在美国仍处于提升的态势。

虽然从申请总量上来看，我国的专利申请量已排名世界第一，但不可否认的是，由于我国的申请总量中实用新型专利申请占据了很大的比例，因此在专利创新程度上我国并没有突出的优势。

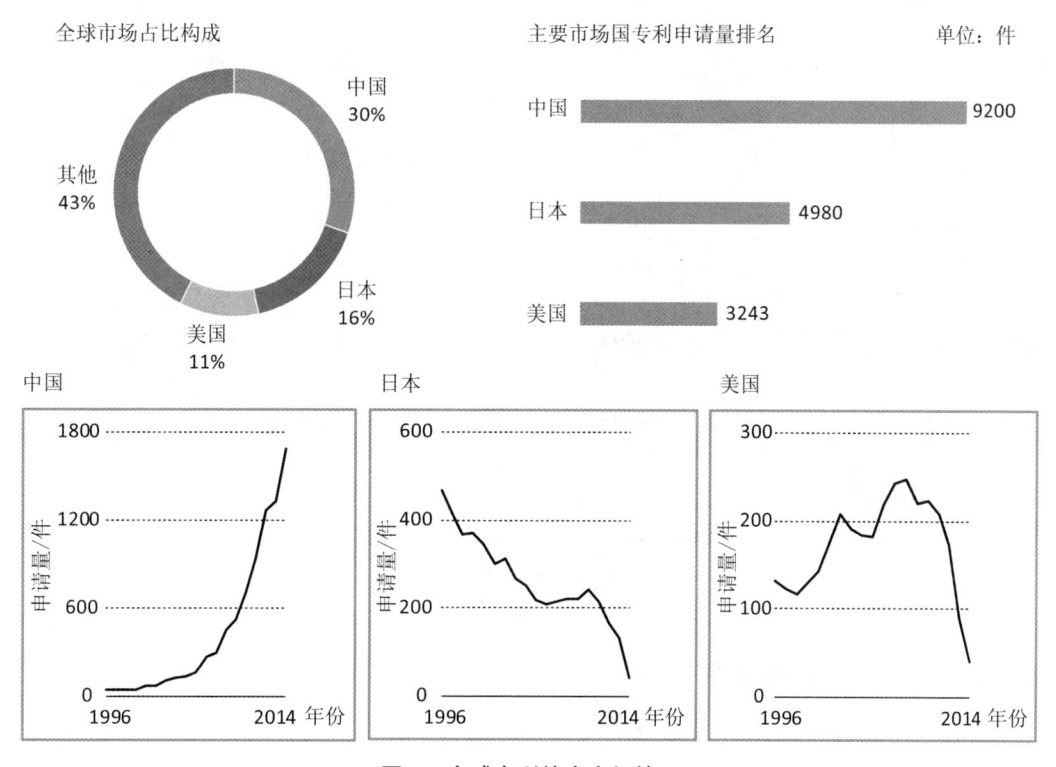

图 2　全球专利技术市场情况

通过对各国家和地区在低 $NO_x$ 控制领域中专利优先权的统计，我们可以了解到哪些国家在该领域掌握了更多的原创专利技术。从技术原创国角度分析专利趋势，可以从一定程度上显示出该国在本领域的技术创新活跃程度。全球专利技术产出情况见图 3。从图 3 中可知，原创专利技术主要分布在中国、日本和美国，显示出这 3 个国家具有较为强劲的技术创新能力。

从专利产出量来看，我国的原创专利数量名列第一，但我国的专利产出量主要集中在 2006 年之后。2006 年我国原创专利的数量首次突破 100 件，自此以后，专利原创数量呈现爆发式增长，至 2014 年短短 8 年时间已突破 1500 件。而日本的专利产出趋势恰好相反，1994 年日本的低 $NO_x$ 控制技术已较为成熟，技术发展进入瓶颈期，技术进展趋于平缓，原创专利数量逐渐下降，从 2005 年开始较为稳定地维持在 150 件左右。同时，美国也表现与日本相似的情况，技术发展平稳，较为稳定地维持在 130 件左右。可以看出美日在 $NO_x$ 污染控制技术的创新均处于平稳时期。

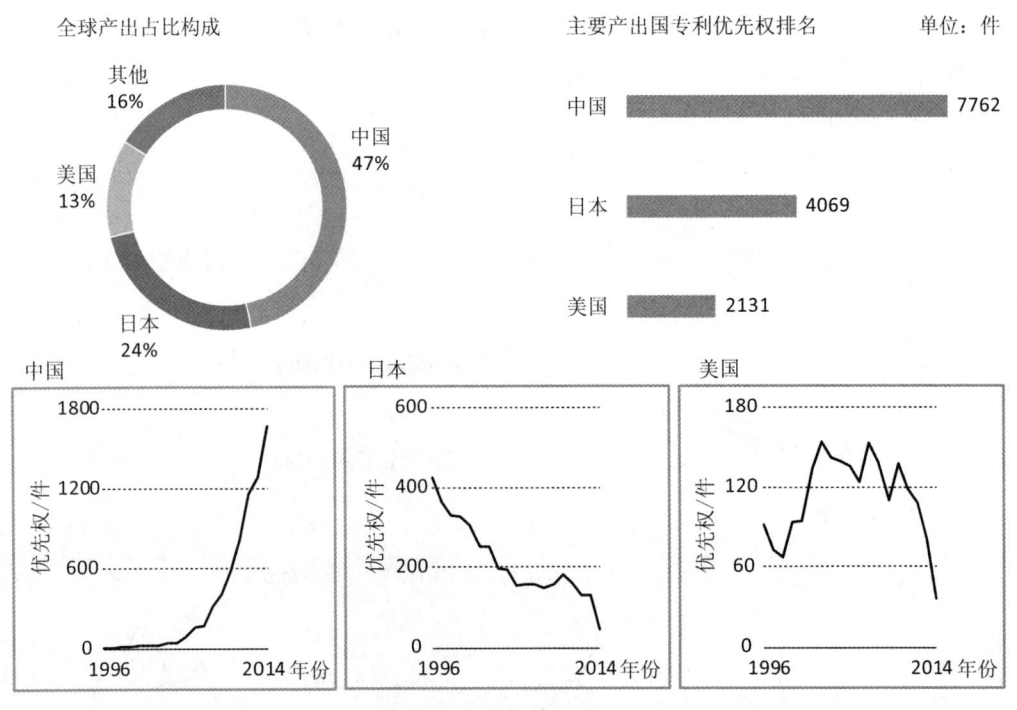

图3 全球专利技术产出情况

## 2.2.2 专利技术分布概况

专利产出量表明了一个国家或地区专利创新能力的高低和专利技术力量的强弱，而专利市场量（专利申请量）则在一定程度了表明了该国家或地区市场需求量和外来专利侵入程度。因此当某一国家或地区的专利市场量远大于专利产出量时，表明上述国家以及地区的市场前景好，技术力量薄弱，外来企业的机会大，可作为开发市场。从图4可知，对于低氮燃烧技术分支，墨西哥、南非、加拿大、澳大利亚、西班牙的专利产出量和专利申请量悬殊，它们的产出量非常少，分别仅有5件、4件、19件、19件、8件，但它们的专利市场量远高于其产出量，分别为138件、93件、329件、324件、120件。表明上述国家本身的专利技术落后，对外资持鼓励政策，市场前景好，受到各国的重视，因此各国纷纷进行专利布局和产品输出。上述国家对于外来企业来说，市场机会大，打入市场相对容易。

同样地，对于烟气脱硝技术分支，墨西哥、南非、加拿大、巴西、新加坡的专利产出量远远低于专利市场量，它们的产出量仅有7件、7件、24件、8件、5件，但它们的专利市场量分别为212件、203件、628件、201件、120件。表明上述国家的市场前景好，外来企业的机会大。

对于上述市场前景良好的国家和地区，应当尽快谋划专利布局，占据市场，赢得先机，而一旦该市场被占据，则进入该市场的难度将大大提高。

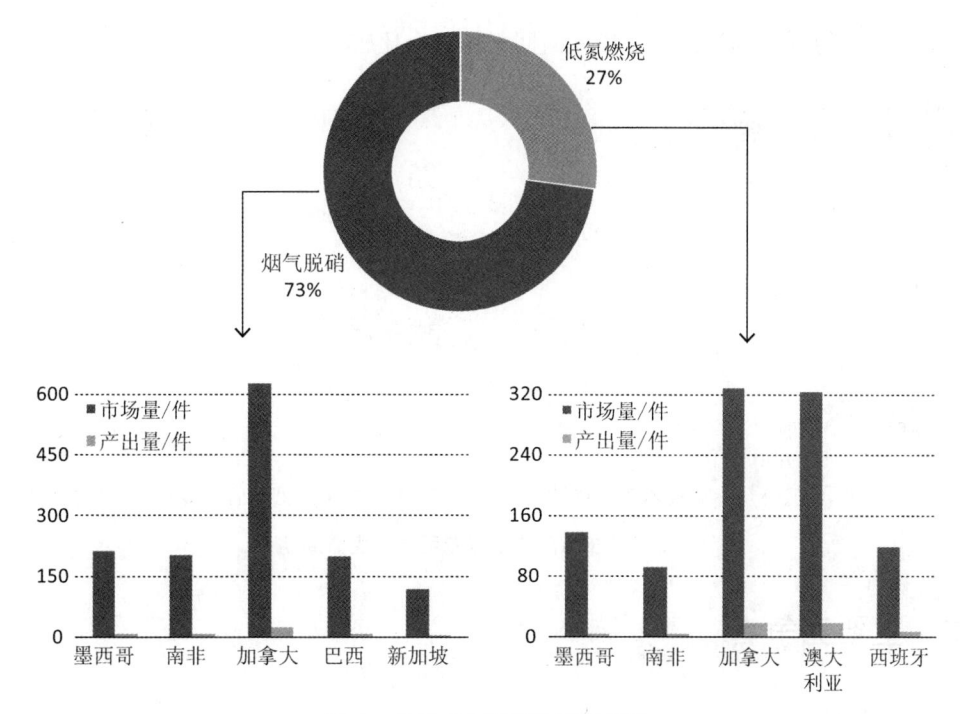

图4　各技术分支海外市场情况

### 2.2.3　专利技术生命周期

对图5中所示的全球范围内低氮燃烧和烟气脱硝专利在1996~2013年的生命周期进行分析（横轴为申请量，纵轴为申请人数量），可以得到以下竞争情报信息：

低氮燃烧作为一种传统脱硝技术，在1996~2005年全球申请量有所回落，而全球申请人数量在100~250振荡，表明该时期市场的总体情况为成熟期。除少量大型企业外，大多数企业正在缩减研发力量，专利数量增长变慢，但个别国家或地区，如中国等发展中国家开始加大对该领域的研发投入，为市场引入了新的进入者，导致申请人数量发生振荡。而自2006年之后，全球申请量开始回升，表明部分国家的技术创新有了新的突破，带动全球申请量的上涨。例如中国对污染物排放技术高度重视，各高校、科研院所、锅炉厂以及环保设备公司纷纷加入$NO_x$减排技术的研发大军中，申请人数量和申请量均发生了迅速增长。另外，美国锅炉厂商的工艺创新也对全球申请量的上涨做出了贡献。总体而言，低氮燃烧技术在全球的发展处于一种非同步的状态。对于发达国家而言，低氮燃烧已是成熟技术；而对于中国而言，低氮燃烧正处于发展期。因此在我国，低氮燃烧还有较大的研发空间，技术投入的回报相对会比较大。

烟气脱硝作为一种先进脱硝技术，其在1996~2005年申请量总体保持不变，而申请人数量逐年稳定增长，表明这一时期烟气脱硝技术在部分发达国家，如烟气脱硝的领跑者日本已处于成熟期。而在2006年之后，申请人数量有稍微回落，但申请量迅速增长，这种回落主要是由于发达国家减少了研发力量的投入，而申请数量的增长则主要是中国做出的贡献。随着国家对火电机组$NO_x$排放限值的强制执行，我国脱硝技术进入产业化发展，专利申请量快速增长。因此在我国，烟气脱硝作为一种发展中的技术，具有较大的研发空间，技术投入的回报相对会比较大。

（a）低氮燃烧专利技术生命周期

（b）烟气脱硝专利技术生命周期

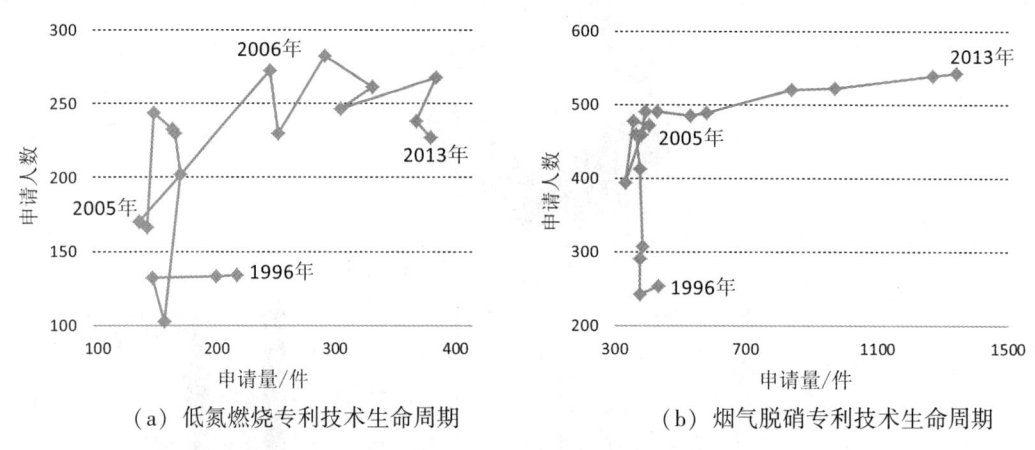

图5　各技术分支全球专利技术生命周期

## 2.3 主要竞争者

### 2.3.1 专利申请概况

表1是全球申请量排名靠前的部分主要企业的专利概况和产业概况，可以看出全球排名靠前的专利申请人的注册地或母公司主要分布在美国、日本和欧洲，其中日本有4家，美国有2家，德国有1家，瑞士有1家。上述八大企业，均为全球范围内技术较为先进、销售业绩斐然、拥有自有技术的锅炉制造厂商或环保企业，走在全球$NO_x$控制技术的前沿。在进入国家总数方面，除新日铁和石川岛播磨外，其他企业进入国家总数都在20个以上，表明这些企业在全球范围内展开了激烈竞争。在研发方向上，这些企业各有千秋，有些企业的研发方向多，有些企业仅侧重一个研发方向。

表1　全球主要竞争者总体情况

| 竞争者 || 专利概况 |||| 产业概况 |||
|---|---|---|---|---|---|---|---|---|
| | | 总申请量/件 | 授权率 | 进入国家总数 | 发明人数量 | 诉讼/转让 | 主流工艺、核心技术 | 主营业务 |
| 日本 | 巴布考克日立 | 532 | 31.00% | 33 | 558 | 无/有 | HT/NR 燃烧器，AIR-JET，一体化净化 | 热能、锅炉 |
| | 三菱重工 | 474 | 32.10% | 31 | 766 | 无/有 | PM 燃烧器，一体化净化，活性炭 | 电力 |
| | 石川岛播磨 | 208 | 26.70% | 17 | 189 | 无/有 | 旋流对冲燃烧器，废气循环 | 造船、钢铁 |
| | 新日铁 | 79 | 32.90% | 8 | 157 | 无/无 | SCR 脱硝控制，活性炭吸附 | 钢铁 |

续表

| 竞争者 | | 专利概况 | | | | 产业概况 | | |
|---|---|---|---|---|---|---|---|---|
| | | 总申请量/件 | 授权率 | 进入国家总数 | 发明人数量 | 诉讼/转让 | 主流工艺、核心技术 | 主营业务 |
| 美国 | 通用电气 | 131 | 29.40% | 28 | 388 | 有/有 | 再燃工艺、脱硝控制，整体煤气化 | 电力设备，清洁能源 |
| | 巴布考克及威尔考克斯 | 61 | 26.90% | 26 | 205 | 有/无 | KRB-XCL 燃烧器，板式催化剂 | 锅炉，电厂 |
| 德国 | 巴斯夫 | 110 | 27.80% | 25 | 296 | 有/有 | TiO2 催化剂，活性炭，沸石 | 催化剂工业 |
| 瑞士 | 阿尔斯托姆 | 136 | 33.00% | 28 | 410 | 有/无 | 强化着火喷嘴，模型预测控制 | 电站锅炉，低氮燃烧 |

（1）日本企业的申请量占到上述 8 家企业申请总量的 3/4，表明日本企业在该领域处于绝对优势地位。巴布考克日立株式会社（BHK）是日本日立集团的分公司，申请总量全球第一，研发方向宽，涉及低氮燃烧、催化剂和脱硝工艺。其中，低氮燃烧方面的核心技术包括 HT/NR 燃烧器、AIR-JET、烟气再循环，脱硝的核心技术包括催化剂种类、氨气系统及结构、流动流体解析、脱硫脱硝一体化净化等。巴布考克日立自主研究的 SCR 脱硝系统和板式催化剂作为成熟的脱硝技术已经进入各国市场，其全球催化剂市场占有率为：欧洲 20%，韩国 48%，美国 22%，日本 32%，中国 19%。随着产品的销售，其专利也相应进入这些国家为其产品保驾护航，这也是巴布考克日立专利进入国家总数较高的原因之一。日本三菱重工是日本最大的机械集团，在申请量上仅次于巴布考克日立，研发方向上与巴布考克日立相似。三菱重工脱硝的核心技术有一体化净化、活性炭催化剂；低氮燃烧的核心技术有煤粉浓淡分离。值得一提的是，早在 1976 年，三菱重工就开发出了业内知名的 PM 型双通道垂直浓淡燃烧器，其产品远销多国，相应的专利输出国家的数量也相当高。石川岛播磨主要经营船舶锅炉、钢铁烧结烟气处理、火电厂综合排烟处理设备、循环流化床锅炉，其核心技术包括旋流对冲燃烧器、废气循环和蜂窝式触媒。新日铁是日本最大的钢铁公司，在钢铁烧结烟气处理方面走在世界前列，其核心技术是采用活性炭吸附的烧结烟气脱硫、脱硝装置，实现了较高的脱硫率（95%）和脱硝率（40%）。上述石川岛播磨和新日铁的经营范围主要集中在日本国内，因此进入国家总数的数量相对较低。

（2）美国企业有 2 家，分别是通用电气公司和巴布考克及威尔考克斯公司。通用电气公司的主营业务是发电设备和能源输送，$NO_x$ 控制的研发方向主要包括烟气脱硝、低氮燃烧、燃气涡轮机排放物处理，核心技术包括设置传感器对 SCR 工艺的控制、SCR 催化剂或还原剂、多种工艺连续处理去除不同排气物、低 $NO_x$ 燃烧器、再燃工艺等。巴布考克及威尔考克斯公司创立于 1867 年，是美国第一大锅炉厂商，世界上约半数的大型电站锅炉采用了其技术，其中 SCR 技术在北美市场使用率处于第一位。其研发方向为锅炉制造、烟气脱硝，代表性的技术有 DRB-XCL 双调风旋流燃烧器、板式催化剂。上述两家公司的特点是积极进行海外布局，对多个国家进行专利布局。

（3）欧洲的企业有 2 家，分别是德国巴斯夫和瑞士阿尔斯托姆科技有限公司。这两家公司的经营业务完全不同，巴斯夫侧重于环保催化剂的生产，其催化剂种类多种多样，除了传统的 $TiO_2$ 催化剂外，还开发了活性炭、沸石催化剂、烃类选择催化剂等一系列新型催化剂。阿尔斯托姆主营电力锅炉，其研发方向主要集中在低氮燃烧方面，其核心技术有低 $NO_x$ 同心燃烧系统（LNCFS）、强化着火（EI）煤粉喷嘴和模型预测控制。这两家公司的共同特点是积极进行海外布局，如阿尔斯托姆与中国的合作可以追溯到 20 世纪 50 年代，是向中国提供发电设备的主要西方供应商。

### 2.3.2　主要专利技术领域分析

如表 2 所示，全球八大主要专利申请公司的专利技术分布图代表了各公司的技术研发方向，并在一定程度上代表了全球的竞争格局。首先分析各公司的第一研发技术方向，其中有 6 家公司的第一研发技术方向为"催化剂的选择"。这里"催化剂的选择"指的是对催化剂种类的选择，如高温型、低温型、板式、蜂窝式、层式、铂系、钛系、钒系或混合型系等。由此可见，催化剂的选择是目前脱硝领域中的首要研发方向，也是各公司努力攻克的关键技术。其中日立、三菱、巴斯夫关于"催化剂的选择"方向的专利数量均达到了 100 项以上，远高于第二研发技术方向，同时也远高于其他 3 家公司的数量。在一定程度上说明日立、三菱、巴斯夫掌握了全球"催化剂选择"的主要技术，并在该领域中进行了大规模的专利布局，已初步形成了以核心专利为中心的发散式专利网。在这里需要注意的是，日立、三菱侧重于传统的催化剂生产，如钛系催化剂，而巴斯夫在催化剂的研发上显然已经走得更为深入，开发出了烃类催化剂、沸石类催化剂、活性炭等。而对于传统的技术，如低氮燃烧器，仅有两家公司将其作为第一研发技术方向，说明传统技术已经日趋成熟，技术上难以有突破性的进展，适合于局部改进，因此其第一研发方向的地位正在逐步转移，被新兴技术取代。其次分析各技术分支的整体分布，从表 2 中可以看出，各个技术分支中很少有只存在一个申请人的情况，甚至在一些技术分支，如传统技术和热门技术，均存在多个申请人，说明这些技术分支的竞争是广泛存在的。

另外从专利施引次数、同族数量、专利诉讼、专利转证等指标可以筛选出各公司的基础专利和重要专利，从这些专利中获取了以下竞争情报信息：催化剂、活性炭、硫硝汞一体化净化、精确监测和控制，以及流场模型预测是目前各大公司正在研发的重点技术，建议国内申请人关注这些技术方向。

## 第2章 全球专利竞争情报分析

表2 全球主要竞争者主要专利技术领域分布    单位：项

| 竞争者 | | 领域 | 数量 | 领域 | 数量 | 领域 | 数量 | 领域 | 数量 | 领域 | 数量 |
|---|---|---|---|---|---|---|---|---|---|---|---|
| 日本 | 日立巴布考克 | 催化剂的选择 | 190 | 催化法净化 | 133 | 单独去除氮氧化物 | 111 | 低氮燃烧器 | 87 | 空气分级燃烧 | 17 |
| | 三菱重工 | 单独去除氮氧化物 | 160 | 催化法净化 | 137 | 催化剂的选择 | 126 | 低氮燃烧器 | 74 | 液相法净化 | 72 |
| | 石川岛播磨 | 低氮燃烧器 | 43 | 单独去除氮氧化物 | 36 | 催化法净化 | 32 | 液相法净化 | 22 | 催化剂的选择 | 19 |
| | 新日铁 | 催化剂的选择 | 28 | 单独去除氮氧化物 | 23 | 固相法净化 | 16 | 催化法净化 | 15 | 联合去除氮氧化物 | 13 |
| 美国 | 通用电气 | 催化剂的选择 | 38 | 单独去除氮氧化物 | 34 | 低氮燃烧器 | 24 | 催化法净化 | 19 | 空气分级燃烧 | 10 |
| | 巴布考克及威尔考克斯 | 低氮燃烧器 | 26 | 单独去除氮氧化物 | 19 | 催化法净化 | 15 | 空气分级燃烧 | 10 | | |
| 德国 | 巴斯夫 | 催化剂的选择 | 85 | 单独去除氮氧化物 | 46 | 催化法净化 | 28 | | | | |
| 瑞士 | 阿尔斯托姆 | 低氮燃烧器 | 38 | 单独去除氮氧化物 | 26 | 催化法净化 | 22 | 空气分级燃烧 | 17 | | |

### 2.3.3 主要专利技术市场分析

目标市场是专利申请人通过在一个国家申请专利获得技术独占实施权的潜在市场，其通过设置专利壁垒保护自己在该目标市场上的技术不被侵犯。

表3是全球主要竞争者主要专利技术在不同市场的领域分布。从表3详细分析各公司的全球布局情况可以发现，日本企业的专利申请绝大部分均进入日本国内，其向国外申请专利的量少于本国申请量，说明日本公司在专利布局上首先考虑的是有效地占领国内市场，使原创技术在本国优先获得专利保护，进而防止外来技术对本国市场的侵入。而欧美公司的共同点是积极进行海外布局。其中美国公司同时在国内和国外布局，技术输出量较大，占比为1/3以上，表明有相当一部分技术在国外目标市场进行了专利保护，为其推进技术全球化准备了专利优势。而欧洲公司在国外布局的专利数量反超它们在本国的布局数量，技术主要以输出为主，表明这些公司在国际上具有强大的竞争力，其目标市场为整个全球市场。上述欧美公司的另一个共同点是，积极进行国际专利申请，国际专利申请的优点在于可以利用国际专利的初步审查结果来决定是否进入各个国家，这有利于推迟决策时间，准确投入资金。上述欧美公司的国际专利申请数量多在一定程度上表明这些公司有意向进入各个国家布局。

其次，从各大公司的海外布局（即除了本国之外的其他国家或地区布局）来分析，由表3中可知，各大公司的海外布局主要围绕美国、欧洲、韩国、中国展开。目标市场国中并没有日本，原因可能是由于日本企业自身在本土已经布局了相当多数量的专利，一定程度上影响了决策者进入该国家的选择。日本企业海外布局主要针对美国和欧洲，而欧美公司海外布局既有老牌工业国家，又有韩国、中国等新兴工业国家，这些国家的共同点是近年来纷纷开始重视大气污染治理，及时采取了不同脱硝措施。如我国近年来氮氧化物排放控制逐步开始，韩国仁川国家机场热电厂、吴山热电厂也积极采取不同的脱硝技术。欧美公司将上述存在潜在市场的国家作为目标市场国，从一个侧面说明欧美公司的专利意识较强，知识产权制度运用较为娴熟。

最后，从各公司技术分支的布局来分析，日本公司在本土的技术分支排名与其在国外的技术分支排名基本相同，可见日本在对国外进行专利布局时并未针对目标市场国的特点进行有针对性的布局。而欧美企业在本土的技术分支排名与其在国外的技术分支排名不尽相同，表明欧美企业在对国外进行专利布局时针对目标市场国的特点进行了有针对性的布局。

表3 全球主要竞争者主要专利技术在不同市场的领域分布　　　　　　　单位：件

| 公司 | | 巴布考克日立 | 三菱重工 | 石川岛播磨 | 新日铁 | 通用电气 | 巴布考克及威尔考克斯 | 巴斯夫 | 阿尔斯托姆 |
|---|---|---|---|---|---|---|---|---|---|
| 本国 | | 日本 | 日本 | 日本 | 日本 | 美国 | 美国 | 德国 | 瑞士 |
| 申请量 | | 519 | 452 | 206 | 78 | 129 | 52 | 27 | 93 |
| 技术领域 | 领域1 | 催化剂的选择 | 单独去除氮氧化物 | 低氮燃烧器 | 催化剂的选择 | 催化剂的选择 | 低氮燃烧器 | 催化剂的选择 | 低氮燃烧器 |
| | 数量 | 188 | 151 | 46 | 27 | 37 | 20 | 17 | 20 |
| | 领域2 | 催化法净化 | 催化法净化 | 单独去除氮氧化物 | 催化法净化 | 催化法净化 | 催化法净化 | 催化法净化 | 单独去除氮氧化物 |
| | 数量 | 134 | 127 | 34 | 24 | 33 | 14 | 10 | 18 |
| | 领域3 | 单独去除氮氧化物 | 催化剂的选择 | 催化法净化 | 单独去除氮氧化物 | 低氮燃烧器 | 催化剂的选择 | 单独去除氮氧化物 | 催化法净化 |
| | 数量 | 108 | 119 | 32 | 24 | 24 | 12 | 3 | 17 |
| 海外1 | | 欧洲 | 美国 | WIPO | 中国 | 中国 | 美国 | 美国 | 美国 |
| 申请量 | | 74 | 115 | 19 | 6 | 66 | 37 | 83 | 106 |
| 技术领域 | 领域1 | 催化剂的选择 | 单独去除氮氧化物 | 低氮燃烧器 | 催化剂的选择 | 低氮燃烧器 | 单独去除氮氧化物 | 催化剂的选择 | 低氮燃烧器 |
| | 数量 | 20 | 54 | 11 | 3 | 19 | 15 | 72 | 32 |
| | 领域2 | 低氮燃烧器 | 催化法净化 | 空气分级燃烧 | 单独去除氮氧化物 | 催化法净化 | 催化法净化 | 单独去除氮氧化物 | 单独去除氮氧化物 |
| | 数量 | 33 | 50 | 3 | 1 | 17 | 11 | 44 | 22 |
| | 领域3 | 空气分级燃烧 | 催化剂的选择 | 催化法净化 | 吸附法 | 催化法净化 | 催化法净化 | 催化法净化 | 催化法净化 |
| | 数量 | 11 | 38 | 2 | 1 | 10 | 10 | 22 | 19 |
| 海外2 | | 美国 | 欧洲 | WIPO | 韩国 | 欧洲 | 加拿大 | WIPO | WIPO |
| 申请量 | | 70 | 87 | 23 | 4 | 56 | 33 | 65 | 71 |
| 技术领域 | 领域1 | 低氮燃烧器 | 催化法去除 | 低氮燃烧器 | 催化剂的选择 | 单独去除氮氧化物 | 单独去除氮氧化物 | 催化剂的选择 | 低氮燃烧器 |
| | 数量 | 30 | 31 | 4 | 1 | 14 | 14 | 52 | 22 |
| | 领域2 | 催化剂的选择 | 催化剂的选择 | 单独去除氮氧化物 | 单独去除氮氧化物 | 催化法净化 | 催化法净化 | 单独去除氮氧化物 | 单独去除氮氧化物 |
| | 数量 | 19 | 23 | 2 | 1 | 10 | 10 | 36 | 16 |
| | 领域3 | 空气分级燃烧 | 低氮燃烧器 | 催化法净化 | — | 空气分级燃烧 | 催化剂的选择 | 催化法净化 | 催化法净化 |
| | 数量 | 11 | 15 | 2 | | 4 | 10 | 18 | 13 |
| 海外3 | | WIPO | WIPO | 中国 | 中国 | 日本 | WIPO | 欧洲 | 中国 |
| 申请量 | | 56 | 90 | 10 | 3 | 14 | 25 | 63 | 68 |
| 技术领域 | 领域1 | 催化法净化 | 单独去除氮氧化物 | 低氮燃烧器 | 催化剂的选择 | 燃料分级燃烧 | 单独去除氮氧化物 | 催化剂的选择 | 低氮燃烧器 |
| | 数量 | 24 | 48 | 4 | 1 | 5 | 14 | 52 | 24 |
| | 领域2 | 催化剂的选择 | 催化法净化 | 空气分级燃烧 | 单独去除氮氧化物 | 催化剂的选择 | 单独去除氮氧化物 | 单独去除氮氧化物 | 单独去除氮氧化物 |
| | 数量 | 19 | 32 | 2 | 2 | 2 | 5 | 27 | 14 |
| | 领域3 | 低氮燃烧器 | 催化剂的选择 | 单独去除氮氧化物 | 催化法净化 | 催化法净化 | 低氮燃烧器 | 催化法净化 | 催化法净化 |
| | 数量 | 19 | 23 | 1 | 2 | 3 | 3 | 20 | 12 |

第 2 章　全球专利竞争情报分析

从图 6 可以看出，全球八大主要专利申请公司专利布局的市场主要分布在美国、中国、日本、欧洲，显示美中日欧是目前专利市场竞争激烈的国家或地区。其中各大公司在美国和日本的分支布局大致相同，均是围绕催化剂、催化法、单独去除氮氧化物、低氮燃烧器这 4 个分支。

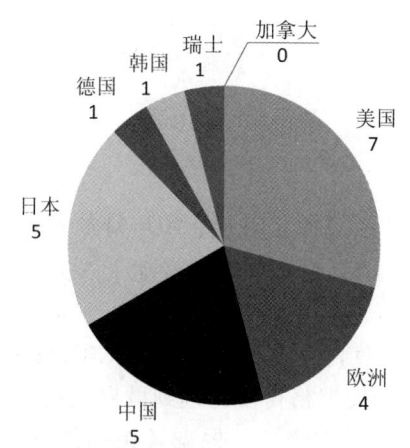

| 美国 | 催化剂的选择 | 催化法净化 | 单独去除氮氧化物 | 低氮燃烧器 | 空气分级燃烧 |
|---|---|---|---|---|---|
| 7家 | 5家 | 3家 | 3家 | 4家 | 1家 |

| 中国 | 催化剂的选择 | 单独去除氮氧化物 | 低氮燃烧器 |
|---|---|---|---|
| 5家 | 3家 | 3家 | 3家 |

单位：家

**图 6　全球主要竞争者主要专利技术市场分布**

# 第3章 中国专利竞争情报分析

## 3.1 总体竞争环境

由于我国近几年来进入大规模工业化发展时期，经济增长迅速，$NO_x$ 排放量呈现快速增长的趋势。我国把治理大气污染作为一项宏观政策对待，快速带动了 $NO_x$ 控制产业的发展。

对于火电脱硝，2012年1月1日，随着《火电厂大气污染物排放标准》（GB 13223—2011）的颁布以及脱硝电价政策的出台，新标准较此前要严格得多，达到世界上最严格的排放标准，这直接导致"十二五"脱硝产业迎来爆发式增长。根据环保部的预测，新标准实施后，约有90%的机组需进行脱硝改造，而到2012年，新投运和已投运的火电厂烟气脱硝机组仅占全国现役火电机组容量的20%。

对于非火电脱硝，2011年8月，国务院发布的《"十二五"节能减排综合性工作方案》中明确提出了"十二五" $NO_x$ 减排10%的约束性指标。在各工业污染排放限制和各地方政策的强制要求下，继火电脱硝市场率先启动之后，非火电脱硝市场也呈现快速的增长态势。2011年下半年以来，长三角等经济发达地区出现了大量非火电脱硝市场需求，广东、浙江、黑龙江等地相继出台地方性脱硝财政补贴政策以及各生产线脱硝相关文件。预计随着新标准和政策的实施，非火电脱硝市场也将在全国其他地区快速兴起。❶

### 3.1.1 政策环境

我国对火电厂 $NO_x$ 排放控制以1991年起实施的《火电厂大气污染物排放标准》为标志。该标准1996年第一次修订，2003年第二次修订，2011年第三次修订。其中2011年修订后的 $NO_x$ 排放限值为 $100mg/m^3$，是目前世界上最为严格的排放标准。

而对于工业锅炉，按照综合性排放标准与行业性排放标准不交叉执行的原则，锅炉执行《锅炉大气污染物排放标准》（GB 13271—2001），水泥厂执行《水泥厂大气污染物排放标准》（GB 4915—2013），工业炉窑执行《工业炉窑大气污染物排放标准》（GB 9078—1996），炼焦炉执行《炼焦炉大气污染物排放标准》（GB 16171—1996），砖瓦工业执行2013年首次颁布、2014年1月1日起实施的《砖瓦工业大气污染物排放标准》（GB 29620—2013）。其他大气污染物排放均执行《大气污染物综合排放标准》（GB 13223—2011）。

---

❶ 中国环境保护产业协会脱硫脱硝委员会. 我国脱硫脱硝行业2012年发展综述[J]. 中国环保产业，2013.

### 3.1.2 经济环境

通过经济杠杆来实现大气污染防治是我国近年来积极推进的一项重要措施。

在电力方面：2011年国家发改委出台的《国家采取综合措施调控煤炭和电力价格》规定，对安装并正常运行脱硝装置的燃煤电厂试行脱硝电价政策，每千瓦时加价0.8分钱，以弥补脱硝成本增支。除此之外，国家发改委进一步完善电力峰谷分时电价政策，深化供热体制改革，全面推行供热计量收费。对能源消耗超过国家和地区规定的单位产品能耗（电耗）限额标准的企业和产品，实行惩罚性电价。

在能源方面：积极推进资源税费改革，将原油、天然气和煤炭资源税计征办法由从量征收改为从价征收并适当提高税负水平，依法清理取消涉及矿产资源的不合理收费基金项目。

在企业管理方面：重点支持对产业升级带动作用大的重点项目和重污染企业搬迁改造，适时发布主要污染物超标严重的国家重点环境监控企业名单。

在消费方面：积极完善财政激励政策。加大中央预算内投资和中央财政节能减排专项资金的投入力度，深化"以奖代补""以奖促治"以及采用财政补贴方式推广高效节能家用电器、照明产品、节能汽车、高效电机产品等支持机制，强化财政资金的引导作用。

### 3.1.3 技术环境

我国低氮燃烧技术起步于20世纪80年代，技术主要掌握在各大高校和知名锅炉厂中。其中对于低氮燃烧技术，拥有较多的自主知识产权，并得到广泛应用。但由于低氮燃烧技术脱硝效率仅有25%~40%，因此为了达到我国现行的排放标准，各燃烧装置基本上都需要加装后端脱硝，即烟气脱硝。而烟气脱硝中，SCR与其他技术相比，具有效率高等明显优势，因此成为目前烟气脱硝的主流技术。截至2011年3月底，我国已投入运营的烟气脱硝机组中，采用SCR法的占93%，2012年新投入运行的烟气脱硝机组中，采用SCR法的占98%。

催化剂是SCR脱硝系统的核心，目前国内催化剂基本上都是以$TiO_2$为载体，以$V_2O_5$为主要活性成分，以$WO_3$、$MoO_3$为抗氧化、抗毒化辅助成分组成，按催化剂形式可分为板式、蜂窝式和波纹板式。

由于我国烟气脱硝技术的研究开展得相对较晚，脱硝催化剂还是一个新兴的行业，目前已建或拟建的脱硝工程几乎均以购买欧美和日本技术使用权为主，绝大多数企业对新技术的开发与应用还没有大力开展。但很多厂家已经高度重视，积极开发催化剂的新技术，如国电龙源、江苏峰业、远达环保等企业。2006年之前，国内的催化剂供应完全依赖国外。伴随着脱硝产业的推进，国内厂家纷纷组建了自己的脱硝催化剂生产基地，目前国内已经形成了较大的脱硝催化剂生产能力。

国内各环保企业和锅炉厂积极引进国外先进技术，通过引进消化吸收的方式结合自主开发掌握了一定的烟气脱硝技术，其中哈尔滨锅炉厂和华电环保引进日本三菱SCR技术，中电投远达引进了意大利TKC公司脱硝技术，巴布考克日立自主研究开发的板式催化剂作为一项成熟的发电厂脱硝技术已由国内多家企业引入。

## 3.2 专利竞争环境

### 3.2.1 专利申请概况

参见图 7，根据中国专利申请的检索及统计结果，就专利申请量而言，本国申请量占据主导地位，国外专利布局相对薄弱，仅占据了 14% 的市场。虽然国外企业在中国的专利布局并不踊跃，但是进入中国的国外专利的技术含量通常较高，其基本代表了全球最先进的脱硝技术，因此研发者在研发时不应局限于国内公开的技术，应当积极研究这些进入中国的国外专利，吸收其核心技术，有的放矢地进行研发以及专利申请工作，减少重复开发。

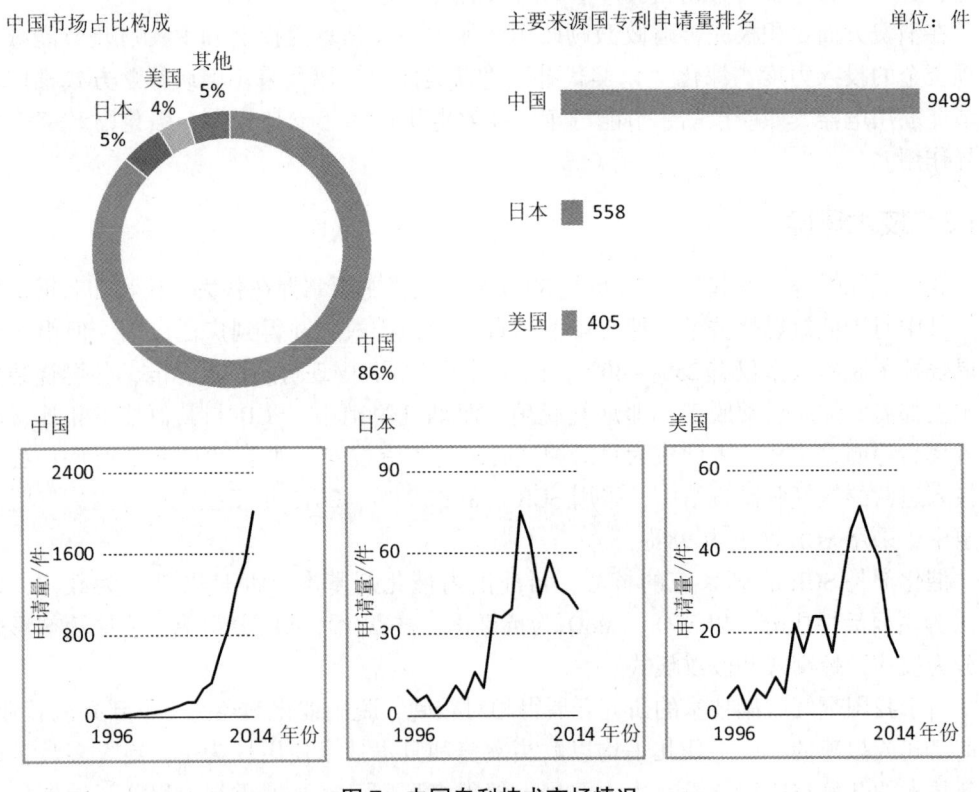

图 7 中国专利技术市场情况

从整体技术环境来看，我国专利制度及技术发展均起步较晚，整体竞争能力明显落后于美日欧等国家和地区。近几年在国家政策和经济发展的促进下，大气污染控制领域得到了较好的发展。自 2000 年以后我国关于 $NO_x$ 控制的申请进入快速增长阶段，技术研发步伐大步向前，申请量迅速增长。预期未来几年，我国关于 $NO_x$ 控制的专利申请量仍将保持持续增长的势头。而日美两国在中国的专利布局的数量一直较为稳定，日本的年平均布局量维持在50件左右,美国的年平均布局量维持在40件左右。

## 3.2.2 专利地区分布

参见图8,我国$NO_x$控制领域专利技术主要产出地区分别为华北地区和华东地区,尤其是北京、江苏、浙江、上海、山东等省市,这些地区和省市也是我国专利申请量较大的地区,原因有以下几个方面。

首先,这些地区是我国经济较为发达的地区,而$NO_x$排放具有行业、区域集中的特点,尤其是在火电、工业、机动车辆密集的经济发达区域排放最为严重。从北京到上海之间的工业密集区已成为对流层二氧化氮污染的连续区域,因此这些地区的$NO_x$污染已严重影响区域内人民的日常生活,急需得到控制。目前,已建、在建或拟建的火电厂烟气脱硝项目主要分布在北京、上海、江苏、浙江、广东、山西、湖南、福建等省市。

其次,这些地区是我国大气污染控制的重点区域,我国对于长三角、珠三角、京津冀鲁等重点区域实施相对严格的$NO_x$排放限值。例如在《火电厂大气污染物排放标准》(GB 13223—2011)中要求,自2014年7月1日起,现有燃煤锅炉、燃油锅炉及2003年以前建成投产的火力发电锅炉$NO_x$排放量的限值为$100\sim200mg/m^3$,而重点地区的排放标准则更加严格,所有燃煤锅炉和燃油锅炉$NO_x$排放量限值为$100mg/m^3$,该限值的排放控制水平达到国际先进或领先程度。又例如"十二五"期间,在全国范围内实施国家第Ⅳ阶段机动车排放标准,而部分重点区域和城市提前实施国家第Ⅴ阶段排放标准。这些针对重点区域而设置的更为严格的标准进一步促进了重点区域$NO_x$排放的控制需求。

最后,这些地区是我国科研技术水平先进的区域,各大高校、科研院所和环保公司大量分布在这些区域中,其中十大申请人中的浙江大学、清华大学、烟台龙源、中电投远达、上海锅炉厂、东方锅炉、中国神华、北京国华电力均出自这些区域。强大的科研实力和较高的专利保护意识使得这些区域将技术转化为专利,打开了技术带动专利发展的局面。

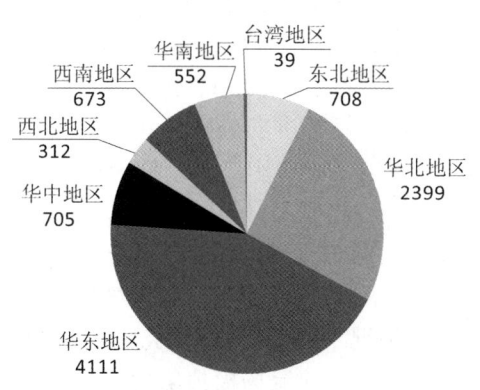

单位:件

图8 中国专利技术地域分布情况

总体而言，由于我国经济发展、科研水平的不均衡分布，使得 $NO_x$ 控制的技术和专利也呈不均衡分布。其他地区竞争者应当认识到这种区域性的不均衡发展，有针对性地吸取重点区域的专利技术经验，根据相关的法规条例，指导产业以及研发的投入。

### 3.2.3 专利技术生命周期

图9描述的是烟气脱硝和低氮燃烧两个技术分支1996~2013年的申请状态，其中横轴为申请人数量，纵轴数据为申请量。

（a）烟气脱硝专利技术生命周期　　（b）低氮燃烧专利技术生命周期

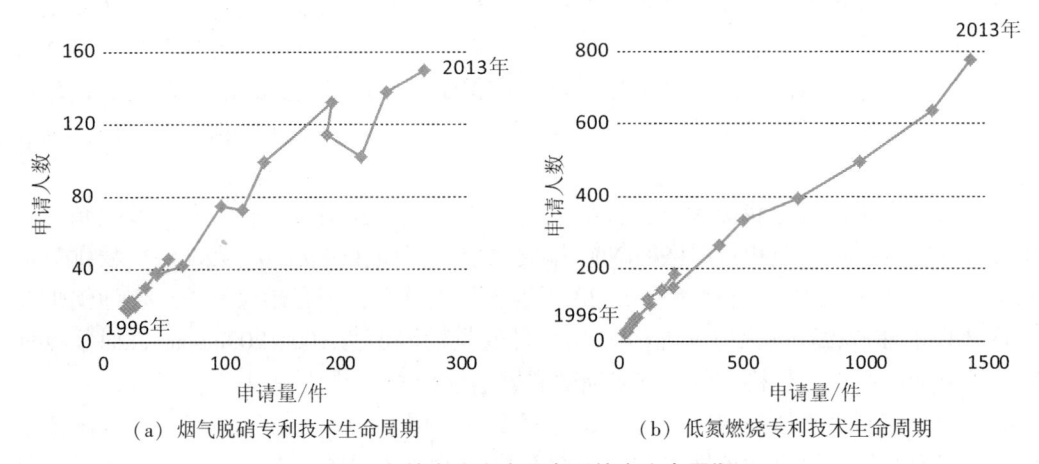

**图9　各技术分支中国专利技术生命周期**

两个技术分支从总体上均表现出积极的发展趋势，申请人数量和申请量逐年快速增长，专利技术水平有了突破性的进展，市场需求旺盛，这些均表明我国 $NO_x$ 控制领域尚处在4个生命周期——"萌芽期、发展期、成熟期、衰退期"中的发展期。发展期的特点是产品销售快速增长，产品快速被市场接受。但是此时亦面临许多在寻找机会的厂商，会被商品的潜在利益吸引，而想进入市场来分占市场，所以此时加入市场竞争的厂商数量将会遽增。发展期需要注意的问题是对市场份额进行宏观调控，防止过多厂商涌入市场中，加剧市场竞争的激烈程度，导致产品过剩，供大于求。尤其应避免为了抢占市场份额压低产品价格或降低产品质量，否则将严重影响行业的正常发展。

脱硝行业正面临如下的问题。新标准实施后，我国约有90%的机组需进行脱硝改造，外加新建机组，全国部分发电企业"十二五"期间预测有5.69亿千瓦现有机组需要技术改造安装脱硝装置；将有2.6亿千瓦新建机组需要加装SCR脱硝装置。仅在2012年，我国在安装脱硝装置上的总投资额就达100亿元。巨大的市场利润刺激大量厂商涌入脱硝市场中，其中尤以催化剂市场竞争最为激烈。一些环保工程公司为抢占市场，在没有相应技术实力的情况下进行低价投标，在工程设计中不按照工程规定，难以达到预期的设计要求，没有较强的流场模拟实力，不能根据锅炉各自的特点进行设计，造成脱硝效率降低，严重影响了锅炉的安全运行。另外，国内催化剂生产线也面临产能过剩的问题。2012年年底，国内脱硝催化剂形成约16.48万立方米/年总产能，而国内同期的需求预测为15万~16万立方米/年。从表面上来看，国内脱硝催化剂供需总量基本平衡，且未来短时间内催化剂的市场需求仍然保护持续增长的势头，但预计在"十二五"不久之后，国内的催化剂市场将面临供过于求的局面。届时各个催化剂生产企业之间的技术能力的差异将会逐步显现出来。由于催化剂产品在应用上有3年的周期，当企业的产品运行到一个周期时，其在质量上的差异将会很明显地显现出来。届时预计催化剂厂家将会出现两极分化的局面，一些产品质量过硬的厂家将供不应求，而一些质量劣质的产品甚至厂家将被淘汰出局。因此对于催化剂生产企业而言，为了保证在行业发展到成熟期时仍能稳定占据市场份额，提高产品的质量势在必行。

## 3.3 主要竞争者

### 3.3.1 专利申请概况

表4列出的是结合国内专利申请量及产业信息获得的脱硝领域主要竞争者，这些竞争者主要集中在高校、研究院所、锅炉厂和电力环保公司。其中申请领排名前2位的是高校，7家公司中3家为锅炉厂，4家为电力环保公司。上述9位主要竞争者，拥有国内$NO_x$控制的先进技术，引进国外技术并转为己用，在一定程度上代表了国内$NO_x$控制技术的先进水平。另外，从表中可看出九大申请人的授权率均较高，且高校和公司的研发方向各有侧重。以下进行具体分析，以得出产业竞争情报信息。

(1) 浙江大学和清华大学是近20年来我国$NO_x$控制技术专利申请量最多的两大申请人，申请总量占10家申请人申请总量的43%，说明我国在$NO_x$控制领域的研发多集中在高校。其研发能力主要依赖国家科研资金的投入，这与主要全球竞争者形成了鲜明对比，全球主要竞争者主要来自大型的跨国公司，它们主要依靠自身的经济实力进行研发投入。两家高校均注重产研结合，与多家锅炉企业、环保公司保持良好的合作关系，并作为共同申请人申请了多项专利，其中1989年成立的清华大学煤清洁燃烧国家重点实验室一直走在$NO_x$控制技术的前沿，承担了多项国家重大项目。两家高校的研发方向基本相同，均为低氮燃烧和催化脱硝。浙江大学的核心技术有"大量程、变负荷、浓稀相煤粉"低氮燃烧器，燃料分级，SCR喷氨系统。清华大学的核心技术有"煤粉浓淡分流及分路燃烧装置"，其前沿技术"利用飞灰改性催化剂进行选择性催化脱硝"以飞灰为载体的金属氧化物催化剂脱硝是一种符合中国国内电力能源领域的$NO_x$排放控制技术。

(2) 九大主要竞争者中有3家锅炉厂：哈尔滨锅炉厂、东方锅炉股份有限公司（以下简称"东方锅炉"）和上海锅炉厂。它们的主营业务基本相同，包括电站锅炉及环保设备。但它们的研发方向各有侧重，哈尔滨锅炉厂的研发方向主要为低氮燃烧和催化脱硝，核心技术包括SCR催化设备的安装和密封。东方锅炉的研发方向主要为低氮燃烧和循环流化床，核心技术包括循环流化床脱硝、低氮燃烧器、SCR喷氨。上海锅炉厂的研发方向主要为低氮燃烧，核心技术包括浓淡分离燃烧器、等离子无油点火。这3家锅炉厂中，东方锅炉积极走出国门，产品出口到印度、越南、土耳其、埃及、哈萨克斯坦等25个国家和地区，为行业做出了表率。

(3) 九大主要竞争者中有 4 家电力环保公司：烟台龙源电力技术股份有限公司（以下简称"烟台龙源"）、中电投远达环保工程有限公司（以下简称"中电投远达"）、中国神华能源股份有限公司（以下简称"中国神华能源"）、北京国华电力有限责任公司（以下简称"北京国华电力"）。其中烟台龙源的研发方向为低氮燃烧，而其他 3 家公司的研发方向为烟气脱硝，这是由它们的主营业务所决定的。烟台龙源主营火力发电节能环保设备，该公司拥有完全自主知识产权的煤粉锅炉等离子体无燃油点火技术、等离子体双尺度低氮燃烧技术及多项专有技术。中电投远达主要从事火电厂烟气脱硫脱硝 EPC、脱硫特许经营、脱硝催化剂制造，其是国家环保产业骨干企业，与国内多家科研院所、高校等进行了产学研合作，吸收引进奥地利 AEE、日本三菱等公司的技术，核心技术主要包括 SCR 催化剂、SCR 的测试分析、还原剂控制以及 SCR 上游处理。而中国神华能源与北京国华电力均是神华集团有限责任公司的二级公司，两家公司的技术创新上为密切合作关系，尤其是在脱硝技术领域，基本上所有的专利均是作为共同申请人提交的，在脱硝技术上关注于脱硝的整体设备，核心技术有 SCR 声波吹灰。

另外，关于授权率需要注意的是，虽然中国神华能源和北京国华电力的授权率高达 80%以上，这是由于两家公司的专利申请以实用新型专利为主，导致授权率从数据统计上远高于其他申请人，但并不能代表其在技术创新水平上远高于其他申请人。

**表 4　国内主要竞争者总体情况**

| 竞争者 | | 专利概况 | | | 产业概况 | |
|---|---|---|---|---|---|---|
| | | 申请量/件 | 授权率 | 发明人数量 | 主流工艺、核心工艺 | 主营业务 |
| 高校 | 浙江大学 | 220 | 60.8% | 287 | 燃料分级，SNCR，SCR 喷氨系统 | 无 |
| | 清华大学 | 189 | 59.1% | 289 | 低氮燃烧器，SCR 催化剂制备 | 无 |
| 企业 | 烟台龙源 | 101 | 77.1% | 111 | 低氮燃烧器，等离子无油点火 | 火力发电节能环保领域 |
| | 哈尔滨锅炉厂 | 86 | 77.5% | 61 | SCR 安装和密封 | 锅炉、汽轮机辅机、核电设备 |
| | 中电投远达 | 74 | 74.6% | 133 | SCR 催化剂，SCR 测试分析上游处理 | 火电厂烟气脱硫脱硝特许经营、催化剂制造 |
| | 中国神华能源 | 66 | 83.8% | 55 | SCR 声波吹扫 | 煤炭的生产与销售、电力生产和销售 |
| | 东方锅炉 | 65 | 71.6% | 84 | 循环流化床脱硝，低氮燃烧器，SCR 喷氨 | 火力发电设备、环保设备、煤气化设备 |
| | 北京国华电力 | 60 | 82.8% | 54 | SCR 声波吹扫 | 电力生产 |
| | 上海锅炉厂 | 60 | 71.9% | 64 | 浓浓分离器，等离子无油点火 | 电站锅炉，电站环保设备，锅炉改造 |

## 3.3.2 主要专利技术信息分析

表 5 列出了国内九大申请人的专利技术分布，其代表了各申请人的技术研发方向，也在一定程度上代表了国内的竞争格局。

首先分析各大申请人的第一研发技术方向。其中有 5 家公司的第一研发技术方向为"仅针对 $NO_x$ 去除的方法"，两家高校的第一研发方向为"催化剂的选择"，上海锅炉厂和烟台龙源的第一研发方向为"低氮燃烧器"。由此可见，国内公司的研发方面比较一致，均是针对 $NO_x$ 去除开发相应的产品和设备，而高校科研一般走在生产的前沿，以研究为主，因此它们的方向集中在"催化剂选择"方向上；至于上海锅炉厂和烟台龙源，由于低氮燃烧器和锅炉是它们的传统产品和主营业务，因此研发力量集中在此。可以看到，与国外相比，在公司企业中，对"催化剂选择"进行研发的并不多，尚停留在科研试验阶段，而未进入产业化研究。

其次，对 $NO_x$ 的控制方法主要集中在"仅针对 $NO_x$ 去除的方法"，而例如同时去除 $NO_x$ 和硫氧化物的技术比较少。联合去除各种污染物的方法是当前世界的技术新增长点，也是研究的热点，而我国在这方面的研究相对较少，可见，我国研发方向稍有偏差，需要加强联合去除方向的研究投入。

最后，从专利质量上来看，国内专利很大一部分是实用新型，创新程度低，且大部分处于工艺的小改进和产品的局部改造，原创核心专利较少，走出国门的专利更少，在国际市场上竞争力不足，有待提高专利质量。

**表 5 中国主要竞争者专利技术领域分布** 单位：件

| 竞争者 | 领域 | 数量 | 领域 | 数量 | 领域 | 数量 | 领域 | 数量 | 领域 | 数量 |
|---|---|---|---|---|---|---|---|---|---|---|
| 浙江大学 | 催化剂的选择 | 71 | 单独去除 $NO_x$ | 84 | 催化法净化 | 44 | 联合去除 $NO_x$ | 22 | 低氮燃烧器 | 21 |
| 清华大学 | 催化剂的选择 | 76 | 催化法净化 | 70 | 单独去除 $NO_x$ | 41 | 低氮燃烧器 | 40 | 联合去除 $NO_x$ | 17 |
| 烟台龙源 | 低氮燃烧器 | 75 | 燃料分级燃烧 | 25 | 空气分级燃烧 | 18 | | | | |
| 哈尔滨锅炉厂 | 单独去除 $NO_x$ | 20 | 低氮燃烧器 | 20 | 液相方法净化 | 7 | | | | |
| 中电投远达 | 单独去除 $NO_x$ | 51 | 催化法净化 | 34 | 气相方法净化 | 16 | 催化剂的选择 | 12 | | |
| 中国神华能源 | 单独去除 $NO_x$ | 22 | 催化法净化 | 15 | 气相方法净化 | 15 | | | | |
| 东方锅炉 | 单独去除 $NO_x$ | 42 | 低氮燃烧器 | 11 | | | | | | |
| 北京国华电力 | 单独去除 $NO_x$ | 22 | 催化法净化 | 15 | 气相方法净化 | 15 | | | | |
| 上海锅炉厂 | 低氮燃烧器 | 44 | 空气分级燃烧 | 6 | | | | | | |

# 第4章 竞争启示及产业发展建议

## 4.1 技术启示及建议

### 4.1.1 技术启示

从全球竞争者数据可以看出，排名靠前的基本上都是大型跨国企业，这些企业涉足多个行业，它们在 $NO_x$ 控制领域进行多项技术创新，并掌握了核心专利技术，通过将这些专利技术输入全球多个国家和地区，从而占据更大的市场，谋取更高的利润。我国在 $NO_x$ 控制领域的专利申请量已位居全球第一，且近些年申请量呈直线上升的趋势，这说明国内竞争者对 $NO_x$ 控制领域的研发投入在不断增加，且 $NO_x$ 控制技术在国内正呈现蓬勃发展的态势。但是，从国内 $NO_x$ 控制领域专利申请数据来看，我国专利申请量排名前10位的主要竞争者中，有很大一部分是高校或科研机构，而专利技术是该领域的前沿技术，距离向工业化转变还有一定距离。因此，我国在该领域的技术创新多数还停留在研发试验阶段，进入工业化阶段的专利技术还略少，在工业上应用实施的专利技术还是依赖于国外专利的输入。

### 4.1.2 技术建议

对于国内的企业而言，为了有效进行技术研发，可以借助"他山之石"以达到"攻玉"的目的，具体而言需要做好以下4个方面的工作。

（1）把握技术发展方向

通过对技术发展趋势的分析得出技术发展的热点、新增长点和空白点，可以帮助预测 $NO_x$ 控制的发展方向。对于成熟的技术，甚至已经走向没落的技术，就没有必要再投入过多资源去进行研发。而对于目前行业发展的热点，尤其是新增长点，行业和企业就需要给予高度的关注，结合市场需求和企业自身的情况有重点地投入技术力量开展研发。

（2）关注核心技术

$NO_x$ 控制的核心技术往往掌握在国际大型企业的手中，因此通过分析这些企业的专利申请聚焦它们的核心技术是了解主流技术的一种简单直接的方法。在这方面，日本企业的专利技术非常值得国内企业学习，关注其核心技术的内容，可以指引国内企业的研发方向，将开放式的创新变成做"选择题"，大大降低再创新的难度。

（3）消化吸收再创新

关注核心技术并不代表照抄照搬，还需对其进行消化吸收再创新。也即找到巨人的肩膀并不能够成为巨人，真正站在巨人的肩膀才能成为巨人。因此通过归纳这些核心技术的技术手段，结合我国实际国情，进行技术创新，才是技术研发的重点和难点。

（4）注重产研结合

国内高校或科研机构具备一流研发水平，拥有众多高科技创新人才；为了提升竞争实力，国内企业或公司可以通过产研结合的方式，借助高校或科研机构高水平的技术创新能力，结合企业的生产运行能力，共同开发自主创新技术，提高专利技术的转化率，逐步建立适合中国国情的$NO_x$控制技术体系，提升国内企业$NO_x$控制技术实力。

## 4.2 市场启示及建议

### 4.2.1 市场启示

国内企业脱硝产品输出国外的数量较少，在未来的发展道路上，在提高自身产品质量的基础上，应该大胆走出国门，积极参与国际合作与发展，在合作中不断寻找新的研发方向和道路。

目前，国内企业中积极开拓海外市场并取得进展的企业有龙净环保。该公司先后获得印度、印度尼西亚、越南、南非等国项目。该公司2012年中标印度比莱钢铁厂锅炉岛工程总承包项目，金额达到3.5亿元，先后出口巴西多套脱硫设备。

本报告第2.2节中从申请量与产出量之比分析了市场前景良好的一些国家和地区，除印度之外，还有加拿大、澳大利亚、西班牙、墨西哥、南非、巴西等国，从专利数据上表明这些国家本身的技术力量薄弱，吸引了不少国外企业的投资和专利布局。然而单方面从申请量与产出量之比确定市场国的做法仅是参考依据之一，还要结合国家政策、项目管理能力、技术动态等因素，对这些国家进行综合考量，确定技术出口对象。

由于$NO_x$的控制涉及多种二次污染物，因而既要考虑其本身的危害，又要考虑其二次污染物的危害。针对这一特点，本报告第2.1节介绍了欧美等发达国家和地区采取的一系列协同控制措施，包括"多指标综合管理"和"区域联防联控"。

"多指标的污染控制政策"可以有效地避免多个单指标控制政策之间的冲突，"区域联防联控"可以通过区域间协作达到减少$NO_x$长距离输送的问题。我国地域辽阔，尤其是在东部经济发达区域，$NO_x$污染已形成污染带，同时，各种污染物的排放相互影响形成二次污染。因此我国应当学习国外的这些优秀经验，制定相应的战略规划，明确近期、中期、远期的污染控制目标，采取多指标综合管理的措施，设立跨部门的协调工作机制等措施加强国家层面的政策指导和宏观协调。

### 4.2.2 市场建议

根据前文的介绍，受环保政策利好消息的影响，2012~2014年脱硝市场持续爆发式增长，开始出现"井喷"现象，巨大的市场容量为环保企业的业务发展提供了良好的市场机遇。但是，在短时间内需要完成装机容量达数亿千瓦的机组改造工作，时间非常紧张，这必然导致环保设备、材料出现供不应求的局面，尤其在烟气脱硝主要原材料催化剂的供需差距将会较大。因此，对于目前大量的环保工程公司涌入该市场的现象，需要注意的是，其虽然解决了短时间内烟气脱硝市场的急需，但从烟气脱硝长远发展来看，未来几年电力脱硝市场需求将以新建机组为主，脱硝催化剂的需求预测将下降，这将直接导致产能大于需求的局面。届时对于环保工程公司而言，预计将会出现两极分化，一些产品质量过硬的厂家将供不应求，而一些质量劣质的产品甚至厂家将被淘汰出局。因此对于催化剂生产企业而言，为了保证在行业发展到成熟期时仍能稳定占据市场份额，在经营理念上要逐步更新，加强技术销售的力度，从提高产品质量入手，努力提高产品的市场竞争力。

## 4.3 专利布局启示及建议

### 4.3.1 海外布局建议

从全球几大公司的海外专利布局来看，欧美公司的专利意识较强，知识产权制度运用较为娴熟，积极在全球进行专利布局，平均海外输出量达到50%以上，个别公司如阿尔斯托姆的专利输出量高达80%。而我国公司的海外专利布局相对薄弱，专利输出量的占比非常低，排名靠前的几大申请人中仅有烟台龙源，上海锅炉厂等申请了数量非常少的国际专利申请（PCT申请），且这些国际专利申请均基本上未进入国外的国家阶段。

进行海外专利布局有以下优势：第一，当产品进入该海外市场时，专利能够为产品保驾护航，抵御造假仿造；第二，即使产品未进入该海外市场，专利也能够圈定保护范围，使得该保护范围内的产品无法得以制造销售，从而为产品进入该海外市场获得时间。

因此建议国内企业积极进行海外专利布局，参与国际竞争。首先，根据定位的目标市场国，将储备的核心技术及外围专利尽快申请布局；其次，制定专利策略，针对市场国的技术现状和产品需求，有重点地进行布局专利；最后，对于暂时难以突破的海外市场，就要寻求合作，力求市场国不被发达国家所主导。

### 4.3.2 国内布局建议

从国内专利申请的内容来看，国内企业的专利布局能力较为欠缺，专利内容比较零散，专利申请的结构也还不尽完善，未形成以核心专利为中心的发散式专利网。且专利创新程度不高，部分专利处于模仿创新阶段，原始创新不足。

基于上述现象，对于国内申请人的建议是：①加强知识产权保护意识，提高专利布局能力，加强知识产权战略研究，合理制定相应的专利布局。②集中优势力量实现自主创新能力的突破，增强关键和核心技术自主知识产权拥有量，一旦形成核心专利，尽快以其为中心形成发散式专利网，以巩固在该核心技术领域中的地位，扩大专利保护范围。

# 二氧化碳捕获分离

# 二氧化碳捕获分离研究团队

**一、项目指导**

　　于立彪

**二、项目管理**

　　北京国知专利预警咨询有限公司

**三、项目组**

　　负责人：聂春艳
　　撰稿人：李晶晶（主要执笔第 2 章）
　　　　　　王义刚（主要执笔第 3 章）
　　　　　　佟婧怡（主要执笔第 1 章）
　　　　　　张　凌（主要执笔第 4 章）
　　统稿人：周　勤　孙瑞丰
　　审稿人：张朝伟　李　哲

# 分 目 录

摘　要 / 103

## 第1章　二氧化碳捕获分离领域概述 / 104
### 1.1　技术概述 / 104
### 1.2　产业发展综述 / 105

## 第2章　全球专利竞争情报分析 / 107
### 2.1　总体竞争状况 / 107
#### 2.1.1　政策环境 / 107
#### 2.1.2　经济环境 / 108
#### 2.1.3　技术环境 / 109
### 2.2　专利竞争环境 / 110
#### 2.2.1　专利申请概况 / 110
#### 2.2.2　专利技术分布概况 / 113
#### 2.2.3　专利技术生命周期 / 115
### 2.3　主要竞争者 / 117
#### 2.3.1　专利申请概况 / 117
#### 2.3.2　主要专利技术领域分析 / 119
#### 2.3.3　主要专利技术市场分析 / 120

## 第3章　中国专利竞争情报分析 / 123
### 3.1　总体竞争环境 / 123
#### 3.1.1　政策环境 / 124
#### 3.1.2　经济环境 / 124
#### 3.1.3　技术环境 / 124
### 3.2　专利竞争环境 / 125
#### 3.2.1　专利申请概况 / 125
#### 3.2.2　专利地区分布 / 126
#### 3.2.3　专利技术生命周期 / 127
### 3.3　主要竞争者 / 128
#### 3.3.1　专利申请概况 / 128

3.3.2 主要专利技术信息分析 / 130
# 第4章 竞争启示及产业发展建议 / 132
4.1 技术启示及建议 / 132
 4.1.1 技术启示 / 132
 4.1.2 技术建议 / 133
4.2 市场启示及建议 / 133
 4.2.1 市场发展建议 / 133
 4.2.2 区域发展建议 / 135
4.3 专利布局启示及建议 / 136
 4.3.1 海外布局建议 / 136
 4.3.2 技术突破方式建议 / 136
 4.3.3 政策模式建议 / 136

# 摘 要

减少温室气体排放、提高大气污染防治水平是全球关注的热点。目前公认的降低二氧化碳排放最有效的方法之一是碳捕获分离处理技术。本报告对二氧化碳捕获分离处理技术的国内外专利申请进行了统计分析，对该技术领域的国内专利申请的现状、趋势进行了深入分析，对全球主要竞争者和国内主要竞争者进行了深度分析，审慎地提出二氧化碳捕获分离领域专利竞争性情报信息，还从国家政策、专利制度建设以及技术发展方向层面提出了建议。

**关键词**：大气污染防治　二氧化碳　捕获分离　竞争情报　建议

# 第1章 二氧化碳捕获分离领域概述

## 1.1 技术概述

全球气候变暖加剧造成的极端天气频发给世界各地带来了重大的经济损失，通过控制二氧化碳排放来遏制气候变暖成为全球所关注的热点。化石燃料燃烧产生的二氧化碳占人类二氧化碳总排放量的3/4左右，根据联合国政府间气候变化专门委员会（IPCC）的分析显示，其中大型化石燃料电厂的排放占到了化石燃料燃烧所排放的二氧化碳总量的接近一半，其他工业过程，如水泥生产、炼钢、炼油等也是二氧化碳排放的重要来源。

对于化石燃料电厂，其发电过程中的碳捕获主要有3个途径。①燃烧前捕获：首先将化石燃料转化为氢气和二氧化碳的混合气体，然后二氧化碳被液体溶剂或固体吸附剂吸收，再通过加热或减压得以释放和集中；②燃烧后捕获：从化石燃料燃烧后产生的废气中采用液体溶剂和加热的方式将二氧化碳分离出来；③富氧燃烧：重新设计燃烧过程，以使燃烧产物为纯粹的二氧化碳气流，从而省略分离环节。其中燃烧前捕获和燃烧后捕获都涉及二氧化碳捕获分离技术。对于其他工业过程，其碳捕获的途径与发电过程中的碳捕获相似，二氧化碳捕获分离技术均在其碳捕获过程中发挥重要作用。可以说，对于各个行业中的二氧化碳排放，其碳捕获技术的关键均是二氧化碳捕获分离技术。❶❷

二氧化碳捕获分离的主要技术（见图1）为：

（1）吸收分离。包括物理吸收法和化学吸收法。物理吸收法是利用有机溶剂对二氧化碳气体进行吸收分离，过程中不发生化学反应；化学吸收法是利用一种含碱或碱性溶液来吸收二氧化碳，然后通过加热再释放出二氧化碳，使吸收溶剂再生，恢复吸收二氧化碳的活性。

（2）吸附分离。通过吸附体在一定的条件下对二氧化碳进行选择性吸附，然后通过恢复条件将二氧化碳解析，从而达到分离二氧化碳的目的。吸附分离包括物理吸附和化学吸附。物理吸附是靠分子间的永久偶极、诱导偶极和四极矩引力而聚集的，又称为范德华吸附；化学吸附是靠化学键力。❸

（3）扩散分离（膜）。主要包括膜分离，是指在一定条件下，通过膜对气体渗透的

---

❶ 张振冬，等. $CO_2$捕集与封存研究进展及其在我国的发展前景［J］. 海洋环境科学，2012（3）：456-459.
❷ 屈叶青，等. 低碳经济下的碳捕获和封存技术［J］. 宁波化工，2011（3）：9-12.
❸ 林洁，姜微. 固态胺吸附剂分离密闭空间低浓度$CO_2$的研究进展［J］. 环境工程，2014（S1）：376-379.

选择性把二氧化碳和其他气体分离开，按照膜材料的不同，主要有聚合体膜、无机膜等。本报告中使用膜或扩散均表示属于扩散法之列。[1]

（4）生物分离。利用生物如微藻的光合作用等对二氧化碳进行捕集，主要是在微生物的作用下，将二氧化碳进行富集，或转化成非碳氧化物的形式。

（5）低温分离（精馏和冷凝）。利用液化温度不同使二氧化碳液化进行分离等，主要是冷凝等作用，便于二氧化碳转化为液态形式进行运输或封存等后续处理过程；另外还包括精馏方法处理后利用低温进行分离的过程。本报告中使用低温分离或精馏或冷凝法表示。

（6）化学分离。利用化学方法使二氧化碳转化或分解等，例如使用光催化剂等，将二氧化碳转化为碳氢化合物等形式加以利用，以及利用电化学技术将二氧化碳转化为不同的化学品。

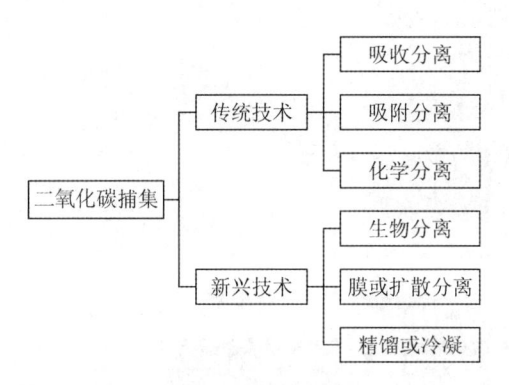

图1 二氧化碳捕获分离技术分支

## 1.2 产业发展综述

作为一项具有战略意义的新兴温室气体控制技术，二氧化碳捕获分离技术总体上尚处于研发和示范阶段。为掌握未来二氧化碳捕获分离技术优势，美国、欧盟、日本等发达国家和地区都投入大量资金开展二氧化碳捕获分离的研发和示范活动，并制定相应法规、政策积极推动二氧化碳捕获分离的发展，以实现在控制本国/本地区排放和全球二氧化碳捕获分离产业竞争中占得先机。即使全球金融危机爆发，美欧等发达国家和地区不仅没有削减、反而加强了对二氧化碳捕获分离研发和示范的支持。中国的二氧化碳捕获分离技术研究起步较晚，研究与开发还处于前期，仍处于实验室阶段。但是近年来我国在二氧化碳捕获分离的研究上做了很多工作，从2003年开始中国政府就参加了碳捕集领导人论坛，"973计划""863计划"在内的国家重大课题都对二氧化碳捕获分离进行了研究，《国家中长期科学和技术发展规划纲要（2006~2020年）》也在先进能源技术重点研究领域提出了"开发高效、清洁和二氧化碳近零排放的化石能

---

[1] 陈浩. 膜法分离燃煤烟气中 $CO_2$ 的研究进展［J］. 膜科学与技术，2014，34（4）：135-139.

源开发利用技术"。

目前全球建设实施多个碳捕获商业项目、碳捕获研发项目、地质封存示范项目、地质封存研发项目。❶ 其中，比较知名的有挪威的 Sleipner 项目、加拿大的 Weyburn 项目和阿尔及利亚的 InSalah 项目等。❷ 此外，在世界各地还有一些项目正在规划和建设中。国际能源署（IEA）2009 年发布的《碳捕获与封存技术路线图》（Carbon Capture and Storage Technology Road Map）提出，在 2050 年前全球二氧化碳捕获分离项目要达到 3400 多个，其中电力方面的项目将占到 48%。

全球很多地方都开展了二氧化碳捕获分离的大规模集成示范项目，其中也不乏一些成功运行的案例。图 2 为截至 2011 年 7 月全球开展的二氧化碳捕获分离大规模集成项目数量。❸

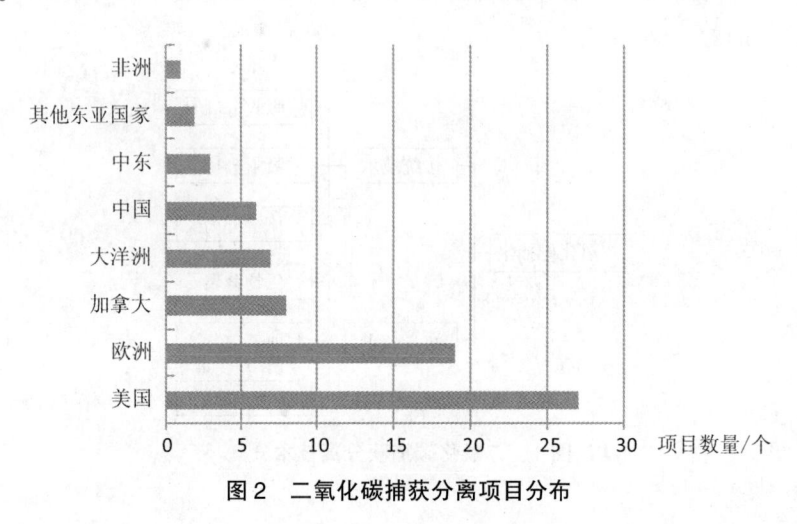

图 2 二氧化碳捕获分离项目分布

---

❶ 屈叶青, 等. 低碳经济下的碳捕获和封存技术 [J]. 宁波化工, 2011（3）: 9-12.
❷ 陈浩. 膜法分离燃煤烟气中 $CO_2$ 的研究进展 [J]. 膜科学与技术, 2014, 34（4）: 135-139.
❸ 王键. 全球碳捕集与封存发展现状及未来趋势 [J]. 环境工程, 2012（4）: 118-120.

# 第 2 章 全球专利竞争情报分析

## 2.1 总体竞争状况

全球气候变化问题日益严峻,碳排放已经成为威胁人类可持续发展的主要因素之一,削减温室气体排放以减缓气候变化成为当今国际社会关注的热点。有关研究显示,未来几十年化石能源仍将是人类最主要的能量来源,要控制全球温室气体排放,除大力提升能源效率、发展清洁能源技术、提高自然生态系统固碳能力外,二氧化碳捕获分离技术将发挥重要的作用。❶❷

在全球共同应对气候变化的背景下,碳捕集分离被看作一种重要的温室气体减排方案。在未来的大规模应用将基于两个重要前提:一是气候变化是真实的,其后果严峻;二是全球在未来较长时间内还需依赖化石燃料作为主要的能源供给。据此 IEA 预测,若实现 2050 年全球温室气体排放相比 2005 年减少 50%,碳捕集分离将承担约 20% 的减排任务,到 2020 年需在全球建 100 个碳捕集分离项目,到 2050 年建成 3400 多个。❸ 而若不采用,实现这一目标的总成本将增加 70%。2008 年 7 月,G8 峰会上八国表示将寻求与《联合国气候变化框架公约》的其他签约方一道共同达成到 2050 年把全球温室气体排放减少 50% 的长期目标。随着气候变化国际谈判的逐步深入,世界各国将面临更加严格的碳排放约束,可能形成全球性的产业,掌握技术的发达国家将通过输出技术在产业中占据竞争优势。

### 2.1.1 政策环境

美国、欧盟、加拿大、英国、日本、澳大利亚等国家和地区,通过颁布技术发展路线图、战略规划,明确近期、中期、远期的技术方向和研发重点,设立跨部门的协调工作机制等措施加强国家层面的技术政策的指导和宏观协调。2010 年 2 月,美国总统要求美国国务院、能源部、环保署、财政部、科技政策办公室等 14 个联邦部门或机构建立一个碳捕集分离部际工作组。要求该部际工作组确保到 2016 年美国至少有 10 个商业化示范项目运行,在 10 年内使其在经济上可行。2015 年,美国总统奥巴马宣布了由美国环保署提出的新清洁能源方案,计划通过限制发电厂的碳排放量,大力推动太阳能和风能发电,将美国温室气体排放在未来 15 年减

---

❶ 王众. 碳捕捉与封存技术国内外研究现状评述及发展趋势 [J]. 节能与环保, 2011 (5): 42-46.
❷ 王众. 中国大规模发展碳捕获和封存的 SWOT 分析 [J]. 国土资源科技管理, 2010 (5): 6-10.
❸ 钱伯章. 碳捕捉和封存技术的发展现状与前景 [J]. 中国环保产业, 2008: 57-61.

少 1/3。这是美国首次对发电厂碳排放设立国家标准，被视为美国"史上最强的"重大减排举措。

另外，美国还积极推动法规建设以促进碳捕集分离发展，已有《国家环境政策法案》（NEPA）与《资源节约回收法案》（RCRA）提供碳捕集分离的法律框架。碳捕集分离不同环节还受特定法律法规限制，例如碳捕集要遵守《清洁空气法》；二氧化碳输送要遵守《危险液体管道法案》和《危险物品运输法案》。为促进碳捕集分离尽快商业化，2009年2月通过《美国复苏与再投资法案》（ARRA），该法案极大地增强了美国对碳捕集分离技术发展的支持力度。2009年6月通过《美国清洁能源与安全法案》（ACESA），该法案为推动碳捕集分离快速发展提供了重要法律依据，其中明确提出碳捕集与封存的国家战略，以扫除影响碳捕集分离技术商业应用的法律、法规障碍。❶ 另外，美国已经通过一系列法律法规：2011年修订实施《安全饮水法》（Safe Drinking Water Act），针对封存二氧化碳的灌注井，规定设立广泛的场所，进行监测和监控规定，以防范外泄；《美国清洁能源与安全法案》中，专门设置一章规范碳捕集与封存，促进碳捕集与封存专案的发展与商业化，要求碳捕集分离项目必须满足《清洁空气法》和《清洁水法案》，对所有项目都必须进行风险评价；《安全碳存储技术行动条例》则要求二氧化碳存储设施密切监控汇报有关数据，强调确保资金用于设施维护和应对突发事故。❷

欧盟于2009年制定了《二氧化碳地质封存指令》，规定了选址、许可证发放、监测、运营和责任、信息公开，建立起在欧盟内开展二氧化碳地质封存的法律和管理框架。2009年，英国能源与气候变化部宣布了一项新规定，要求新煤电厂须具备碳捕捉和存储技术。澳大利亚已通过2006年《外海石油法》的修正案，澄清地产通行权与使用权、审核机制、二氧化碳输送、财务考量、场址选择步骤、风险识别与监测等问题。澳大利亚还专门出台了《二氧化碳捕获分离与封存指南——2009》，对碳捕集分离环境影响评价提出了相对具体可行的评价范围、措施等。日本是《京都议定书》的发起和倡导国，也是世界上能源消耗最大的国家之一，日本在《京都议定书》签署后就出台了《全球变暖对策推进法》。

中国当前二氧化碳排放居全球第一位，年排放量70亿吨左右，80%左右来源于煤炭利用。以煤为主体的能源结构特点，决定了碳捕集分离在中国具有潜在的重要战略地位。

## 2.1.2 经济环境

各个国家进一步加大政府的投入，引导私有投资加快开展全流程碳捕集分离项目的示范，将推动碳捕集分离技术商业化作为应对金融危机、促进国内经济复苏的手段。《美国复苏与再投资法案》中34亿美元拨款与碳捕集、利用和封存（CCUS）相关，其中，18亿美元用于支持包括"未来发电2.0计划"在内的碳捕集分离项目。"欧洲能

---

❶ 新华网．低碳经济道路曲折但前途光明［EB/OL］．http：//news.xinhuanet.com/politics/2009-08/24/content_11936572.htm.

❷ 邹乐乐．二氧化碳封存技术相关国际法规与政策的回顾与分析［J］．能源与环境，2010（4）：15-18.

源复兴计划"(EEPR)批准了首批6个全流程碳捕集示范项目,资助共计10亿欧元。挪威投入数十亿挪威克朗建立蒙斯塔德碳捕集技术中心,做了一个很大的中试规模的捕集技术研发平台,而且计划在捕集的研发平台上再把运输和封存这两个流程的研发平台加上。蒙斯塔德碳捕集技术中心对碳捕集技术的发展将在全球产生重大影响。英国投入10亿英镑支持境内4个全流程碳捕集示范项目。加拿大政府和阿尔伯塔省政府分别投入10亿加元和15亿加元支持3个碳捕集项目(从驱油、化肥到运输)。❶

通过建立跨行业、跨领域的碳捕集分离合作平台,加强技术成果的转化,加强知识与经验的共享。美国区域性碳封存合作倡议,包括美国43个州、加拿大4个省共350多个组织;日本建立了由发电、石油、工程等行业共37家公司联合成立的日本碳捕集与封存有限公司;欧盟"零排放合作平台",由欧盟委员会与几十家欧洲能源企业、非政府组织、研究机构、学界和金融机构共同建立,推动欧盟碳捕集分离项目计划等。2010年9月,欧盟委员会又推出全球首个碳捕集分离示范项目网络平台——"碳捕集分离项目网络",要求获欧洲能源复兴计划资助的6个碳捕集分离项目共享知识成果和示范经验。❷

### 2.1.3 技术环境

不同国家的碳捕获分离发展受到各国特定的能源结构、技术基础和能源战略影响,如较依赖国内煤炭资源的美国、加拿大、澳大利亚等国家发展碳捕获分离,可以实现利用国内煤资源的同时减少温室气体排放,以不增加能源进口和保证能源安全。

美国掌握碳捕获分离的整套技术,从二氧化碳捕获分离、输送、利用到封存都处于世界领先地位。对于二氧化碳捕获分离,美国萤石公司专有的基于氨法的用于大规模燃烧后捕集技术,是最早被广泛应用于商业化的解决方案之一。联合煤气化循环系统(IGCC)作为清洁煤技术在美国已有30多年的技术积累,具有世界领先地位。为了降低捕集成本,美国正在开发先进碳捕集技术,包括先进溶剂、吸附剂、膜等。

中国对于二氧化碳捕集分离技术的了解和关注程度非常高,目前已经拥有了具有自主知识产权的二氧化碳捕获分离技术。中石化南化公司研究院开发了低分压(烟道气等)二氧化碳捕获分离技术,截至2009年年末,国内采用该技术进行二氧化碳捕获分离利用的工业企业已有20多家,年捕集高纯度二氧化碳超过100万吨。

---

❶ 仲平,等. 发达国家碳捕集、利用与封存技术及其启示[J]. 中国人口·资源与环境, 2012, 22(4): 25-28.

❷ 彭斯震. 国内外碳捕集、利用与封存(CCUS)项目开展及相关政策发展[J]. 低碳世界, 2013(1) 18-21.

## 2.2 专利竞争环境

### 2.2.1 专利申请概况

图 3 是全球专利技术市场情况。

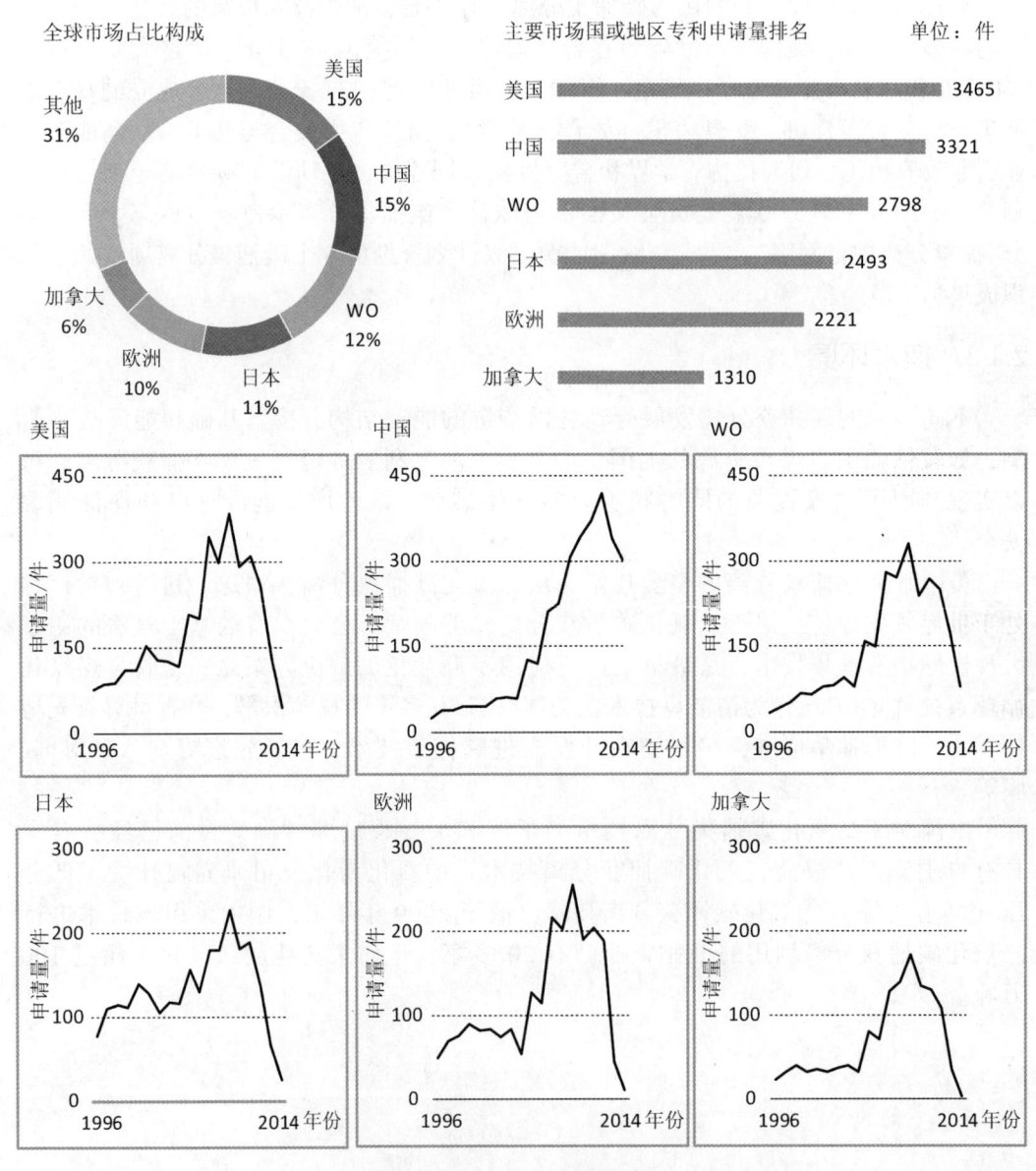

全球市场占比构成：
- 美国 15%
- 中国 15%
- WO 12%
- 日本 11%
- 欧洲 10%
- 加拿大 6%
- 其他 31%

主要市场国或地区专利申请量排名　单位：件
- 美国 3465
- 中国 3321
- WO 2798
- 日本 2493
- 欧洲 2221
- 加拿大 1310

图 3　全球专利技术市场情况

根据图3可知：

（1）二氧化碳捕获分离技术专利主要市场分布于美国、中国、日本、欧洲等，这4个国家和地区申请总量达到11 500件，占全球总量的51%。技术领域主要分布在二氧化碳的分离、提取、回收、净化的过程与设备。自1998年以后，各主要国家和地区的申请量增长极为迅速，并在2009年前后达到高峰，二氧化碳捕获分离技术在这10年中进入了飞速发展阶段。这说明21世纪以来，随着全球气候变化问题的加剧，二氧化碳捕获分离技术受到广泛关注和重视，专利数量也随之迅速增加。

（2）就全球的专利竞争环境而言，其中美国、中国、日本、欧洲的专利分布量较为突出，美国专利申请量最高；从专利申请角度看，我国申请量近年来一直处于快速增长阶段，处于赶超美国的趋势中，增长形势优于其他国家/地区，由此可知我国近几年在这一领域仍然有较高的研发投入，市场前景较好。美国、日本、欧洲的申请量变化趋势较为类似，均在2009年前后达到申请量的高峰，2010~2012年开始逐渐下降。以欧洲为例，其申请量从2009年的高峰点256件下降到2012年的189件。可见，欧美日等国家和地区在近几年已经开始逐渐降低在二氧化碳捕获分离领域研究的投入。而我国的申请量从2005年开始急剧增长，研发速度很快，高峰出现在2010年前后，且2011~2013年的申请量也处于较高水平。

综上所述，得到如下专利竞争性情报信息：

（1）从市场参与角度看，我国是世界上仅次于美国的第二大二氧化碳捕获分离市场份额国家，在该领域具有举足轻重的作用。

（2）我国在二氧化碳捕获分离领域的研发投入以及专利技术均得到了持续性的提高和发展，成为世界二氧化碳捕获分离技术强国势在必得，但仍需不断努力，借鉴发达国家的发展经验。

（3）环境污染问题是我国面临的严重课题，二氧化碳捕获分离技术在减轻环保压力方面是优选技术。

（4）我国虽然在二氧化碳捕获分离领域的专利申请量高，但是核心专利少，应当抓住市场机遇，进行新一轮的技术更新和发展，从而掌握更适合当今社会发展与需求的新一代核心技术。

（5）近年强劲对手美国的专利申请量有所减少，一举突出重围打破垄断、成为世界"老大哥"的目标之关键在于掌握美国核心专利技术。

图4是全球专利技术产出情况。

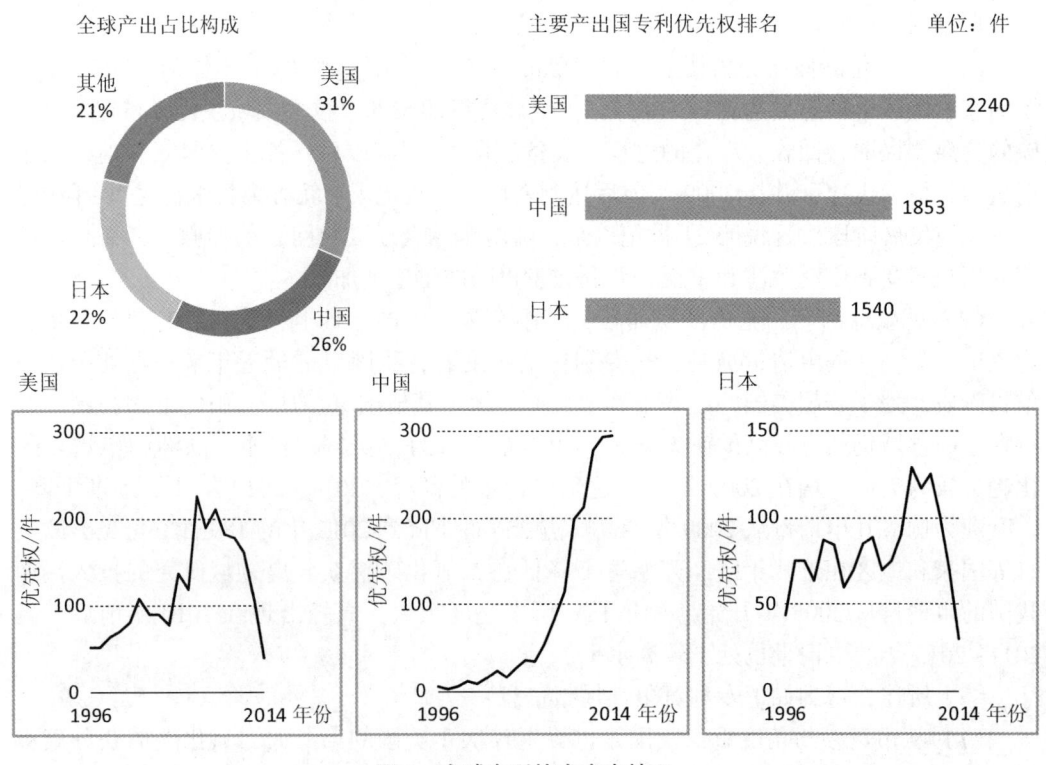

全球产出占比构成　　　　　　　主要产出国专利优先权排名　　　　单位：件

其他 21%　美国 31%　日本 22%　中国 26%

美国 2240
中国 1853
日本 1540

图4　全球专利技术产出情况

基于图4及相关数据可知：

（1）二氧化碳捕获分离专利技术产出主要分布在美国、中国、日本、德国、韩国，其中，美国、中国、日本的专利产出与专利申请量一样均位于全球前三，且专利产出要远高于德国和韩国。

（2）从专利产出量来看，我国与韩国的发展趋势相似，在二氧化碳捕获分离技术方面的研发投入一直呈快速直线增长，且在近2年达到了研发投入的高峰。其中，韩国在2009年召开了"绿色增长国家5年计划（2009~2013）会议"，并制定了相关的政策法规，这进一步促进了韩国二氧化碳捕获分离技术的研究发展；而我国在2007年国家发改委公布的《中国应对气候变化国家方案》中就重点强调了二氧化碳捕获分离技术，这些政策的发布均促进了我国在二氧化碳分离技术上的研究投入。

（3）美国、日本、德国从2009年前后对于二氧化碳捕获分离领域的研发投入逐渐降低。

综上所述，得到如下专利竞争性情报信息：

（1）从专利产出国中选择潜力市场目标国是一个重要手段，具有较高的参考意义。

（2）其他发达国家在该领域已经开始走下坡路，而中国则处于蓬勃发展期，应该乘势而上，重点是关注美国、日本、德国的最新科研动向。

（3）一个重要提示是及时参考发达国家在该领域的经验和教训，少走弯路，重点是参考发达国家的二氧化碳捕获分离技术所实施的工业化思路与步骤。

## 2.2.2 专利技术分布概况

对于二氧化碳捕获分离来说，根据EPO推出的清洁能源新分类系统以及现有的二氧化碳捕获分离技术，将二氧化碳捕获分离分为以下6个技术分支：第一类：吸附分离；第二类：吸收分离；第三类：化学分离；第四类：生物分离；第五类：扩散分离（包括膜分离）；第六类：低温分离（包括精馏法和冷凝法）。各技术分支海外市场情况见图5。

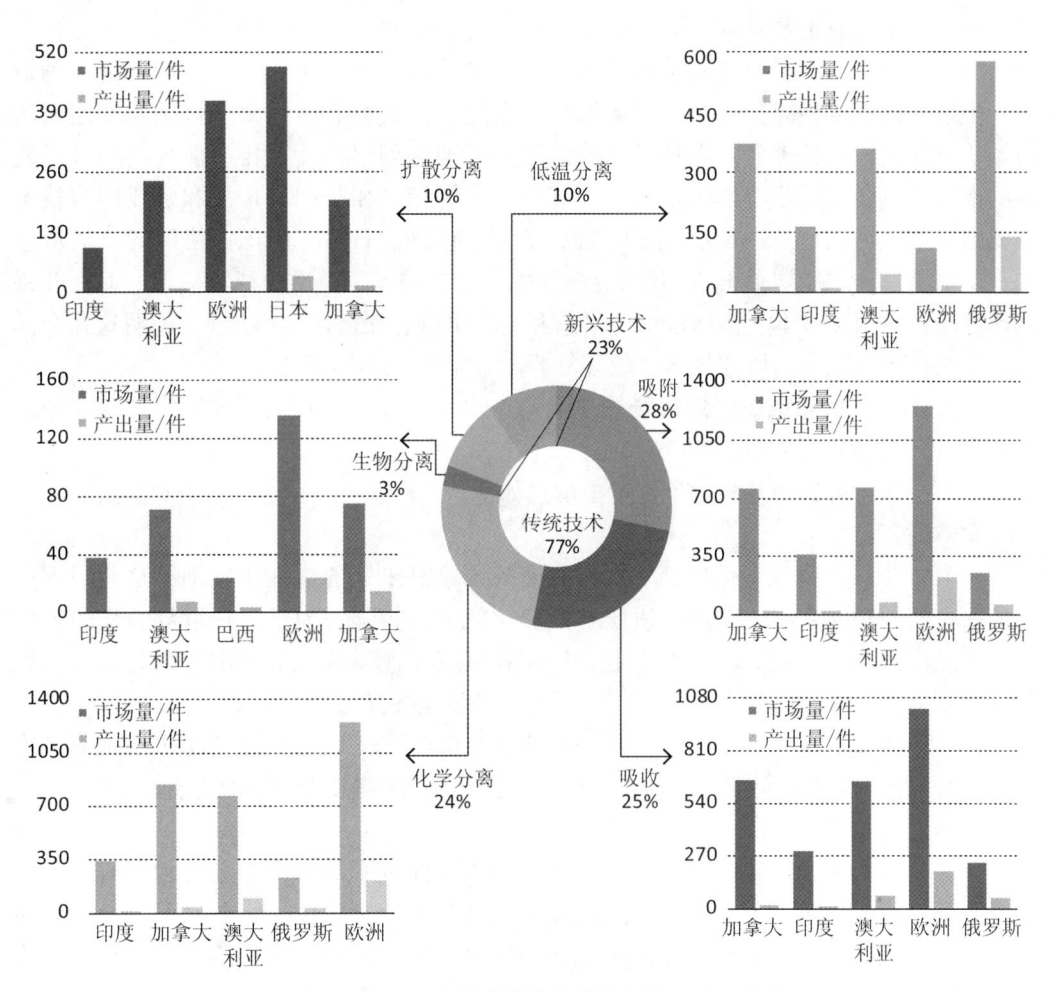

图5 各技术分支海外市场情况

基于图5及相关数据可知：

（1）按照二氧化碳捕获分离技术的发展历史，可将其分为传统和新兴二氧化碳分离技术。传统二氧化碳分离技术主要包括吸附分离、吸收分离、化学分离；新兴二氧化碳分离技术主要包括生物分离、扩散分离、低温分离，其中扩散分离法收集捕获二氧化碳技术包括膜分离技术，低温分离法捕获分离二氧化碳技术包括冷凝法和精馏法。

（2）从技术领域分布来看，吸附分离、吸收分离以及化学分离方面的专利申请量居多，而生物分离、扩散分离以及低温分离方面的申请量较低。传统方法由于起步较早，技术相对成熟且多样化，专利申请量也较大，3项传统技术的申请量均在3600～4300件，而新兴技术主要依赖于其借助的相关技术如生物技术、膜材料、冷却技术等的快速发展，进而渗透到二氧化碳捕获分离领域中而发展起来。因此，新兴技术的专利申请量相对传统技术还较低，其中，扩散分离（主要是指膜分离）和低温分离均在1400件左右，而生物分离仅有400多件。

（3）从技术领域分布来看，二氧化碳捕获分离传统技术主要来自美国、日本、中国。新兴技术方面主要来自中国、日本、美国、德国、欧洲、韩国。

（4）对各个技术分支进行分析发现，一个国家在一个技术分支的专利申请市场量与产出量之比不尽相同，而专利市场量与产出量之比较直观地反映了该国家或地区的市场状况。按产出量排名，将排名靠前的国家或地区列出，计算排名前列的国家或地区的市场量总和，以及其产出量总和，其中，市场量总和与产出量总和之比即该技术分支的平均市场状况。在传统技术方面，美国、中国、日本、韩国、德国的市场量总和与产出量总和之比均小于5，说明这些国家在传统技术领域方面研究活跃。而在新兴技术方面，美国、日本、德国的市场量总和与产出量总和之比均小于2，说明这几个国家在新兴技术领域方面研究投入也较多。

（5）当某个国家或地区的市场量总和与产出量总和之比较大，则说明该国或地区为具有可开发潜力的市场。

综上所述，得到的专利竞争性情报信息如下：

总体而言：

（1）印度、加拿大、俄罗斯、澳大利亚等国家是未来的潜在市场国，这些国家存在的一个共同特点是地域广阔，适应气候变化的能力较强，为了保持世界领先的地位或追赶经济强国，必须持续发展工业，仍需要继续大额排放二氧化碳，因此需要二氧化碳捕获分离产业在国内大规模存在，以适应经济发展需求。

（2）新兴技术潜在市场国较多，传统技术潜在市场国较少，中国和韩国虽然是新兴市场潜在国，但是由于技术研发和产出较为强劲，因此外来企业需要面临的竞争更为激烈。

具体而言：

（1）在吸附分离、吸收分离、低温分离技术方面进军加拿大市场较为可行，尤其是吸收分离技术，加拿大力量薄弱，外来企业机会较大。并且，加拿大国内制定了环境税政策，包括碳税，规定所有企业、个人和在不列颠哥伦比亚省的游客，在该省购买或使用燃料，或为了取暖和获取能量而燃烧易燃品，都需要开支碳税。加拿大未来极有可能将碳排放交易与碳税挂钩，而二氧化碳捕获分离技术是碳交易的核心技术内涵，这隐含了为适应国内碳税规定，二氧化碳捕获分离技术的需求将可能会呈现爆发式增长。同时，加拿大对二氧化碳驱油需求量大，因此，加拿大市场可能会具有良好的工业前景。

（2）在化学分离、生物分离、膜分离领域进军印度较为稳妥，尤其是在生物分离技术方面市场前景最为看好。作为发展中国家的印度，其是继中国、美国和欧盟之后的第四大温室气体排放国，来自国际组织的压力使得印度在国际会议上承诺到2020年废气排放比2005年减少24%，到2030年减少37%。作为发展中国家，依靠化石能源推动经济增长的依赖程度较高，即其总体碳排量规模较大；且到2025年，印度人口将达到14亿，而印度3/4的人口生活在传统经济的农村地区，消耗着大量且分散的生物质能源。这些对引入二氧化碳捕获分离项目来说均是利好消息。

（3）对中国而言，需要加大新兴技术研发，尽快谋划专利布局，尤其在膜分离、生物分离技术领域，应该拥有若干核心基础专利来占据市场，赢得先机。尤其在技术日新月异、快速发展的今天，尽管当前在膜分离、生物分离技术的市场初见端倪，而一旦市场缺口被占据，则我国会处于被动局面，再期望技术翻身将会付出较大的资金和时间成本。

### 2.2.3 专利技术生命周期

图6是各技术分支全球专利技术生命周期。

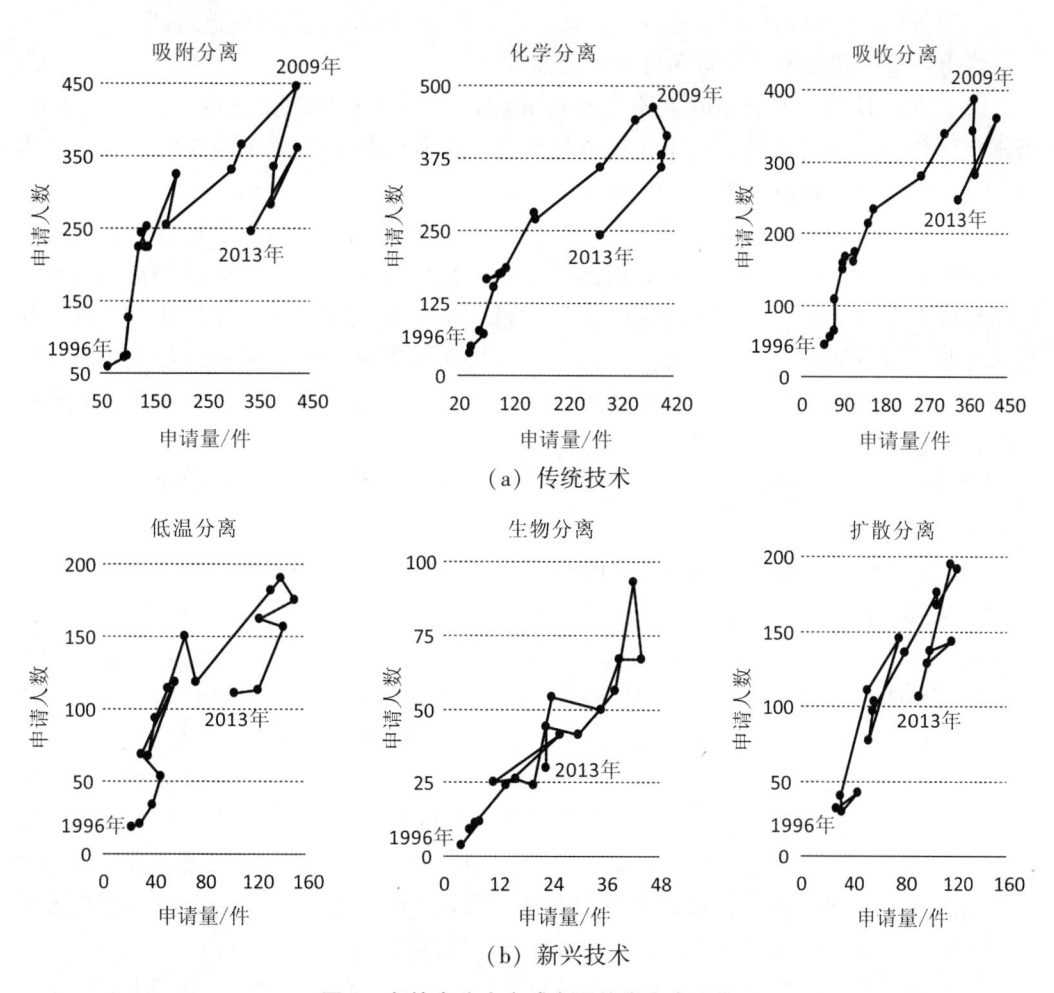

(a) 传统技术

(b) 新兴技术

图6 各技术分支全球专利技术生命周期

图6显示的基本信息如下：

（1）就全球的专利竞争情况而言，二氧化碳的传统处理技术在迅速发展了 10 多年后，2009~2013 年处于稳定期，申请量趋于稳定，而申请人数有一定的下降，说明随着传统技术的成熟发展，一部分竞争者被具有强大实力的大公司兼并或淘汰。

（2）二氧化碳的新兴处理技术的生命周期并不规律，还处于发展期。从近几年的发展趋势上看，随着新兴技术的发展，申请量随年有所波动，而申请人数却逐渐下降，这表明虽然新兴技术领域处于发展期，但是也将不断涌现出越来越多具备竞争实力的企业，尤其是扩散分离和生物分离，技术进步不断涌现，工艺革新层出不穷，这些新工艺新设备的产业化，将极大促进膜技术和生物技术的发展，进而提高二氧化碳的处理效率和能力，其市场前景也是不言而喻的。

（3）仅从申请量的角度而言，由于传统的二氧化碳捕获分离技术成熟且多样化，研究人员还在通过相关技术的发展对传统分离技术进行不断改进，以满足工业化需求，因此传统技术申请量远远大于新兴二氧化碳捕获分离技术。换言之，传统技术占据市场绝大部分份额，但新兴技术有巨大发展潜力，新老技术处于交替更迭时期。

综上所述，得到的专利竞争性情报信息如下：

（1）我国应该在专利制度上要有改进和创新，更好地鼓励和支持国内的申请人，否则今后我国的新兴二氧化碳捕获分离技术将会面临国外企业技术垄断的危险，国内申请人也将难以突破国外企业实施的专利布局。

（2）值得一提的是，生物分离技术是一项高新技术，不仅利用生物技术，还一定会涉及其他领域。从生物技术生命周期图来看，大体表现出发展期的趋势，但该发展期呈螺旋上升的状态，显示出专利申请人数量和申请量呈现不规律性变化，表现了该技术的跨领域特征。基于此，我国应该从更高层次上着手，组建涉及专业领域较宽的科研团队，力求技术突破，加快发展速度，顺应专利生命周期的变化，并注意储备一定的核心技术，及时占据市场。

此外，通过对各技术分支近 5 年专利申请涉及的分类号总体统计排序，得出如下基本信息：

（1）3 个传统分离技术中排名靠前的分类号，主要为：B01D 53/14、B01D 53/18、B01D 53/78、B01D 53/02、B01D 53/04、B01D 53/34、B01D 53/047、B01D 53/77 等，其主要分布在：吸收及其装置、吸收剂、吸附作用及其装置、化学分离方法、固定吸附剂、变压吸附、液相作用、气-液接触、利用催化方法等。虽然二氧化碳的传统分离技术逐渐成熟，但在上述技术上进行的改进仍旧是专利申请的热点。

（2）在新兴技术领域中，生物分离技术主要以酶或微生物对二氧化碳（C12M 1/00）进行捕集；扩散分离中的膜分离技术主要以无机材料膜（B01D 71/02）、复合膜或超薄膜（B01D 69/12）作为分离二氧化碳的主要介质，开发新的适用于二氧化碳捕获分离的膜材料是专利研发热点；精馏或冷凝技术主要以局部冷凝（F25J 3/06）、液化或固化（F25J 3/08）、精馏的方法（F25J 3/02）对二氧化碳进行分离。

近 5 年分类号统计排序得出的基本信息，结合图 6 得出如下专利竞争性情报信息：

（1）在生物分离技术上专利申请量较少，但是非专利文献量较多，其已经逐渐成为该领域中的研究热点。

（2）扩散分离技术工业应用项目开始出现，其主要借助膜科学的迅速发展，在二氧化碳捕获分离技术中具有诸多优势，只要克服关键技术即可实现全球化普及。因此，上述两个分支技术将成为二氧化碳捕获分离领域中的新增技术点。

（3）在吸收技术中，混合溶剂、离子液体吸收技术是近年来兴起的技术，由于研发技术成本不高，吸收效果较好，研究方向也较多，因此，将来可能会成为世界通用技术。

## 2.3 主要竞争者

### 2.3.1 专利申请概况

表 1 为全球十大竞争者排名，表 2 为全球主要竞争者总体情况。

表 1 全球十大竞争者排名

| 排名 | CPY | 公司名称（中文） | 国别 |
| --- | --- | --- | --- |
| 1 | MITO | 三菱 | 日本 |
| 2 | AIRL | 法国液化空气 | 法国 |
| 3 | LINM | 林德 | 德国 |
| 4 | AIRP | 美国空气化工产品 | 美国 |
| 5 | SHEL | 壳牌 | 荷兰 |
| 6 | ESSO | 埃克森美孚 | 美国 |
| 7 | TOKE | 东芝 | 日本 |
| 8 | HITA | 日立 | 日本 |
| 9 | ALSM | 阿尔斯通 | 法国 |
| 10 | INSF | 法国石油研究院 | 法国 |

表 2 全球主要竞争者总体情况

| 竞争者 | | 专利概况 | | | | 产业概况 | | |
| --- | --- | --- | --- | --- | --- | --- | --- | --- |
| | | 总申请量/件 | 授权率 | 进入国家总数 | 发明人数量 | 诉讼/转让 | 主流工艺、核心技术 | 主营业务 |
| 日本 | 三菱 | 195 | 56.28% | 17 | 285 | 无/有 | 吸收分离 | 化学品生产 |
| | 东芝 | 156 | 46.15% | 12 | 207 | 无/有 | 吸收分离 | 化学品生产 |
| | 日立 | 62 | 37.50% | 13 | 124 | 无/有 | 吸收分离 | 化学品生产 |
| 法国 | 法国液化空气 | 227 | 28.38% | 22 | 316 | 无/有 | 吸附分离 | 化学品生产 |
| | 阿尔斯通 | 155 | 28.28% | 24 | 274 | 无/有 | 吸收分离 | 石油开发炼制 |
| | 法国石油研究院 | 116 | 43.80% | 21 | 166 | 无/有 | 吸收分离 | 石油开发炼制 |

续表

| 竞争者 | | 专利概况 | | | | 产业概况 | | |
|---|---|---|---|---|---|---|---|---|
| | | 总申请量/件 | 授权率 | 进入国家总数 | 发明人数量 | 诉讼/转让 | 主流工艺、核心技术 | 主营业务 |
| 美国 | 美国空气化工产品 | 96 | 62.07% | 21 | 228 | 有/有 | 吸附分离 | 化学品生产 |
| | 埃克森美孚 | 94 | 38.53% | 35 | 149 | 无/有 | 吸附分离 | 石油开发炼制 |
| 德国 | 林德 | 87 | 12.43% | 21 | 158 | 无/有 | 吸附分离 | 化学品生产 |
| 荷兰 | 壳牌 | 105 | 35.33% | 28 | 206 | 无/有 | 低温分离 | 石油开发炼制 |

由表1和表2可知：

（1）排名前10位的竞争者中日本占3家，法国3家，美国2家，德国和荷兰各占1家。

（2）专利质量较高（授权率高）的公司有三菱、东芝、美国空气化工产品、法国石油研究院等。

（3）技术参与人数较多的公司有三菱、法国液化空气、阿尔斯通、美国空气化工产品等。

综上所述，得到的专利竞争性情报信息如下：

（1）日本三菱在该领域处于鼎盛期。三菱是全球领先的工业企业，业务涉及二氧化碳分离、提取、回收、净化的过程与设备、二氧化碳分离处理的过程控制等方面。另外，在微生物实验、改性传热、空气燃烧率等方面有独特的技术优势。三菱比较关注燃气涡轮、煤气炉等方面的技术，对氢化物脱硫、天然气油田的处理和加工等方面的研发有弱化趋势。三菱在日本大阪西部、东京郊外的钢铁厂和长野县北部的一个燃煤电厂就液化天然气的二氧化碳捕获分离技术开展相关研究。

（2）全球闻名的大型跨国企业法国液化空气，是世界上最大的工业空气和医疗气体以及相关服务的供应商，在世界500强中稳居气体行业榜首，为精炼及制造业流程提供二氧化碳、氨气等关键给料。法国在二氧化碳分离、提取、回收，净化的过程与设备，通过液化或固化分离气体等方面的专利申请数量比较多；在多卤化物使用，氟、溴、碘化合物等方面具有一定的技术优势；对气体和液体燃料-空气污染管理，多卤化物的使用，氟、溴、碘化合物等方面的研发有增强趋势。其次，由于法国液化空气发明人数量多，专利申请量也较大，但是专利质量不高。究其原因，有两种可能：一是法国液化空气的研发处于下降阶段，大量的人员参与，较多的专利申请，但可能外围专利较多，涉及发明点高的核心专利少；二是法国液化空气在该领域专利申请较晚，还没有审结。

（3）排名靠前的专利申请人的注册地或母公司主要分布在美国、日本和欧洲，其中，日本公司三菱、东芝、日立的二氧化碳捕获分离工艺以及核心技术均涉及化学分离领域。德国林德正在开发从烟气中捕集和分离二氧化碳的溶剂与膜，并将利用捕集的二氧化碳制取某些化学品的替代原料,林德的大多数项目都在欧洲,涉及多种二氧化碳捕获分离技术。

(4)日本三菱、美国空气化工产品、荷兰壳牌、美国埃克森美孚、法国石油研究院等公司的授权率均超过40%,说明这些公司不仅具有强大的竞争实力,而且其专利质量也较高。

(5)主营业务涉及石油开发炼制的公司,如荷兰壳牌、美国埃克森美孚、法国阿尔斯通、法国石油研究院等,它们不仅在能源领域占据鳌头,而且还将其技术延伸到了由能源开发所产生的下游产业。上述能源公司在二氧化碳捕获分离领域中的进入国家总数上排名相比靠前,充分显示了这些能源公司作为大型跨国集团对专利技术布局方面的重视。

(6)虽然中国在二氧化碳捕获分离领域的专利申请量排名世界第二,但是在这全球十大竞争者中却没有中国企业。这也说明了我国在该领域中核心专利少,国内企业和研究者们还需要进一步借鉴发达国家竞争者的发展经验和研究思路,进一步提高专利申请质量。

### 2.3.2 主要专利技术领域分析

表3为全球主要竞争者主要专利技术领域分布。从全球主要竞争者的专利数据来看,大部分公司将研究重点放在了吸收和吸附技术上,且在吸收分离方法中主要以化学吸收、液相作用、气液接触技术为主;在吸附技术方面主要以利用固定吸附剂以及变压吸附为主要技术。另外,由于低温分离技术可直接得到液化的二氧化碳,并实现二氧化碳在高压下的直接储存,容易在工业上实现,因此,各大竞争者在低温分离二氧化碳技术上的研发投入也相对较多。新兴技术中,扩散分离和生物分离起步较晚,相关技术发展还未成熟,因此,研发投入较传统分离技术较少。但分析表明各主要竞争者逐渐开始对新兴技术领域的渗入,尤其是以膜材料为主的分离二氧化碳技术,因扩散分离的膜分离法对环境友好、常温操作、能耗低。因此,扩散分离的膜分离技术将成为未来重要的二氧化碳分离方法之一。各大竞争者在生物分离技术上的研发投入还较低,但是随着生物科技的快速发展,以生物分离二氧化碳技术将成为未来二氧化碳分离技术的研究热点。由于各大竞争者在二氧化碳的各个技术分支均有专利布局,因此,在制定研发方向以及申请专利时,需要重点关注这些公司在各技术分支布局存在的量和涉及的核心专利情况,注意"雷区"的存在。

表3 全球主要竞争者主要专利技术领域分布　　　　　　　　单位:项

| 竞争者 | | 领域 | 数量 | 领域 | 数量 | 领域 | 数量 | 领域 | 数量 | 领域 | 数量 |
|---|---|---|---|---|---|---|---|---|---|---|---|
| 日本 | 三菱 | 吸收 | 279 | 化学分离 | 99 | 吸附 | 32 | 低温 | 18 | 扩散/膜 | 3 |
| | 东芝 | 吸收 | 195 | 吸附 | 147 | 化学分离 | 42 | 扩散/膜 | 13 | — | — |
| | 日立 | 吸收 | 53 | 吸附 | 41 | 低温 | 8 | 化学分离 | 6 | 扩散/膜 | 5 |

续表

| 竞争者 | | 领域 | 数量 | 领域 | 数量 | 领域 | 数量 | 领域 | 数量 | 领域 | 数量 |
|---|---|---|---|---|---|---|---|---|---|---|---|
| 法国 | 法国液化空气 | 吸附 | 248 | 低温 | 200 | 扩散/膜 | 81 | 吸收 | 51 | 化学分离 | 22 |
| | 阿尔斯通 | 吸收 | 189 | 低温 | 63 | 化学分离 | 30 | 多步骤方法 | 20 | 吸附 | 8 |
| | 法国石油研究院 | 吸收 | 136 | 吸附 | 33 | 低温 | 17 | 多步骤方法 | 14 | 化学分离 | 7 |
| 美国 | 美国空气化工产品 | 吸附 | 161 | 低温 | 61 | 化学分离 | 25 | 吸收 | 20 | 扩散/膜 | 12 |
| | 埃克森美孚 | 吸附 | 116 | 吸收 | 53 | 低温 | 37 | 扩散/膜 | 26 | 化学分离 | 6 |
| 德国 | 林德 | 吸附 | 86 | 吸收 | 62 | 低温 | 39 | 化学分离 | 12 | 扩散/膜 | 2 |
| 荷兰 | 壳牌 | 低温 | 83 | 吸收 | 62 | 吸附 | 22 | 扩散/膜 | 19 | 化学分离 | 11 |

值得关注的是，全球主要竞争者中3个日本公司均在化学分离技术领域中的专利申请较多，尤其是申请量居高的日本三菱，其在化学分离技术上的申请量远远超过其他竞争者，可以看出日本在利用化学分离捕获二氧化碳领域处于领先位置，而其他主要竞争者虽然在化学分离领域中也有涉及，但是研发投入热情并不高。因此，在化学分离领域进行专利布局时，需要重点关注日本在这方面的专利技术。法国液化空气在二氧化碳捕获领域的技术分布较为平衡，与其他竞争者相比，法国液化空气在低温分离技术、扩散法分离技术上的申请量较高，这可能与该公司的主营业务相关，使其在上述技术领域的发展较其他竞争者更为突出。

另外，随着大气污染物的日益增多，处理烟气的复杂性提高，越来越多的竞争者开始考虑采用多步骤联合处理二氧化碳。联合法处理二氧化碳能够使各个技术优势互补，提高处理效率，各大竞争者也逐渐在这一综合处理二氧化碳的技术上给予重视，如法国阿尔斯通以及法国石油研究院。需要重点关注这些公司在各技术分支布局存在的量和涉及的核心专利情况，注意"雷区"的存在。

### 2.3.3 主要专利技术市场分析

表4为全球主要竞争者主要专利技术在不同市场的领域分布。

## 第2章 全球专利竞争情报分析

表4 全球主要竞争者主要专利技术在不同市场的领域分布    单位：件

| 公司 | | 三菱 | 东芝 | 日立 | 法国液化空气 | 阿尔斯通 | 法国石油研究院 | 美国空气化工产品 | 埃克森美孚 | 林德 | 壳牌 |
|---|---|---|---|---|---|---|---|---|---|---|---|
| 本国 | | 日本 | 日本 | 日本 | 法国 | 法国 | 法国 | 美国 | 美国 | 德国 | 荷兰 |
| 数量 | | 175 | 154 | 53 | 139 | 3 | 113 | 91 | 82 | 57 | 12 |
| 技术领域 | 领域1 | 吸收 | 吸收 | 吸收 | 吸附 | 吸收 | 吸收 | 吸附 | 吸附 | 吸附 | 吸收 |
| | 数量 | 258 | 194 | 37 | 199 | 3 | 133 | 145 | 110 | 54 | 9 |
| | 领域2 | 化学 | 吸附 | 吸附 | 低温 | — | 吸附 | 低温 | 吸收 | 吸收 | 低温 |
| | 数量 | 82 | 117 | 28 | 137 | — | 29 | 48 | 45 | 50 | 8 |
| | 领域3 | 吸附 | 化学 | 化学 | 吸收 | — | 低温 | 化学 | 低温 | 低温 | 吸附 |
| | 数量 | 28 | 40 | 4 | 37 | — | 8 | 21 | 33 | 26 | 6 |
| 海外1 | | 美国 | 美国 | 欧洲 | 美国 | 美国 | 美国 | 欧洲 | WIPO | 美国 | WIPO |
| 数量 | | 111 | 58 | 26 | 168 | 134 | 49 | 78 | 74 | 40 | 95 |
| 技术领域 | 领域1 | 吸收 | 吸收 | 吸收 | 吸附 | 吸收 | 吸收 | 吸附 | 吸附 | 吸附 | 低温 |
| | 数量 | 204 | 93 | 23 | 192 | 177 | 70 | 132 | 85 | 47 | 80 |
| | 领域2 | 化学 | 吸附 | 吸附 | 低温 | 低温 | 吸附 | 低温 | 吸收 | 吸收 | 吸收 |
| | 数量 | 47 | 51 | 15 | 173 | 32 | 15 | 32 | 47 | 19 | 53 |
| | 领域3 | 低温 | 化学 | 化学 | 扩散 | 化学 | 低温 | 化学 | 低温 | 化学 | 扩散 |
| | 数量 | 10 | 11 | 2 | 欧洲 | 26 | 5 | 21 | 37 | 10 | 17 |
| 海外2 | | 欧洲 | 欧洲 | 美国 | 欧洲 | 欧洲 | 欧洲 | 加拿大 | 加拿大 | 中国 | 美国 |
| 数量 | | 89 | 35 | 21 | 138 | 126 | 42 | 50 | 52 | 37 | 81 |
| 技术领域 | 领域1 | 吸收 | 吸收 | 吸收 | 吸附 | 吸收 | 吸收 | 吸附 | 吸附 | 吸附 | 低温 |
| | 数量 | 181 | 70 | 14 | 173 | 164 | 65 | 78 | 72 | 47 | 62 |
| | 领域2 | 化学 | 吸附 | 吸附 | 低温 | 低温 | 吸附 | 低温 | 吸收 | 吸收 | 吸收 |
| | 数量 | 43 | 10 | 8 | 158 | 49 | 13 | 26 | 36 | 29 | 52 |
| | 领域3 | 低温 | 化学 | 化学 | 扩散 | 化学 | 化学 | 化学 | 低温 | 化学 | 扩散 |
| | 数量 | 8 | 8 | 2 | 51 | 27 | 7 | 13 | 32 | 10 | 15 |
| 海外3 | | 加拿大 | 中国 | 加拿大 | WIPO | WIPO | WIPO | 中国 | 欧洲 | 欧洲 | 澳大利亚 |
| 数量 | | 83 | 35 | 15 | 134 | 109 | 38 | 50 | 49 | 37 | 68 |
| 技术领域 | 领域1 | 吸收 | 吸收 | 吸附 | 低温 | 吸收 | 吸收 | 吸附 | 吸附 | 吸附 | 低温 |
| | 数量 | 172 | 69 | 21 | 146 | 150 | 55 | 75 | 73 | 57 | 55 |
| | 领域2 | 化学 | 化学 | 吸收 | 吸附 | 低温 | 吸附 | 吸收 | 吸收 | 吸收 | 吸收 |
| | 数量 | 45 | 7 | 8 | 116 | 41 | 7 | 31 | 30 | 14 | 55 |
| | 领域3 | 低温 | 吸附 | 化学 | 扩散 | 化学 | — | 化学 | 低温 | 低温 | 扩散 |
| | 数量 | 3 | 6 | 1 | 49 | 24 | — | 13 | 27 | 12 | 9 |

日本三菱在其国内的专利布局主要在吸收分离、化学分离、吸附分离技术上。而当其进入美国、欧洲、加拿大市场时，以吸收分离、化学分离为主要布局，这两个技术分支也均是日本三菱的主要技术分布领域。没有在吸附分离技术上进行市场布局的原因，可能在于当其进入这些市场之前，吸附技术在美国、欧洲、加拿大市场已经达到饱和。有趣的是，除了美国本土的美国空气化工产品外，法国液化空气、德国林德以及日本东芝在吸附技术上在美国进行了大量的专利布局，这可能是由于这3家公司较其他竞争者更早地将该技术输入了美国。同样地，日本东芝在其国内主要以吸附分离技术为主，且申请量较高，但是当其进入中国时，未将该技术作为核心技术在中国进行布局。

美国空气化工产品在二氧化碳捕获领域中主要以吸附分离技术为研发重点，吸附分离技术上的发展较为突出，同时其在中国进行了大量的吸附分离技术的专利布局。另外，德国林德在吸附分离技术上的核心技术也较多，其同样在中国进行了大量的吸附分离技术的专利布局，这可以看出中国在二氧化碳的吸附分离技术上具有广阔的市场前景。

法国3家主要竞争者将其专利布局的重点放在了美国以及欧洲地区，并在吸收、

*121*

吸附、低温、扩散分离技术上均有专利布局。日本3家主要竞争者将其专利布局的重点同样放在了美国以及欧洲地区，并以吸收、吸附、化学分离技术进行主要布局。这说明美国以及欧洲地区在二氧化碳捕获领域的市场巨大，是各大竞争者期待进行布局的热点区域。

从图7全球主要竞争者主要专利技术市场分布可以看出，全球主要竞争者们均在美国和欧洲地区进行专利布局，且涉及各个技术分支领域。这不仅说明美国和欧洲地区在二氧化碳捕获领域具有良好的市场前景，而且也说明了这两个国家/地区在二氧化碳捕获领域的技术发展尤为迅速。

除了上述国家/地区以外，加拿大和中国也是全球竞争者竞相进入的热点国家。其中，美国空气化工产品、埃克森美孚、日立3家公司在加拿大均布局了吸附分离技术；东芝、日立、埃克森美孚3家公司在加拿大均布局了吸收分离技术；三菱、日立、美国空气化工产品3家公司在加拿大均布局了化学分离技术。但总体来讲，吸收和吸附分离技术的专利布局量大于化学分离专利布局量。由此可见，美国和日本两国重视加拿大市场，中国企业进军加拿大市场时应该重视美国和日本的专利布局，防止陷入专利纠纷，同时应该在这两个国家针对加拿大的技术空白点优先占据市场，形成有力竞争。对中国而言，林德的吸附、吸收和化学分离技术在中国有专利布局，美国空气化工产品的吸附、低温和化学分离技术在中国有专利布局。化学分离是适合大规模商业化的二氧化碳分离项目，但是化学分离不利于环保，相比于全球大公司进入加拿大市场的化学分离技术占进入公司之比，该比值小于进入中国的，由此说明中国对污染项目的接受程度高于加拿大。国内企业一方面应防止国外公司对中国技术的垄断和攫取高额利润；另一方面应负起责任，以防止大气污染为重任，在国内投入资金与人力研发低能耗低污染方法，逐步挤掉国外公司占据的份额。

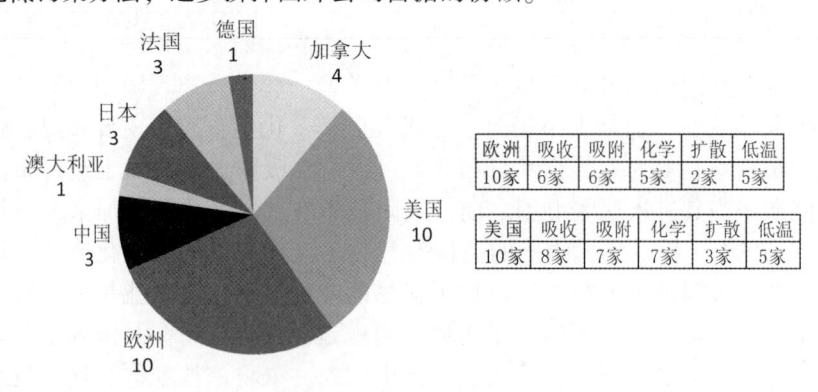

| 欧洲 | 吸收 | 吸附 | 化学 | 扩散 | 低温 |
|------|------|------|------|------|------|
| 10家 | 6家 | 6家 | 5家 | 2家 | 5家 |

| 美国 | 吸收 | 吸附 | 化学 | 扩散 | 低温 |
|------|------|------|------|------|------|
| 10家 | 8家 | 7家 | 7家 | 3家 | 5家 |

饼图数据：法国3、德国1、加拿大4、美国10、欧洲10、中国3、澳大利亚1、日本3

单位：家

图7　全球主要竞争者主要专利技术市场分布

# 第 3 章　中国专利竞争情报分析

## 3.1　总体竞争环境

2013年3月国家公布了"十二五"国家碳捕集利用与封存科技发展专项规划。

（1）指导思想：以科学发展观为指导，贯彻落实《国家中长期科学和技术发展规划纲要（2006~2020年）》和《国家"十二五"科学和技术发展规划》，以"全球视野、立足国情、点面结合、逐步推进，重视利用、严控风险，强化能力、培养人才"为原则，面向我国低碳发展需求与国际科技前沿，以资源化利用为核心，瞄准低能耗、低成本、长期安全，统筹基础研究、技术开发、装备研制、集成示范和产业培育，发挥科技在二氧化碳捕获分离处理产业的支撑和引领作用，全面提升我国二氧化碳捕获分离处理技术水平和核心竞争力。

（2）基本原则：①全球视野、立足国情：把握国际二氧化碳捕获分离处理技术发展趋势，注重国际交流与合作，立足我国发展阶段，结合国家能源战略和应对气候变化工作需求，建立具有中国特色的二氧化碳捕获分离处理技术体系。②点面结合、逐步推进：围绕二氧化碳捕获分离处理各环节的技术瓶颈和薄弱环节，统筹协调基础研究、技术研发、装备研制和集成示范部署，突破二氧化碳捕获分离、利用与封存的关键技术，在重点行业开展二氧化碳捕获分离处理工业试验，有序推动全流程二氧化碳捕获分离处理示范项目建设。③重视利用、严控风险：视二氧化碳为潜在资源，重视二氧化碳驱油气、二氧化碳生物与化工规模化利用等技术的研发和应用；严格把握二氧化碳捕获分离处理示范项目的安全性指标，探索建立适合我国国情的二氧化碳捕获分离处理技术标准与规范体系。④强化能力、培养人才：以企业为技术创新主体和源头，注重发挥高等院校和科研院所在创新中的引领作用，建立产学研结合和产业联合创新机制，集成和融合跨领域、跨行业优势力量，培养二氧化碳捕获分离处理技术人才，全面提升二氧化碳捕获分离处理技术创新能力。

（3）发展目标：总体目标是，到"十二五"末，突破一批二氧化碳捕获分离处理关键基础理论和技术，实现成本和能耗显著降低，形成百万吨级二氧化碳捕获分离处理系统的设计与集成能力，构建二氧化碳捕获分离处理系统的研发平台与创新基地，建成30万~50万吨/年规模二氧化碳捕获分离、利用与封存全流程集成示范系统。捕集技术发展目标：实现低能耗捕集技术突破，对于二氧化碳低浓度排放源额外捕集能耗控制在25%以内，具备规模化捕集技术的设计能力。输运技术发展目标：开展区域性二氧化碳源与利用及埋存汇的普查，开发管网规划和优化设计、管道及站场安全监控、管道泄漏应对等二氧化碳输送关键技术，形成支撑规模化全流程工程示范的二氧化碳输送工艺。利用技术发展目标：突破一批二氧化碳资源化利用前沿技术，形成二氧化碳驱油与封存，低成本二氧化碳化学转化、生物转化与矿化利用关键技术，建成30万吨级/年的二氧化碳驱油与封存示范工程以及二氧化碳转化利用工业化示范工程。

封存技术发展目标：推进全国地质封存潜力评价；突破场地选址、安全性评价、监测与补救对策等关键技术，初步形成地质封存安全性保障技术体系。❶❷

### 3.1.1 政策环境

国家对二氧化碳捕获分离处理技术的发展给予了高度重视，二氧化碳捕获分离处理技术作为前沿技术已被列入国家中长期科技发展规划；在科技部2007年的《中国应对气候变化科技专项行动》中，二氧化碳捕获分离处理技术作为控制温室气体排放和减缓气候变化的技术重点被列入专项行动的4个主要活动领域之一。"十一五"期间，国家"863计划"也对发展二氧化碳捕获分离处理技术给予很大支持。2007年6月国家发改委公布的《中国应对气候变化国家方案》中强调重点开发二氧化碳的捕获和封存技术，并加强国际气候变化技术的研发、应用与转让。国家意识到碳捕获后的处理例如碳封存至关重要且目前我国技术相对落后严重，2013年3月，科技部发布《"十二五"国家碳捕集利用与封存科技发展专项规划》，明确了二氧化碳捕获分离技术的发展目标、五大优先发展方向以及急需突破的9项核心关键技术。其中，五大优先发展方向分别是：①大规模、低能耗二氧化碳分离与捕集技术；②安全高效二氧化碳输送工程技术；③大规模、低成本二氧化碳利用技术；④安全可靠的二氧化碳封存技术；⑤大规模二氧化碳捕集、利用与封存技术集成与示范。9项待突破的核心关键技术中包括：燃烧后捕集技术的烟气脱碳的混合胺及其他新型化学吸收剂；适合于燃烧前捕集技术的燃料燃烧前高效转化与二氧化碳捕集的耦合技术；适合于富氧燃烧捕集技术的富氧燃烧锅炉、燃烧系统、冷凝器等关键装备，并形成国产化配套能力。

### 3.1.2 经济环境

从20世纪70年代起，我国开始注意二氧化碳提高石油采收率的研究工作。但与国际先进的做法相比，中国的二氧化碳捕获分离处理研究与开发还处于前期。二氧化碳捕获分离只适用于一些二氧化碳纯度高，比较容易捕集的炼油、合成氨、制氢、天然气净化等工业过程。整体看，目前我国的二氧化碳捕获分离与封存仍处于实验室阶段，而且大都采用燃烧后捕集的方式，工业上的应用也主要是提高采油率。2008年7月16日，我国首个燃煤电厂二氧化碳捕获分离示范工程——华能北京热电厂二氧化碳捕获分离示范工程正式建成投产，标志着二氧化碳气体减排技术首次在我国燃煤发电领域得到应用。作为发展中国家第一个二氧化碳捕获分离处理中心，煤炭信息研究院将与国际能源署合作开展筹建"中国二氧化碳捕获分离处理中心"的工作，它将积极推动中国二氧化碳捕获分离处理技术的研发与示范、技术转移和信息共享。

### 3.1.3 技术环境

我国与国际社会一起积极开展了二氧化碳捕获分离处理技术研究与项目合作。

---

❶ 中商情报网.2014—2018年中国二氧化碳回收行业市场竞争与投资前景分析报告［EB/OL］. www.askci.com.
❷ 中商情报网.2011—2015年中国$CO_2$回收行业深度调研与未来前景预测报告［EB/OL］. www.askci.com.

2007年启动了"中欧碳捕获与封存合作行动",多个欧方机构和中方机构参与了行动。2007年11月20日,启动了"燃煤发电二氧化碳低排放英中合作项目"。2008年1月25日,中联煤层气有限责任公司(以下简称"中联煤")与加拿大百达门公司、香港环能国际控股公司签署了"深煤层注入/埋藏二氧化碳开采煤层气技术研究"项目合作协议。自2002年以来,中联煤和加拿大阿尔伯达研究院已在山西省沁水盆地南部合作,成功实施了浅部煤层的二氧化碳单井注入试验。全球最大的燃煤电厂碳捕获项目2009年年末在上海进入调试阶段,中国石油企业在国内开展了利用二氧化碳捕获分离处理技术提高油田采收率的研究与应用工作,于2007年4月启动了重大科技专项及资源综合利用研究,中国第一个碳封存示范点2011年在天津大港废油井建设。

## 3.2 专利竞争环境

### 3.2.1 专利申请概况

中国专利技术市场情况见图8。

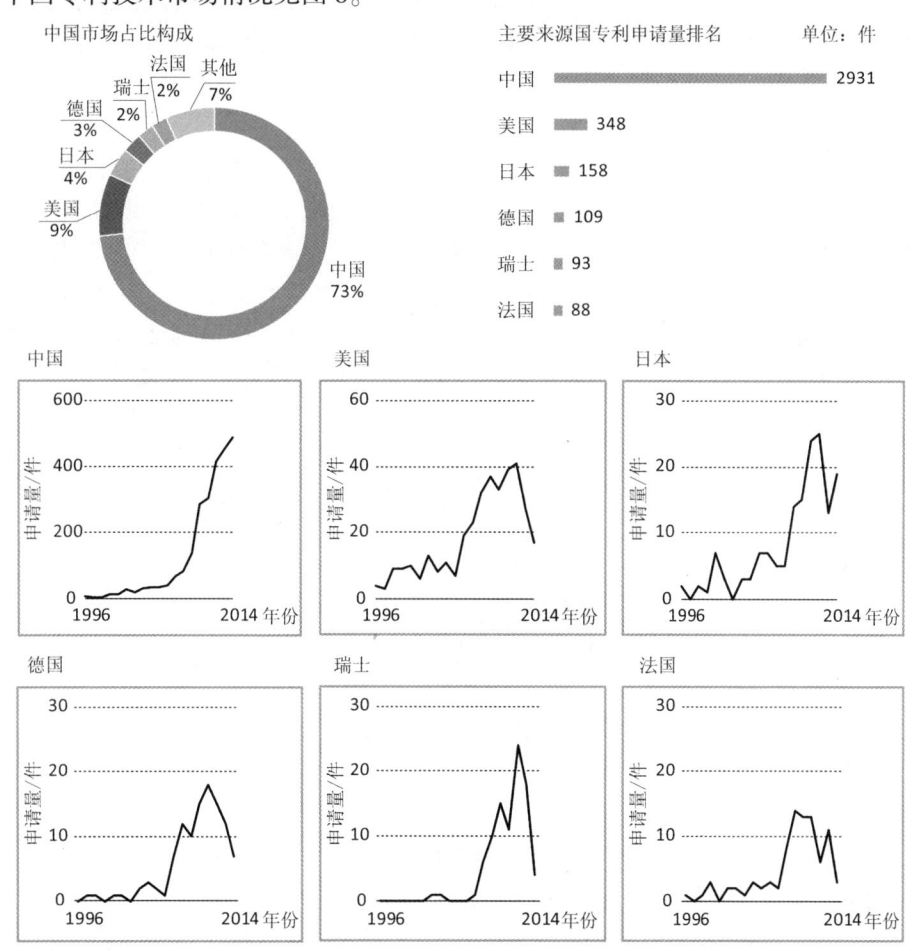

图8 中国专利技术市场情况

专利竞争性情报信息如下：

（1）根据中国专利申请的检索及统计结果，就中国的专利竞争环境而言，我国在二氧化碳捕获分离领域专利申请量一直处于增长阶段，相关技术的市场参与者除中国自身外，主要包括美国、日本、德国、法国、瑞士。

（2）对于我国市场来说本国申请量占据主导地位，中国市场构成中来自国内的申请量占比超过一半，一方面是由于中国技术进步和科技创新带来的结果，另一方面也由于语言等客观因素。

（3）无论我国的专利制度还是领域内的发展均起步较晚，从整体技术环境来看，水平明显落后于美日欧等国家和地区。国外申请存在一定数量，仅从申请量的角度而言，并未对我国专利布局造成实质性影响，但是国外往往掌握核心技术，需防止国外专利布局以质胜量，防止形成大量国内专利无法实施的困局，避免技术上的隐形垄断。

（4）国外专利布局在我国并不明显，但是专利审查是将全球公开的技术作为对比，使得一些没有在国内申请，但是已经在国外公开的技术，成为我国专利申请的阻碍，研发者在研发时不应局限于国内公开的技术，更应该开阔眼界，关注世界范围内的现有技术，有的放矢地进行研发以及专利申请工作，对于已有技术进行了解，减少重复开发。

### 3.2.2 专利地区分布

图9中国专利技术地域分布情况。从图中可以看出，我国二氧化碳捕获分离领域技术专利申请主要集中在高校以及工业发达的地区，大部分集中在华东和华北地区，华南地区占据中间位置。具体而言北京和江苏的专利申请大幅度领先其他地区，反映出华北和华东地区科研实力强于其他地区，专利申请量高于全国其他地区，而华北和华东经济发达地区的经济实力促进了二氧化碳捕获分离项目的推广和实施。

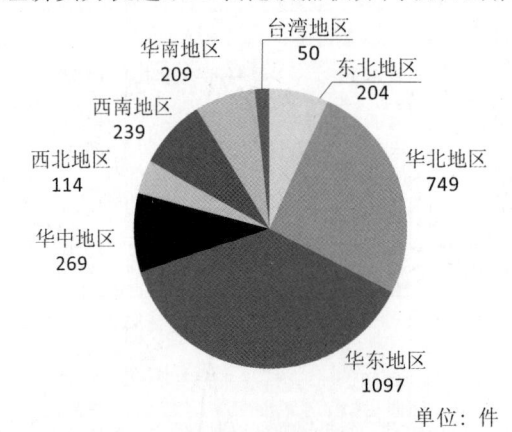

台湾地区 50
东北地区 204
华南地区 209
西南地区 239
西北地区 114
华中地区 269
华北地区 749
华东地区 1097

单位：件

图9 中国专利技术地域分布情况

我国近年来雾霾地区的增大和雾霾程度的加重，空气污染物例如颗粒物和二氧化碳的净化处理逐渐被我国政府和民众所热切关注，因此对二氧化碳的排放控制和捕获处理也逐渐形成气候。特别是雾霾严重的华北地区，几乎整个冬季都被烟雾笼罩，更加促进了政府推动二氧化碳捕获分离项目的实施。由此不难推测，我国在近几年内会有大量二氧化碳捕获处理商业项目上马，项目的实施必然伴随着科技的进步，可能会有大批量相关技术革新专利出现，在治理大气污染方面会有很好的推动作用，为我国在国际上的低碳减排承诺做出贡献，同时带动全球二氧化碳捕获处理技术的发展。这必然会引起全球竞争者的关注，它们必然也会插手国内市场，同国内拥有技术实力的公司合作或竞争。不出所料，发展到一定程度不可避免地会出现恶性竞争，出现反倾销或反垄断的国际技术贸易战，甚至会上升为政治问题，影响碳减排国际合作方面的进展。基于此，特提出如下建议：

（1）掌握技术核心，主动出击，注重技术革新；
（2）拥有自主知识产权，及时进行全球专利布局；
（3）密切关注国际大公司动态，注重并购时技术核心的转让关系。

### 3.2.3 专利技术生命周期

图 10 为各技术分支中国专利技术生命周期。

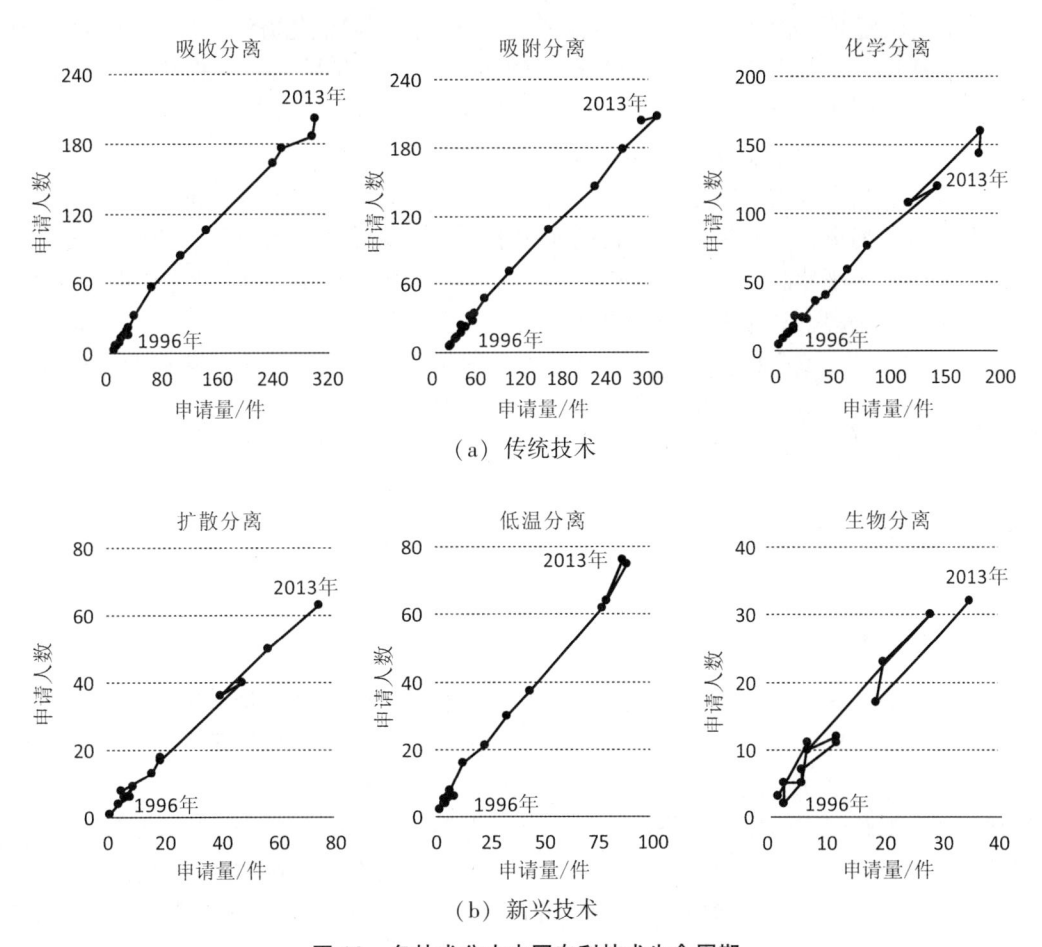

（a）传统技术

（b）新兴技术

图 10　各技术分支中国专利技术生命周期

专利竞争性情报信息如下：

（1）从专利生命周期角度来看，就中国的专利竞争情况而言，传统和新兴两个技术领域目前均处于发展期，申请人数量以及申请量均处于增长阶段。对于传统领域来说，申请量要高于新兴技术的申请量。

（2）对于处于发展期的技术而言，基础研发向纵向和横向发展，说明可应用型专利逐渐出现，在这个阶段技术呈现出突破性的进展，市场扩大。而申请人数量增长说明，企业介入增多，同时科研介入也相应增多，专利申请量与专利申请人数量均处于急剧上升阶段。如果从技术含量的角度去衡量技术的发展，我国应当提高专利申请的技术含量。各个技术分支处于发展期，应顺应其发展趋势，加大研发投入，鼓励企业参与，更好地维持发展期的水平。对于一项专利技术来说，其经历发展期之后必然要经历稳定期与衰退期，届时一些没有真正技术实力的企业就会面临市场的淘汰，应当用专利武装自己，争取在市场竞争中取胜。

此外，通过对近5年分类号排名的分析发现，同全球环境类似，3个传统技术的排名靠前的分类号，主要分布在：吸收作用及其装置、吸附作用及其装置、化学分离、催化方法、固定吸附剂、液相方法、气液接触等；化学分离中以催化方法（B01D 53/86）分离二氧化碳的技术在申请量上较为突出，其申请量位居该领域分支中的第二位。同时，在新兴技术领域中，我国生物分离技术中出现了多个利用单细胞藻类及其培养基（C12N 1/12）对二氧化碳进行分离的技术，且其申请量位居该领域分支中的第五位。

生物分离技术处理气体是一种洁净高效的方法，利用生物如微藻的光合作用等对二氧化碳进行捕集，主要是在微生物的作用下，将二氧化碳进行富集，或转化成非碳氧化物的形式。既然我国在生物分离技术方面存在一项或多项优势，就应该顺势而上，在单细胞藻类分解二氧化碳方面做出实质性进步，取得国际上认可的贡献，树立品牌意识，注重保护知识产权，第一时间提交微生物保藏，取得微生物保藏证明。充分利用我国自然环境条件，大量培育优质高效微生物种群，在自然条件下（例如江河湖泊中）施加可以捕获分解二氧化碳的生物新技术，创造性地提出碳循环新理念。

## 3.3 主要竞争者

### 3.3.1 专利申请概况

从我国二氧化碳捕获分离领域的申请来看，排名前10位的申请人中高校和科研院所占据了主要位置。这充分说明了我国在二氧化碳捕获分离领域的研发多集中在高校和科研院所中，其研发能力主要依赖于国家科研资金的投入。这正与全球主要竞争者形成了鲜明对比，全球主要竞争者主要来自于大型的跨国公司，它们主要依靠自身的经济实力进行研发投入。为了更直接地获得我国竞争者在该领域的发展信息，本报告依据申请量，在高校/科研院所和企业中各选取了5名作为主要竞争者进行分析。表5为国内主要竞争者总体情况。

表5 国内主要竞争者总体情况

| 竞争者 | | 专利概况 | | | 产业概况 | |
|---|---|---|---|---|---|---|
| | | 申请量/件 | 授权率 | 发明人数量/个 | 主流工艺、核心工艺 | 研发方向 |
| 高校 | 浙江大学 | 64 | 65.6% | 155 | 吸附分离 | 离子液体，功能吸附材料 |
| | 清华大学 | 46 | 63.0% | 102 | 吸收分离、吸附分离 | 吸附剂材料 |
| | 东南大学 | 35 | 65.7% | 57 | 吸收剂、吸附剂 | 吸附剂材料，膜分离 |
| | 天津大学 | 57 | 29.8% | 110 | 膜分离 | 有机膜材料 |
| 科研院所 | 南化集团研究院 | 42 | 45.2% | 60 | 吸收分离 | 吸收液，膜分离 |
| 公司 | 中石化 | 72 | 43.1% | 216 | 吸收分离 | 吸收分离、生物分离 |
| | 中国华能集团 | 41 | 58.5% | 34 | 吸收装置 | 联合吸收装置 |
| | 中国石油集团 | 20 | 45.0% | 157 | 吸收分离、化学分离 | 吸收剂、化学分离 |
| | 成都天立化工 | 11 | 100.0% | 1 | 吸附分离 | 变压吸附 |
| | 神华集团 | 13 | 53.9% | 50 | 吸收工艺 | 吸收剂、膜分离 |

从我国主要竞争者的数据可以看出，以浙江大学和清华大学为代表的高校和科研院所的专利申请量居高，且专利申请的授权率普遍较高，研发技术人员数量也较多。各高校和科研院所的研发方向主要集中在扩散分离的膜技术、吸收分离、低温分离技术，这充分说明我国高校和科研院所在二氧化碳捕获分离领域中具有雄厚的研发实力，且研究方向主要设定在新兴技术领域。基于我国经济发展对煤炭高效洁净利用的需求，清华大学成立了煤转化国家重点实验室，其研究方向涉及煤炭利用中污染物的排放控制。而浙江大学于2005年成立了能源清洁利用国家重点实验室，在能源与环境领域开展研究，在能源利用过程中的污染物控制方向具有较强的研发实力。南化集团研究院是一所综合性科研开发院所，也是最早从事气体净化技术的研究单位，在二氧化碳捕获分离领域具有较强的研发实力。该研究院在传统化学吸收方法的基础上进行了大量探索研究，研制出了一代又一代新型的吸收溶剂配方，并将其技术推广到国内多个企业中，取得了巨大的经济效益。

我国二氧化碳捕获分离领域中企业申请量排名第一的是中国石油化工集团（以下简称"中石化"），其在世界500强企业中排名第三位，主营业务涉及多个能源领域，在大气污染控制领域进行了大量的研发投入。中石化注重与各大高校和科研院所的合作，共同建立战略联盟，利用各自优势推进工业技术的革新和换代。国内其他企业竞争者虽然在本领域具有较强的综合实力，但是它们对专利申请布局还不够重视，专利申请量落后于国内的高校和科研院所。如中国华能集团积极开展绿色煤电项目，并与澳大利亚联邦科学工业研究组织进行技术合作，共同在二氧化碳捕获与处理领域进行合作研究和技术成果推广应用。华能集团在2007年建成了国内首个"燃煤发电厂年捕集二氧化碳三千吨试验师范工程项目"，其在二氧化碳捕获分离领域具有较强的实力和影响力，但是在二氧化碳捕获分离领域的申请量并不高。此外，神华集团作为我国煤炭行业的领头企业，虽然在二氧化碳捕获领域建立了多个具有行业技术领先水平的工业项目，但是专利申请寥寥无几。这说明在国外专利的重重包围下，我国企业竞争者还没有找准在该领域的专利布局方向，对专利申请的战略布局还未给予足够重视。

此外，结合我国企业竞争者申请数据来看，大多数的企业竞争者在二氧化碳捕获分离领域的专利申请主要集中在近几年中，这也充分表明随着大气污染的日益严峻，我国政府对二氧化碳捕获领域给予了大量的资金和政策支持。

### 3.3.2 主要专利技术信息分析

从表6中国主要竞争者专利技术领域分布中可以看出，无论是高校、科研院所，还是企业，对于二氧化碳捕获技术的研究均主要集中在2~3个技术分支，研究方向较为狭窄。我国主要竞争者的专利申请集中在吸收吸附领域及其相关配套的固体吸附剂和液体吸收剂领域，均属于碳捕集的传统技术领域。新兴碳捕集技术（如扩散分离中的膜技术）的专利申请量较少，说明我国申请人对新兴碳捕集技术的研发还相对落后。同时可以看到对于技术较为成熟的吸收吸附技术领域，专利主要集中在对吸附吸收装置和工艺的局部改进和变换，这说明我国在该领域的专利申请还处在对国外核心专利技术的模仿和改进阶段，缺少原创核心专利。

**表6 中国主要竞争者专利技术领域分布** 单位：件

| 竞争者 | 领域 | 数量 | 领域 | 数量 | 领域 | 数量 | 领域 | 数量 |
|---|---|---|---|---|---|---|---|---|
| 中国石油化工股份有限公司 | 吸收分离 | 51 | 生物分离 | 11 | 化学分离 | 8 | 扩散/膜分离 | 6 |
| 浙江大学 | 吸收分离 | 26 | 吸附分离 | 15 | 化学分离 | 13 | | |
| 清华大学 | 吸收分离 | 23 | 吸附分离 | 10 | 化学分离 | 4 | 扩散/膜分离 | 2 |
| 南化集团研究院 | 吸收分离 | 41 | 扩散/膜分离 | 3 | 化学分离 | 3 | | |
| 东南大学 | 化学分离 | 16 | 吸附分离 | 10 | | | | |
| 天津大学 | 扩散/膜分离 | 65 | 吸收分离 | 18 | 化学分离 | 4 | 生物分离 | 3 |
| 中国华能集团 | 吸收分离 | 42 | | | | | | |
| 成都天立化工科技有限公司 | 变压吸附 | 11 | | | | | | |
| 中国石油集团 | 吸收分离 | 12 | 化学分离 | 3 | 吸附分离 | 3 | | |
| 神华集团 | 吸收分离 | 8 | 吸附分离 | 4 | 低温分离 | 2 | | |

高校和科研院所的专利申请主要集中在吸收、吸附和化学分离上，大部分专利技术涉及吸收剂、吸附剂的改进以及化学方法分离二氧化碳，而企业专利技术主要涉及与上述技术相关的二氧化碳捕获分离装置和工艺。也就是说高校、科研院所与国内企业的专利技术研发方向不尽相同，具有技术互补的可能，这也为校企联合开发应用于工业中的二氧化碳捕获技术提供了技术合作基础。

与全球主要竞争者相比，我国主要的企业竞争者在二氧化碳捕获领域的技术研发投入较为集中，如成都天立化工科技有限公司仅在变压吸附技术上进行研发改进，而未对其他技术分支进行研究。华能集团作为大型国有企业，在二氧化碳捕获领域中也仅在吸收技术上开展研发改进，并未扩展更宽的研究方向。我国企业竞争者应当在这方面借鉴全球主要竞争者的技术研发思路，利用其自身财力雄厚的优势，将其技术研发方向进行横向扩宽，对二氧化碳捕获分离领域中的各个分支技术进行渗入，联合具有研发实力的其他竞争者，积极占领更多的专利技术空白点，早日突破国外核心专利的包围。

# 第4章 竞争启示及产业发展建议

## 4.1 技术启示及建议

### 4.1.1 技术启示

从全球竞争者数据可以看出，排名前10位的基本都是大型跨国企业。这些企业涉足多个行业，它们通过依靠自主知识产权，在二氧化碳捕获分离领域进行多项技术创新，并掌握了核心专利技术。通过将这些专利技术输入全球多个国家和地区，从而占据更大的市场，谋取更高的利润。大型跨国企业在二氧化碳捕获分离领域的积极投入，反映出二氧化碳捕获分离领域已经成为全球企业的热点市场。虽然近几年我国在二氧化碳捕获分离领域的专利申请量突飞猛进，但是，国内各大相关领域的企业在技术创新、研发投入上还远远不够，拥有的自主知识产权很少，在核心技术上还需要引入国外专利技术进行支撑。因此，为了进一步提升企业竞争力，国内企业在引进国外先进技术的同时，还应当借鉴国外企业发展经验，加大对技术创新的投入力度，大力培养创新型研发人才，在二氧化碳分离领域寻找具有发展潜力的技术空白点，克服技术障碍，先于国外企业开发出拥有自主知识产权、能够进入工业化阶段的新一代技术。通过依靠自身的核心专利技术来提升企业实力，为进军全球市场做好专利技术储备。在现有的合作协议的基础上，我国应进一步加强与国际社会在相关技术上的项目合作。同时，在技术信息的提供方面，欧盟、挪威以及英国等国家或地区建立了与二氧化碳捕获分离相关的技术中心，这些平台均能在一定程度上提供或共享该领域的部分知识成果和示范经验。国内企业可加强对上述信息平台的关注，以便于获取相关的技术信息，充分利用国际资源和经验服务国内研发示范项目。

我国在二氧化碳捕获分离领域的专利产出量位居全球第二，且近些年产出量呈直线上升的趋势。这说明国内竞争者对二氧化碳捕获分离技术的研发投入在不断增加，且二氧化碳捕获分离技术在国内具有广阔的发展前景。但是，从国内二氧化碳捕获分离技术专利申请数据来看，我国专利申请量排名前10位的主要竞争者中，绝大多数是高校或科研院所，企业仅位列2席。而专利技术是领域的前沿技术，距离向工业化转变还有一定距离，因此，我国在该领域的技术创新多数还停留在研发试验阶段，进入工业化阶段的专利技术还略少，在工业上应用实施的专利技术还是依赖于国外专利的输入。另外，国内高校或科研院所具备一流研发水平，拥有众多高科技创新人才。为了提升竞争实力，国内企业可以通过校企携手的方式，借助企业雄厚的资金实力以及高校或科研院所高水平的技术创新能力，共同开发自主创新技术，提高专利技术的转化率，逐步建立适合中国国情的二氧化碳捕获分离技术体系，提升国内企业二氧化碳捕获分离技术实力。

### 4.1.2 技术建议

就全球二氧化碳捕获分离技术而言，虽然以化学吸收为代表的传统分离技术正处于稳定期，但是，各传统分离技术的申请量还是明显高于各新兴分离技术，对传统分离技术的研发投入依然很高。全球主要竞争者们在二氧化碳捕获分离领域的各个技术分支均有涉足，它们不仅持续对传统分离技术进行技术改进，而且还对新兴分离技术进行深入探索。我国二氧化碳捕获分离技术紧跟全球发展步伐，传统分离技术以及新兴分离技术均处于发展期。随着大气污染问题的日益严峻，我国将不断增大在二氧化碳捕获分离领域的资金投入以及研发力度。

在传统分离技术中，通过对分离理论的深入研究，对吸收剂、吸附剂的种类进行革新，从二氧化碳分离效率、吸收剂或吸附剂再生能力、运行成本能耗等问题对传统分离技术进行改进，仍旧是目前传统分离技术的发展方向。因此，传统分离技术将依然是二氧化碳捕获分离领域中全球竞争者关注的焦点，可以在离子液体、混合溶剂方面寻求新的技术创新。对于新兴分离技术，虽然其专利申请量还落后于传统分离技术，但膜分离技术、生物分离技术均表现出了强有力的发展态势，尤其是膜分离技术，随着膜材料科学的不断进步，适合于气体分离的新型膜材料将不断出现，这将为解决膜分离技术中存在的使用成本高、寿命短、耐久性差等问题提供新的思路。因此，膜分离二氧化碳技术具有潜在的发展前景；生物分离技术由于其特殊的捕获二氧化碳的方式，其在二氧化碳捕获分离领域将具有独特优势，已经成为全球科研人员研发的热点。另外，从二氧化碳捕获分离技术总体发展来看，通过改进工艺，以多个分支技术相结合的途径来捕获分离二氧化碳的技术将越来越多。其并不局限于单一的分离技术，而是将各种分离技术相联合，优势互补，从而提升二氧化碳捕获分离的整体效率。这种联合方式捕集二氧化碳的技术将具有更好的工业化前景。

## 4.2 市场启示及建议

### 4.2.1 市场发展建议

遏制气候变暖是国际社会关注的重点和热点问题，二氧化碳捕获分离是实现碳减排的关键技术。通过本报告第 2.3 节的分析可知，该领域具备一定实力的企业尤其是全球排名前 10 位的大型跨国企业依靠自身较强的科研实力和拥有的自主知识产权，在全球已经做好了布局。但是这些布局并非铜墙铁壁，不可攻破。通过本报告第 2.2 节的分析可知，从申请量与产出量之比来看，在该领域吸附分离、吸收分离、低温分离技术方面进军加拿大市场较为可行，尤其是吸收分离技术，在加拿大力量薄弱，外来企业机会较大。而在化学分离、生物分离、膜分离领域进军印度较为稳妥，尤其是在生物分离技术方面前景最为看好。单方面从申请量与产出量之比确定市场国的做法依据不足，还要结合国家政策、项目管理能力、技术动态等因素综合考量。通过本报告第2.1节和第3.1节的分析可知，从政策层面来看，国际社会尚未形成二氧化碳捕获分离技术应用实施的法律框架和政策体系，在《联合国气候变化框架公约》《京都议定书》中虽然把二氧化碳捕获分离处理技术视为一项减排选择，但没有明确将该技术定位在减排机制中。《马拉喀什协定》提到重视二氧化碳捕获分离处理技术相关的研发、推广和转让合作，促进发展中国家参与其中，但没有具体规定国家的责任或义务。具体到各个国家或地区，美国、欧盟、加拿大、英国、日本、澳大利亚等虽然都颁布了技术发展路线图、战略规划，明确近期、中期、远期的技术方向和研发重点，也设立了跨部门的协调工作机制等加强国家层面的技术政策的指导和宏观协调，但是宏观规划对市场影响尚未显现。

就几个潜在目标市场国的相关政策分析如下：

（1）印度。目前印度国内尚未制定针对二氧化碳捕获分离技术的相关法律，印度在国际上承诺的减排量为：到2020年，废气排放比2005年减少24%，到2030年减少37%（美国为2020年温室气体排放量在2005年的基础上减少17%，欧盟为2020年温室气体排放量在1990年的基础上减少20%，日本为2020年温室气体排放量减少到1990年时的25%，中国到2020年单位国内生产总值二氧化碳排放比2005年下降40%~45%，澳大利亚为2020年温室气体排放量减少到2000年时的25%）。虽然总体减排承诺量居于中游水平，但考虑到经济总量，以及作为发展中国家依靠化石能源推动经济增长的依赖程度，其总体的碳减排量较大。到2025年，印度人口将达到14亿，而印度3/4的人口生活在传统经济的农村地区，消耗着大量且分散的生物质能源，这是相比于其他国家不同且规模较大的碳排放源。目前印度有煤油补贴，没有碳排放税，估计碳排放量在1995~2035年增加4倍，❶规模可观。

（2）加拿大。加拿大是世界第七大基础能源消费国，人均能耗量和二氧化碳排放量均居世界前列，能源产业占二氧化碳排放量的80%。但是加拿大疆域广阔，适应气候变化的能力较强，且为了保持世界领先的地位，必须持续发展工业，仍需要继续大额排放二氧化碳，因此基于自身利益考虑，加拿大在应对气候变化的国际合作方面积极性不高。国内方面，目前加拿大制定了环境税政策，包括碳税、特定消费税、特定产品税、排污收费等。加拿大大不列颠哥伦比亚省规定，所有企业、个人和在不列颠哥伦比亚省的游客，在该省购买或使用燃料，或为了取暖和获取能量而燃烧易燃品，都需要开支碳税。另外加拿大与美国合作的ZECA联盟旨在减少碳排放量。加拿大的二氧化碳在石油开采中资源化利用技术在国际领先，需要封存驱油的二氧化碳的量极大。

综上所述，结合申请量与产出量之比得出的市场潜力、目标市场国政策与技术优劣、各技术分支的实施情况，得出如下结论：

（1）联合法捕集二氧化碳技术进军加拿大市场。优势在于：吸附与吸收的联合法，属于本领域的高新技术，是世界范围的技术空白，从技术层面讲，降低了吸收剂的负荷，延长了穿透时间，减少吸收剂再生能耗，提高二氧化碳的回收率。加拿大支持技

---

❶ P. R. Shukla. 印度温室气体缓解的政策方案模拟 [J]. AMBIO, 1996, 25 (4): 240-241.

术创新力度大，引进资金和技术意愿强烈，二氧化碳驱油需求量大，在加拿大市场可能会具有好的工业前景。

（2）生物捕获分离二氧化碳技术进军印度市场。优势在于：生物技术分离二氧化碳的专利申请量具有一定规模，产出量几乎为零，市场潜力巨大，专利数量大质量不高，没有形成专利池，不具有独霸一方或三足鼎立的格局。印度国内气候适合微生物培育，国内多湖泊，利于铜绿微囊藻等微生物的生长，对二氧化碳转化效率较高，且生物分离技术适用于小规模的实施，对于印度分散且大规模的生物质燃料的使用情况存在较高的结合度。

（3）加大新兴技术研发，尽快谋划专利布局。尤其在扩散分离如膜技术，应该拥有若干核心基础专利，占据市场，赢得先机。

### 4.2.2 区域发展建议

对国内而言，我国二氧化碳排放地区差异显著，总体而言有如下特点：除内蒙古、宁夏、山西等少数省份外，人均排放量呈现东部发达地区高于西部欠发达地区；长三角、环渤海湾、珠三角及沿海各省等经济发达地区是我国二氧化碳高排放密度区；就排放强度而言整体呈现中西部高，东部低。

我国二氧化碳捕获分离处理技术专利申请同样不均匀（参见第3.2节），相关专利申请主要集中在工业发达的地区，北京和江苏的专利申请大幅度领先其他地区。

基于上述现状，要考虑欠发达地区工业发展依赖碳排放的需要，还要综合考虑我国目前大气污染现状和趋势，制定合理政策措施，提高能源利用效率，使用低碳燃料组合，利用可更新能源技术，增大低成本缓解机会，智慧性地选择促进低碳经济质量提升，解决短期经济目标和持续发展的长期目标之间的协调问题。

在我国的二氧化碳捕获分离技术产业中，还没有产业领头羊，中石化以及电厂的二氧化碳捕获分离技术工业化规模小，国内成熟项目不多，市场秩序还不够完善。碳排放与碳交易已经在国内兴起，碳交易市场巨大，不乏造假骗补贴或恶意竞争等现象。需要从国家层面，制定规范市场的制度措施，使得市场有序进行。大型二氧化碳捕获分离企业此时应做好技术储备，抓住这一契机，占据有利市场。

为进一步推动我国二氧化碳捕获分离技术发展，对于规范产业和市场布局方面，本报告提出以下建议：①加强国家层面对二氧化碳捕获分离技术发展的政策指导和宏观协调，引导资源有效配置。发布我国二氧化碳捕获分离技术发展路线图，从系统层面安排部署重大项目计划，确保资源的有效使用。②加快推进跨行业的二氧化碳捕获分离技术合作平台建设，促进行业间技术集成和全流程示范项目开展。加强我国二氧化碳捕获分离技术的跨领域合作与集成创新。③加强政策环境建设研究和能力建设。围绕二氧化碳捕获分离技术标准、审批监管体系等加强研究。④加强二氧化碳捕获分离技术国际科技交流与合作，服务国内研发与示范。有针对性、务实地推进现有二氧化碳捕获分离技术领域双边和多边合作，鼓励示范项目企业间的经验交流，充分利用国际资源和经验服务国内研发与示范。

## 4.3 专利布局启示及建议

### 4.3.1 海外布局建议

建议海外专利布局"两步走"：
（1）增强自身实力

通过如下方法达到提升竞争实力的目的：①增加国内外的二氧化碳捕获分离技术专利申请量；②储备核心专利技术；③切实提高二氧化碳转化率，保证效益。

（2）超越国际先进

①可以根据前述所建议定位的目标市场国，将储备的核心技术尽快申请布局，来突破国外申请人实施的专利布局；②有意识地制定专利策略，区分评估核心专利与外围专利在市场国中的作用；③暂时难以突破的困局，可以通过寻求合作，力求市场国不被发达国家所主导。

### 4.3.2 技术突破方式建议

（1）注意对组合工艺的相关研究。不同碳捕集方式有其各自的特点，现今对于将不同捕集工艺的组合的研究，如膜分离与变压吸附的组合或吸收吸附与膜分离的组合，越来越受到国外企业和申请人的关注。今后应该注意对这方面的研究，寻找适应不同工况的捕集组合工艺，或者提高捕集工艺对不同工况的适应性。

（2）对于吸收剂的改进，由于传统胺类吸收剂研究已经较为成熟，可以在离子液体的选择以及其可以配合使用的助剂上寻求新的技术突破，以突破国外专利技术壁垒；而对于吸附剂的发展，可重点对树脂以及树脂的改性进行相关的研究。

而在产业发展上：

（1）鉴于发达国家在低碳专利技术上呈现几乎垄断的现状，提倡对核心专利进行小改进以实现对国外核心原创专利的包围，使国内企业逐步摆脱国外专利的技术壁垒。

（2）同时要加强产研结合，毕竟高校和科研院所资金实力相对较弱，只有加入企业的力量才能更好地促进技术成果的产生和产业化。

### 4.3.3 政策模式建议

完善二氧化碳捕获分离处理的产业政策，制定相应的扶持措施，加大自主创新，鼓励技术创新企业构建合理知识产权战略。借助外部力量带动我国碳捕获技术发展，包括国际投资体系中的对外直接投资（FDI）、国际贸易、国外专利申请和发达国家直接技术和资金支持，以及通过气候谈判获得发达国家在技术、资金上的支持。

# 汞 控 制

# 汞控制研究团队

**一、项目指导**

于立彪

**二、项目管理**

北京国知专利预警咨询有限公司

**三、项目组**

负责人：聂春艳

撰稿人：王　丹（主要执笔第2章）

韩玉顺（主要执笔第3章）

王扬平（主要执笔第1章）

时彦卫（主要执笔第4章）

统稿人：佟婧怡　张朝伟　孙瑞峰

审稿人：赵奕磊　罗　啸

# 分 目 录

摘　要 / 141
第 1 章　汞控制领域概述 / 142
　　1.1　技术概述 / 142
　　1.2　产业发展综述 / 144
第 2 章　专利竞争情报分析 / 146
　　2.1　总体竞争状况 / 146
　　　　2.1.1　政策环境 / 146
　　　　2.1.2　经济环境 / 148
　　　　2.1.3　技术环境 / 150
　　2.2　专利竞争环境 / 151
　　　　2.2.1　专利申请概况 / 151
　　　　2.2.2　专利技术分布概况 / 154
　　　　2.2.3　专利技术生命周期 / 155
　　2.3　主要竞争者 / 157
　　　　2.3.1　专利申请概况 / 157
　　　　2.3.2　主要专利技术领域分析 / 159
　　　　2.3.3　主要专利技术市场分析 / 160
第 3 章　中国专利竞争情报分析 / 162
　　3.1　总体竞争环境 / 162
　　　　3.1.1　政策环境 / 162
　　　　3.1.2　经济环境 / 163
　　　　3.1.3　技术环境 / 163
　　3.2　专利竞争环境 / 164
　　　　3.2.1　专利申请概况 / 164
　　　　3.2.2　专利地区分布 / 165
　　　　3.2.3　专利技术生命周期 / 165
　　3.3　主要竞争者 / 166
第 4 章　竞争启示及产业发展建议 / 169

4.1 技术启示及建议 / 169
 4.1.1 技术启示 / 169
 4.1.2 技术建议 / 169
4.2 市场启示及建议 / 171
 4.2.1 市场发展建议 / 171
 4.2.2 区域发展建议 / 171
 4.2.3 政策模式建议 / 171
4.3 专利布局启示及建议 / 172
 4.3.1 国内专利布局建议 / 172
 4.3.2 海外专利布局建议 / 172

# 摘　要

　　汞作为大气中的主要污染物极大地危害着人类的健康，解决大气中的汞污染问题迫在眉睫。本报告通过对国内外专利申请以及非专利文献进行检索和统计分析，对汞控制技术领域的全球和国内的专利申请和市场情况、专利竞争环境和主要竞争者进行了统计和深入的分析，并对我国大气中汞的控制技术在政策制定、专利布局和市场发展等方面给出了相关建议。

**关键词**：汞　Hg　竞争　专利　技术　市场

# 第1章 汞控制领域概述

汞是一种生物毒性极强的重金属，能够通过水、空气、食物等多种途径传播，其中通过在生物链中富集并传播的甲基汞毒性最强，能够对人体的大脑、肝脏、肾脏等器官造成不可逆的损害。❶儿童过度接触汞会导致弱智、脑麻痹、失聪或失明等严重后果，即使是非常少量地接触汞也可能影响儿童的智力发育，造成注意力、精细运动能力、语言能力的下降。对于成人来说，慢性汞中毒可以导致四肢麻木、失忆，同时它对生育能力和血压调节能力也产生巨大的负面影响。大量吸入汞蒸气会出现急性汞中毒，其症状为肝炎、肾炎、蛋白尿和尿毒症等，这类病有严重的后遗症和较高的死亡率，还可以通过母体遗传给婴儿。水俣病是汞中毒的一种，首次出现在1933年的日本九州熊本县，到1989年，该县确诊的水俣病患者达2271人。在我国松花江和蓟河流域，因为金矿开采和吉化公司排放的汞，曾引起一些渔民体内有明显的汞积累，而且已经出现了"拟似水俣病"的病人。研究表明，甲基汞对免疫系统和心血管系统也有毒害作用。❷

大气汞的来源分为自然源和人为源。大气汞的自然来源主要包括火山与地热活动、土壤释汞、自然水体释汞、植物表面的蒸腾作用、森林火灾等，其具有多样性及影响因素复杂的特点，因此对自然源向大气的年排汞量的确定具有较大的难度，研究还处于起步阶段，还需进行大量深入的研究。人为的汞排放占到了全球大气汞的80%以上，主要来源于化石燃料的燃烧、垃圾焚烧（包括市政垃圾、医疗废物、处理厂污泥等）、金属冶炼、化工及其他用汞工业等，其中，化石燃料燃烧是最主要的部分。

大气中汞的主要形态分为3种：气态元素汞即单质汞（$Hg^0$）、二价活性气态汞（即氧化态汞 $Hg^{2+}$）、附着在颗粒上的颗粒汞（$Hg^p$）。各种形态的汞的物理、化学性质不同，其中 $Hg^0$ 有较高的挥发性和较低的水溶性，可在大气中长距离运输且停留时间长（平均时间在1年以上），不能被现有脱硫除尘设备脱除，难以处理。$Hg^{2+}$ 有多种化合物，常温下较稳定，多数易溶于水（HgS不溶），容易被湿法脱硫装置脱除。$Hg^p$ 通常与颗粒物绑定，容易被除尘器脱除。在一定条件下这3种形态可以相互转化，而且烟气中汞含量少（一般为 $10\mu g/m^3$ 数量级），因此要同时脱除烟气中3种形态的汞比较困难。

## 1.1 技术概述

燃烧汞污染控制主要通过以下3种方式：燃烧前脱汞、燃烧中脱汞和燃烧后脱汞。

---

❶ 孙悦恒. 改性无机矿物吸附剂对气态汞的吸附试验研究 [D]. 济南：山东大学，2012：2-8.
❷ 方凤满. 城市区汞的环境行为与效应 [M]. 合肥：安徽人民出版社，2008：31-35.

具体技术分支如图1。

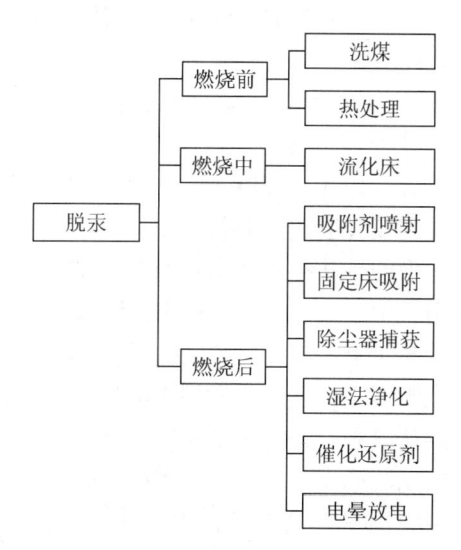

图 1 汞控制技术分支

燃烧前脱汞技术主要包括洗煤技术以及煤的热处理技术。[1]

（1）洗煤是减少汞排放的最简单而有效的方法之一。汞元素与其他矿物质类似，主要存在于无机物中，当在煤粉浆液中加入有机浮选剂进行浮选时，有机物主要成为浮选物，而无机矿物质则主要成为浮选废渣，汞与其他重金属元素则会大量地富集在浮选废渣中，从而起到部分除去煤中重金属汞的作用。浮选法可以把原煤中平均21%～37%的汞除去，去除效率与煤的种类、煤的清洗、分选技术、原煤中的含汞水平等都有很大关系。

（2）由于汞的高挥发性，在煤加热的过程中，汞会由于受热而挥发出来。研究结果显示在400℃范围内可以最高达到80%的脱汞率。然而在此范围内也发生了煤的热分解，导致了在挥发性物质减少的情况下产物的热值也有很大的降低。目前，热处理脱汞处于实验室阶段，有待进一步研究。

通过洗选煤所能去除煤中汞的含量不确定，不能作为核心的汞脱除手段，只能作为汞脱除的一种辅助手段。

国内外关于燃烧中脱汞的研究较少，主要是利用改进燃烧方式，在降低$NO_x$的同时，抑制一部分汞的排放。比较典型的改进燃烧方式是采用流化床锅炉。采用流化床锅炉可增加烟气在炉内的停留时间，使气态汞有效地与飞灰颗粒接触，同时流化床锅炉的工作温度较低，这可以有效增加$Hg^{2+}$的含量，增加气态汞与飞灰结合概率，还可以抑制新生成的$Hg^{2+}$与$Hg^p$再度转化为$Hg^0$。循环流化床锅炉脱汞效率虽高但使用范围较小，与之相比，煤粉锅炉的使用比例较高，但烟气停留时间较短，关于改进煤粉锅炉燃烧方式对脱汞效率的研究较少，因此燃烧中脱汞尚无法成为可靠有效的脱汞方式。

---

[1] 赵毅，等. 烟气脱汞技术研究进展 [J]. 中国电力，2006，39（12）：59-62.

燃烧后脱汞的研究主要包括两个方面，一方面是脱汞吸收剂的开发；另一方面是通过现有的烟气治理设备，进行一定程度的改进，使其具有脱汞性能，从而实现脱硫脱硝除汞一体化。

（1）在吸收单质汞的过程中，吸收剂起到了决定性的作用，从国内外研究状况来看，大部分研究集中在高效、经济的吸收剂的研制，这其中包括活性炭、飞灰、钙基吸收剂以及一些新型吸收剂等。由于固定床吸附成本投入过高，主要在欧洲国家的垃圾焚烧和燃煤火电系统中得到较普遍的工业化应用。

国内外学者普遍认为对汞的排放控制技术最有前景的是尾部烟气吸附剂喷射技术。吸附剂喷射法，主要是利用吸附剂吸附烟气中的 $Hg^0$ 和 $Hg^{2+}$，使它们富集于吸附剂中成为颗粒汞，颗粒汞经除尘设备捕获，达到烟气脱汞的目的。该法已成功地运用于垃圾电站的汞污染物脱除。喷射吸附剂这种方法适用范围广，基本上对任何电站都适用，但是只有活性炭吸附剂可以达到较高的汞控制能力，而应用活性炭吸附剂面临着控制成本这一瓶颈问题，普通钙基吸附剂以及矿物类吸附剂对汞的吸附效果尚难达到令人满意的结果，除此之外，吸附剂喷射技术仍存在着除尘设备的负荷能力以及吸附产物二次析出问题。

（2）除尘器捕获通常使用静电除尘器（ESP）或布袋除尘器（FF）。湿法净化工艺最常用的是湿法烟气脱硫和喷雾干燥吸收。喷雾干燥吸收在使用碱性溶液吸收 $CO_2$ 的同时也吸收了 90% 的气相氧化汞。FF 和 ESP 均能捕获喷雾干燥器生成的干燥吸收剂和飞灰颗粒。当煤中氯含量超过 0.02% 时，喷雾干燥系统中的 FF 也可以脱除小部分 $Hg$。从喷雾干燥系统排出的汞主要以元素态存在，颗粒态的不超过 0.5%。

（3）燃煤电厂通常使用选择性催化还原剂（SCRs）或选择性非催化还原剂（SNCRs）来减少 $NO_x$，而此过程能够增加汞的氧化并且改善其脱除率。

（4）利用窄脉冲电晕放电方法来消除垃圾焚烧炉烟气中的汞蒸气，其脱除原理主要是在电晕场中，汞蒸气与放电所产生的氧原子（O）和臭氧（$O_3$）进行化学氧化反应。

## 1.2 产业发展综述

燃煤释放是公认的最大汞污染源，因此，对煤中汞的去除是汞污染控制的关键。电厂通常无单独针对汞的有效去除设备，与常规除尘、脱硫等设备结合加强对汞的去除一直是国内外研究的重点，也最具有实际意义。

有效的汞污染控制技术有：活性炭喷射（包括化学剂担载）、飞灰和沸石吸附、氨吸附、单质汞的催化氧化、电晕放电、可再生吸附剂技术和燃前煤洗选等。基于当前发展水平，吸附剂喷射、湿法 FGD 和煤的洗选是最有效的处理汞的方法。新型联合脱汞技术主要有以下几种。❶

（1）电催化氧化技术（ECO）。其是一种洁净煤燃烧技术，将多种可靠技术结合在

---

❶ 许月阳，等．火电厂汞污染控制对策探讨［J］．中国电力，2013，46（3）：91-94．

一起，一次处理可同时去除 $SO_2$、$NO_x$、汞以及微粒等多种污染物质。

应用情况：示范规模：30 万 $Nm^3/h$

资助单位：美国能源部（DOE）3000 万美元

示范电厂：俄亥俄州 Burger Station

燃煤含硫量：2%~4%

完成时间：2008 年

测试结果：脱硫率：97%

脱硝率：90%

脱汞率：80%

（2）臭氧低温氧化（LoTOx）技术。采用气相低温氧化系统实现多污染物的脱除，臭氧被注射到位于湿法脱硫装置之前的烟道或专门的反应器内部，将 $NO_x$ 氧化为更高阶的氮氧化物，将 Hg 氧化为 HgO。

该技术已经完成 25MW 工业示范，脱汞率 90%，脱硝率 70%~95%。

（3）Phoenix 公司多污染物控制技术。该技术采用 $H_2O_2$ 洗涤氧化 $SO_2$、$NO_x$、HgO，实现多污染物联合脱除，已完成 1~3MW 热态工业试验，脱硫率 99.55%~99.95%，脱硝率 98.25%，脱汞率 60%~99.15%。

（4）K-Fuel 燃料技术。该技术通过低质煤的物理分离、热处理等煤炭前处理，在将煤炭转化为高质煤的过程中，实现多污染物联合脱除。该方法除灰率 10%~30%，脱硫率 10%~36%，脱汞率 28%~66%，脱氮率 40%。

应用情况：

首个 K-Fuel 工厂于 2005 年 12 月在美国怀俄明州的 Fort Union 市建成并运行，产能 75 万吨/年。这是世界上第一座此类工厂，作为大规模 K-Fuel 生产设施服务于客户，并在美国黑山电厂等 20 余家企业成功进行了燃烧试验，取得了良好效果。

国内呼伦贝尔市海拉尔区拟建一座单处理器的干燥提质装置，锡盟地区准备进行双处理器 K-Fuel 工厂建设，在云南准备进行四处理器 K-Fuel 工厂建设。

（5）Enviro Scrub 公司 Pahlman 技术。该技术采用 $MnO_2$ 粉末吸附剂，Hg 吸附转化为 HgO 后吸附在 $MnO_2$ 吸附剂表面，吸附剂可再生。该技术完成了 75MW 机组上的中试，脱硫率 99%，脱硝率 94%~97%，脱汞率 67%。

# 2 专利竞争情报分析

## 2.1 总体竞争状况

化石燃料燃烧是大气汞污染的主要来源,美日欧等发达国家和地区由于早期经济发展迅猛,比我国早遇到汞污染的处理问题,其已通过立法、颁布标准等法律手段遏制汞污染物的排放。由于汞的危害性,1976年成立的国际潜在有毒化学品登记中心将汞列在《国际有毒化学品毒性和标准简明手册》中。国际化学安全规划署出版了包括无机汞、甲基汞在内的200种化学品的环境卫生基准丛书,引起世界各国对汞及汞化合物污染的重视。1998年签署的关于在国际贸易中对某些危险化学品及农药采用事先知情同意程序的《鹿特丹公约》,汞也名列其中。发达国家和地区对汞污染特别重视,尤其是美国、欧盟等纷纷通过制定相关的法律法规来控制汞污染。目前,汞污染已被列入环境外交议程。[1]

2013年1月19日,联合国环境规划署(UNEP)通过了旨在全球范围内控制和减少汞排放的国际公约《水俣公约》,就具体限排范围作出详细规定,以减少汞对环境和人类健康造成的损害。公约要求,控制各种大型燃煤电站锅炉和工业锅炉的汞排放,并加强对垃圾焚烧处理、水泥加工设施的管控。可见,随着国际谈判的逐步深入,世界各国将面临的是更加严格的汞排放的约束,可能形成全球性的产业,掌握核心技术的发达国家将可以通过输出技术在产业中占据竞争优势。

### 2.1.1 政策环境

(1) 美国

自20世纪90年代起,美国环保署就开始重视有毒汞排放的限制问题,其在1995年已单独提出有关汞排放量报告。美国的《清洁水法案》在排放许可系统的基础上确定不同行业基于技术标准的汞排放量,各产业部门据此被分配给一个特定的汞排放量。《含汞和可充电电池管理法案》禁止某类电池的销售,并实施产品标签制度,鼓励自愿收集、循环使用或者适当处理旧的可充电电池。另外,美国还通过联邦政府禁止油漆和杀虫剂中以汞作附加剂,工厂努力减少电池用汞,增加对汞释放与产品中汞含量的制定、回收利用计划等行动,使得美国工业用汞从1988~1997年下降了75%;2000年12月,美国环保署宣布开始控制燃煤和燃油发电厂锅炉烟气中汞的排放;2001年2月,时任美国总统布什在宣布削减温室气体排放量时宣布了到2010年削减汞的大气排

---

[1] 方风满. 城市区汞的环境行为与效应 [M]. 合肥:安徽人民出版社,2008:31-35.

放量69%的计划；2003年12月，美国环保署发布严格的控制氯碱工业汞排放标准，有9家氯碱工厂受该法规影响，新的法规将汞排放减少约73%；2005年3月，美国环保署正式颁布燃煤汞排放控制标准（Clean Air Mercury Rule，CAMR），是世界上首个有关燃煤电站汞限制标准，这一标准的实施极大地减少全美国火电厂的汞排放量，其目的是将排放量由48t·a$^{-1}$降低到2010年的38t·a$^{-1}$，到2018年最终降低到15t·a$^{-1}$；2007年4月，美国新泽西州环保部公布允许新泽西州就国内四大汞排放来源——钢铁冶炼厂、燃煤发电厂、都市固体废弃物焚化炉与医疗废弃物焚化炉进行控管，以达到汞远离当地环境的成效；美国环保署在2011年年底出台了新的燃煤电厂污染物排放控制标准，新法规预计将于2016年前后开始生效，其中规定燃煤电厂的汞排放限值最低为$9.07 \times 10^{-5}$ kg/(GW/h)。

（2）欧盟

近20年来，欧盟一直致力于减少汞的使用和排放，汞污染中毒现象已有所减少，但欧盟各成员国公民仍面临鱼和其他海产品汞含量超标的危害，严重威胁消费者的健康，特别是地中海沿岸国家面临的汞污染问题更为严峻。此外，全球对汞的需求持续增长，作为世界上汞的最大供应商——欧盟对预防汞污染负有义不容辞的责任。为此，2005年1月，欧盟委员会提出了全面控制汞污染的长期计划，其中包括在欧盟和全球范围内控制汞泄漏和使用的建议，逐步减少直至2011年最终全面禁止欧盟的汞出口，限制欧盟内部汞的使用量，改善工业用汞的贮藏管理，加强汞污染及预防领域的研究。

（3）联合国

联合国环境规划署提出要制定全球性的汞减排计划，包括加强用汞和汞排放的管理，制定减少全球汞排放计划，并计划签订具有约束力的处理汞问题国际文书。2001年，联合国环境规划署进行了一次全球汞评估，2003年提交《全球汞污染报告》，指出汞已经造成了对世界各地人类健康和环境各种有记录的、重大的负面影响，要求针对汞问题采取进一步的国际行动。联合国环境规划署接着敦促各国采取各自的汞削减措施，并制订为发展中国家提供能力建设的计划。2005年2月，在肯尼亚内罗毕召开的联合国环境规划署第23届理事会讨论防治汞污染问题时，形成了一个决议：倡导建立自愿型合作关系，请捐赠国向发展中国家提供技术和经济援助，要求各国政府考虑在排放渠道方面采用最好的技术。联合国环境规划署希望各国政府、工业部门以及非政府组织共同采取措施，减少使用含汞产品和工艺中的汞接触，比如禁止在电池和氯碱设施中使用汞，并且考虑抑制初级汞矿开采和多余汞供应量进入商业领域，减少汞对环境的污染以及对人类健康的危害。2007年11月12日，在联合国环境规划署主持下，来自世界各国的政府代表和专家聚集在泰国曼谷，探讨如何尽可能地减少汞污染，呼吁各国尽快达成有关这一问题的全球协议。联合国环境规划署正在督促各国政府、工业界和民间社会共同努力，着手确立清晰、明确的目标，降低全球汞污染水平，开创全球产品和工艺无汞化的新局面。

2013年1月19日，联合国环境规划署通过了旨在全球范围内控制和减少汞排放的国际公约《水俣公约》，就具体限排范围作出详细规定，以减少汞对环境和人类健康造成的损害。《水俣公约》开出了有关限制汞排放的清单，首先是对含汞类产品的限制，规定2020年前禁止生产和进出口的含汞类产品包括电池、开关和继电器、某些类型的荧光灯、肥皂和化妆品等。公约认为，小型金矿和燃煤电站是汞污染的最大来源，各国应制定国家战略，减少小型金矿的汞使用量；公约还要求，控制各种大型燃煤电站锅炉和工业锅炉的汞排放，并加强对垃圾焚烧处理、水泥加工设施的管控。

从2009年开始，147个国家经过4年5轮的谈判，2013年10月11日，包括中国在内的92个国家和地区的代表最终签署《水俣公约》，更多的国家将陆续签约。

（4）其他国家

其他很多发达国家也都通过了管理和控制汞排放、限制汞使用和暴露的立法。如丹麦主要通过《环境保护法案》（1974）和《化学物质和产品法案》（1980）来控制汞污染，日本的《水供给法》和《水污染控制法》规定水中的总汞浓度标准和汞排放标准。另外，还有很多针对金属开采和生产的环境立法和法规，控制汞向大气、水体和土壤的排放；而韩国的《基本环境政策法案》《大气质量保护法案》《水质量保护法案》《饮用水管理法案》《地下水法案》《废物管理法案》《食物法案》《工业安全与健康法案》等都涉及汞的控制和管理。

（5）中国

20世纪80年代，我国松花江严重汞污染状况引起我国政府及学术界对汞污染及控制的重视。我国目前已经制定《烧碱、聚氯乙烯工业污染物排放标准》以及垃圾焚烧方面相关的控制标准。2011年7月29日，环境保护部发布了《火电厂大气污染物排放标准》（GB 13223—2011），对燃煤电厂汞及其化合物排放浓度限值提出明确的要求。

我国2005年的燃煤大气汞排放为334吨，占当年全国人为汞排放的1/3以上，其中，燃煤电厂排放124.8吨。❶ 随着近年来国民经济的快速发展，我国的火电装机容量和煤炭消费总量已分别从2005年的391GW和21.4亿吨增加到2011年的767GW和35.7亿吨，相应地，燃煤电厂所带来的汞污染物排放的问题也更加突出。我国以煤为主体的能源结构特点，决定了脱汞技术在中国具有潜在的重要战略地位。

### 2.1.2 经济环境

到目前为止，有不少成熟的汞污染控制技术已经在发达的工业化国家得到商业化应用，另外还有一些新技术处于不同的研究发展阶段。对于现代化的燃煤电厂，常常组合使用两种（及以上）的汞污染控制技术（燃前洗选加工、选配燃煤、吸附剂喷入、淋滤控制等），以达到有效控制燃煤汞污染的目的。不同控制技术对汞系污染物的选择性脱除率及其成本效率千差万别，企业的决策层常常需要在相关的政策法规和汞污染控制措施的技术经济性之间选择，如从纯技术角度出发，应选择汞脱除效应极佳的方案，但其经济性可能不好。❷

燃烧前洗选是在煤炭化学能转化为热能之前，预先除去一部分煤中存在的汞，从而减少煤燃烧时所释放的汞污染物；而燃煤的选择配比，则是通过选择（或通过配煤

---

❶ 殷立宝，等. 中国燃煤电厂汞排放规律 [J]. 中国电机工程学报，2013，33（29）：1-9.

❷ 王立刚，等. 燃煤汞污染及其控制 [M]. 北京：冶金工业出版社，2008：49-62.

的方式）燃烧低汞含量的燃料煤，以达到降低燃煤汞污染的目的。上述两种方案均具有成本低廉、易于实施的优点。

燃烧后的烟道气处理措施，如湿法涤气、布袋除尘和吸附剂喷入，可操作性强且对燃料没有选择性，其缺点是其中部分技术运行成本高。所以在实际运用中，应综合考虑燃煤电厂类型、燃煤种类、燃煤是否经过洗选加工、烟道气污染控制的现有装备情况等因素，经过技术经济评价以得到优化方案。虽然一些汞污染控制技术的除汞效率很高，但如果不作组合使用，其汞脱除率很难达到90%以上。

美国环保署通过实验室模拟和对实际电厂的测量数据分析入手，对发展成熟的、已经得到普遍应用的汞污染控制技术作了相应分析评价，如早期的活性炭喷入技术，在汞脱除率为90%的情况下，每脱除1kg汞的技术成本为11 023~61 728美元，折合到电价中的涨幅为0.1~0.8美分/（kW·h），越是小规模电厂（200MW），其电价涨幅值越高。但随着除汞技术的进步，其电价涨幅值有所降低，在0.03~0.4美分/（kW·h）之间；如果应用石灰-活性炭化合物，则电价涨幅值会更低。

欧盟的ESPREME和DROPS项目也就燃煤领域汞脱除成本进行了详细的评估，❶并对推行这些技术至2020年可取得的社会收益进行了评估对比，参见表1和表2。

表1 欧盟汞脱除技术及成本分析

| 排放控制技术 | 汞减排率/% | 2008年度成本/（美元/MW） |||
|---|---|---|---|---|
| | | 年度投资成本 | 年度运作成本 | 年度总成本 |
| 静电除尘器（ESP） | 24 | 0.45 | 0.90 | 1.35 |
| 布袋除尘器（FF） | 20 | 0.46 | 1.47 | 1.93 |
| 干式ESP：经改造 | 32 | 0.92 | 0.52 | — |
| 布袋除尘器+湿式或干式脱硫+吸收剂喷射 | 98 | 0.72 | 1.80 | 1.44 |
| 干式ESP+湿式或干式脱硫+干式喷射 | 98 | 2.73 | 2.40 | 2.52 |
| 电催化氧化 | 80 | 8.55 | 11.76 | 5.13 |
| 整体煤气化联合循环（IGCC） | 90 | — | — | 20.31 |

表2 欧盟采用不同排放控制技术实现燃煤领域汞减排至2020年成本和预期收益

| 排放控制技术 | 汞减排效率/% | 每千克汞减排成本/美元 | 每千克汞减排社会收益/美元 |
|---|---|---|---|
| ESP或FF | 0~30 | 100 | 100 |
| ESP或FF+FGD | 30~50 | 190 | 320 |
| ESP或FF+FGD+吸收剂喷射 | 50~99 | 260 | 540 |

根据这些评估结果，利用燃煤电厂现有除尘设备可以进行部分汞脱除，其中成本

---

❶ 赖敏. 燃煤电厂污染控制技术：我国火电行业汞排放分析及控制对策［J］. 四川环境, 2012, 32：119-128.

最低的是 ESP 及干式 ESP 技术，但其汞脱除的效率不高。采用联用装置进行综合脱除时汞的脱除率是最高的，这种对烟气中其他污染物同时脱除的方式具有最佳的性价比和综合经济效益，如"布袋除尘器+湿式或干式脱硫+吸收剂喷射"及"干式ESP+湿式或干式脱硫+干式喷射"技术。

### 2.1.3 技术环境

燃煤释放是目前公认的最大汞污染源，因此，对煤中汞的去除是汞污染控制的关键。然而电厂尚无单独针对汞的有效去除设备，与常规除尘、脱硫等设备结合加强对汞的去除一直是国内外研究的重点，也最具有实际意义。汞排放控制技术的研究目前主要集中在3个方面。

（1）燃烧前燃料脱汞

煤炭燃烧前脱汞，主要是通过物理洗煤技术，通过洗选加工降低煤中矿物质含量，使以硫化物结合态汞得到脱除。常规的选煤方法可使煤中汞减少 1/4～1/2。传统的选煤技术脱汞率很低，美国研究开发出一系列先进的选煤技术，如浮选柱、选择性油团聚和重液旋流器等方法在提高煤除汞率方面很有潜力。经浮选柱分选后，煤中汞含量一般可减少 1%～51%，平均减少 26%；传统选煤法和浮选柱法联合使用可使煤中汞含量减少 40%～57%，平均减少 55%；应用选择性油团聚法可使煤中汞含量减少 8%～38%，平均减少 16%；传统选煤法和选择性油团聚法联合使用可使煤中汞含量减少 63%～82%，平均减少 68%。总之，大多数研究集中于探讨不同选煤工艺对汞脱除率的影响，而选煤过程中汞的行为基础研究则不足。如分选后降低了精煤中的汞含量，但又增高了大量用作动力煤的中煤和煤泥的汞含量，因此，燃烧前脱汞技术并不能完全解决汞的排放控制问题。

（2）燃烧中脱汞

燃烧过程中脱汞主要是利用改进燃烧方式，在降低 $NO_x$ 的同时，抑制一部分汞的排放，一般能除汞 15%～18%；主要的技术如流化床燃烧、低氮燃烧、炉膛喷入吸附剂等对汞的脱除有积极作用。国内外近几年开展了相关研究，技术不断改进，尤其是中小型流化床燃烧方式即循环流化床（CFB）锅炉技术在我国已趋于成熟。

（3）燃烧后烟气脱汞

燃烧后脱汞技术的研究最广泛。目前，主要包括两个方面，一方面是脱汞吸收剂的开发；另一方面是通过现有的烟气治理设备，附加一定设备，使其具有脱汞性能，从而实现脱硫脱硝除汞一体化，一般能去除 30% 左右的汞。针对前者，国内外研究发现了一些高效、经济的吸收剂，如活性炭、飞灰、钙基吸收剂以及一些新型螯合吸收剂等；后者主要研究在除尘、脱硫过程中增加脱汞技术的内容，提高脱汞的能力，达到同时脱硫与脱汞的目的。

美国原煤在使用前大部分都要经过洗选处理，并且主要集中用在电力生产方面。同时，美国对电厂烟气净化程度要求较高，除安装高效的电除尘器或布袋除尘器降低烟尘排放量外，还有占总数 22% 左右的电厂安装了烟气脱硫和脱硝装置。这些污染控制措施都能减少燃煤过程中的汞排放。另外，发达国家在相关产品生产过程中使用汞的替代产品和在加工工艺改进方面做得都很好。

上述各种汞污染的控制方法,不管是成熟的,还是尚处于研究发展过程中的,均有望在燃煤电厂中得到贯彻实施,而具体的应用效果则取决于各项技术的发展水平和其商业竞争力。

## 2.2 专利竞争环境

### 2.2.1 专利申请概况

全球专利技术市场情况见图 2。

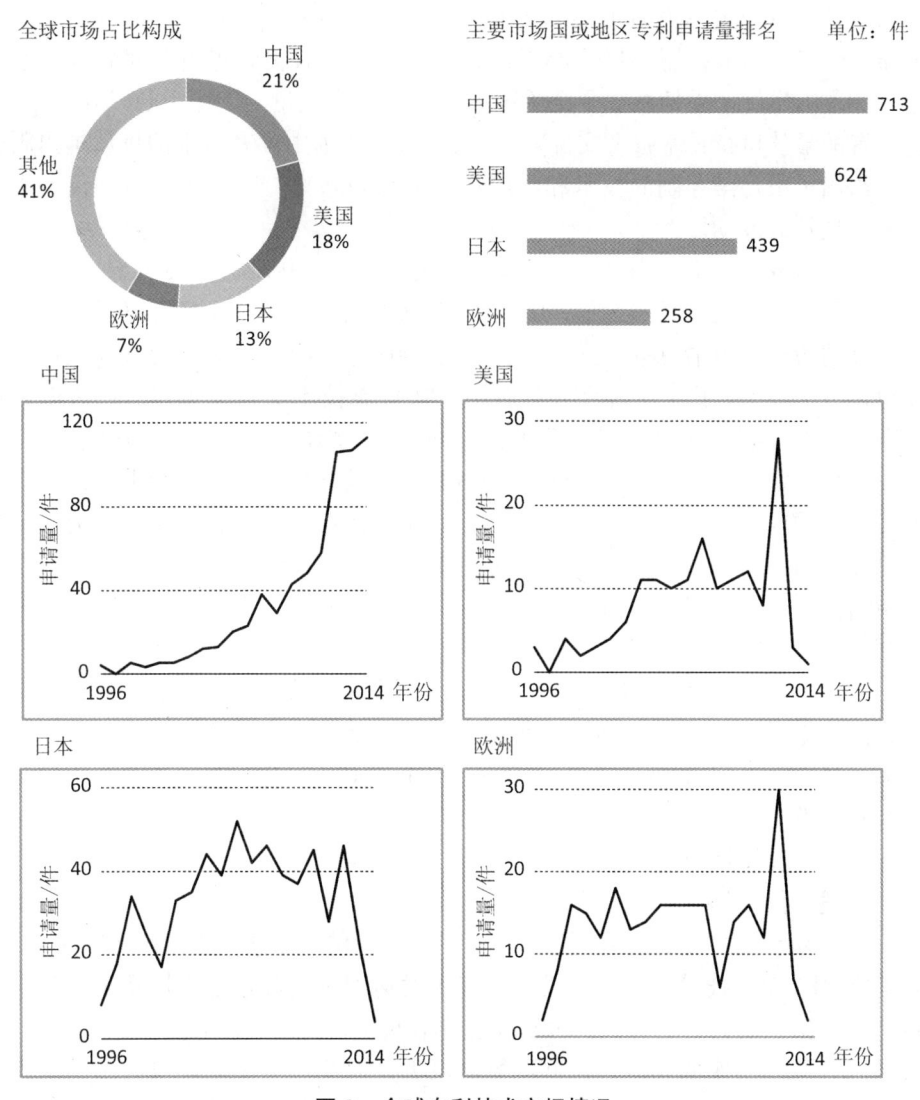

图 2 全球专利技术市场情况

基本信息如下：

（1）就全球的专利竞争环境而言，脱汞相关技术的专利申请主要分布在中国、美国、日本、欧洲，而对于市场参与者，中国、美国、日本和欧洲同样占据着全球的主要地位，这4个国家和地区申请总量达59%。说明从20世纪90年代以来，脱汞技术一直处于均衡缓慢发展的阶段。

（2）中国、美国两国的专利分布量势均力敌，日本、欧洲稍逊一筹。中国的专利申请量最高，从专利申请角度看，我国申请量近年来一直处于快速增长阶段，从增长形势上看均优于其他国家，由此可知我国近几年在这一领域仍然有研发投入，市场前景较好。

美国、欧洲的申请量变化趋势较为类似，从1998~2013年申请量并没有太大的波动，而是一直保持稳定。美国在2005年出现申请量最高值，是由于2005年3月，美国正式颁布了燃煤汞排放控制标准，成为世界上首个推行有关燃煤电站汞限制标准的国家，这一标准的实施极大地减少了全美国火电厂的汞排放量。欧盟2006年制定的《大型燃烧装置的最佳可行技术参考文件》，在最佳可行技术中没有对汞的排放提出限值要求，仅是给出了汞污染控制的技术和不同技术下汞脱除率。因此欧洲市场仅是平稳发展，并未出现较大波动。

（3）我国关于汞污染及其防治工作的研究起步较晚，因此国内专利起步相对较晚。初期国内仅限制了电池产品汞含量，因此20世纪90年代以来，汞污染防治技术一直处于缓慢发展的阶段，申请总数非常有限。直到2003年，我国强制执行《火电厂大气污染物排放标准》，引发了业内研究人员对污染物排放技术的高度重视，之后申请量从2004年开始急速上升。2011年我国环境保护部发布了新的《火电厂大气污染物排放标准》（GB 13223—2011），对燃煤电厂汞及其化合物排放浓度限值提出明确的要求。关于汞脱除技术的申请量在2013年迅速达到91件，进入高速发展阶段。从增长形势上看，增长速度明显高于其他国家，说明我国近几年国内市场前景较好。虽然我国近几年专利申请量大幅度上涨，但由于我国专利制度起步较晚，环保领域更是最近几年才得到重视，因此占有市场的份额仍低于美国。

（4）由于日本在20世纪五六十年代大规模爆发了"水俣病"事件，因此日本对汞污染一直高度重视，1986年时便已将水银电解法全部转换为其他方法。其申请量保持平稳发展，从2004年开始逐步上升，2009年达到最高点，随后略有下滑。推测是由于日本煤储量极低，因此大型燃煤火电厂占比不高，日本对汞的控制主要体现在对电池中汞含量的限定以及烧碱法等行业。

综上所述，得到如下专利竞争性情报信息：

（1）从市场参与角度看，我国已成为世界上最大的脱汞技术市场份额国家；

（2）我国在脱汞技术的研发和投入均晚于发达国家，仅是由于近几年专利申请量大幅度增加占据了较大市场份额，对于核心技术的掌握仍较为有限；

（3）由于汞所带来的环境污染问题影响巨大，而我国又是以燃煤为主的国家，我国企业应当抓住机遇，加大对脱汞技术的研发投入，争取掌握具有自主知识产权的核心技术。

全球专利技术产出情况见图3。

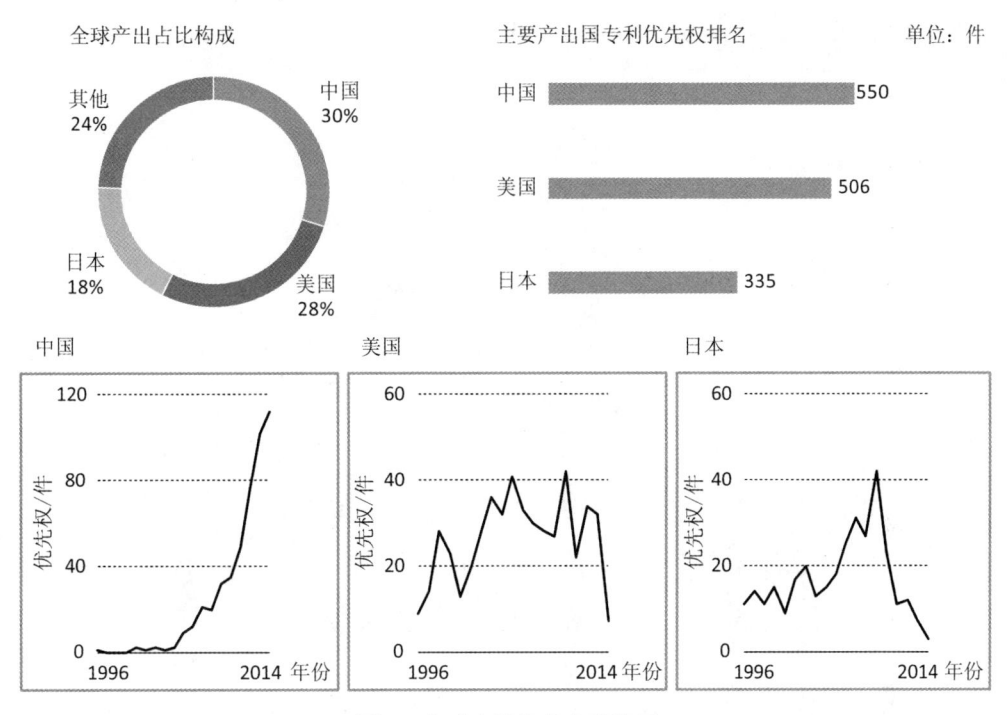

**图3　全球专利技术产出情况**

基本信息如下：

（1）从全球专利技术产出情况而言，脱汞相关技术的专利产出主要分布在中国、美国、日本，这3个国家专利产出总量达76%。其中，中国、美国、日本的专利产出与专利申请量一样均位于全球前3名。

（2）从专利产出量来看，我国与日本的发展趋势相似，在脱汞技术的研发投入呈较快增长，但日本2009年达到最高点，之后略有下滑。

（3）美国的专利产出量与专利申请量趋势基本一致，2003～2013年申请量基本就在30~40件之间波动，申请量并没有太大的上涨，而是一直保持稳定。

综上所述，得到如下专利竞争性情报信息：

（1）发达国家在脱汞技术领域处于稳定发展阶段，而中国则处于刚刚起步蓬勃发展时期，应重点关注美国和日本的脱汞技术工业化的思路与步骤，及时参考发达国家在该领域的经验和教训，少走弯路，在借鉴发达国家经验的同时发展适应我国脱汞工业化的技术。

（2）关注发达国家核心技术的科研动向，研发具有自主知识产权的脱汞技术。例如日本汞污染主要来源于汞矿山的开采、氯碱工业以及含汞制品的制造。鉴于水俣病的惨痛教训，日本近几年来汞的使用量急速减少，并于1986年便已经将水银电解法全部转换为其他方法。目前，日本每年从亚铅、铜等金属冶炼中产生的污泥以及使用完的荧光灯中回收约90吨汞。由于日本是最早开始治理汞污染的国家，因此所掌握的核心技术应是较早而且较多。

## 2.2.2 专利技术分布概况

各技术分支海外市场情况见图4。

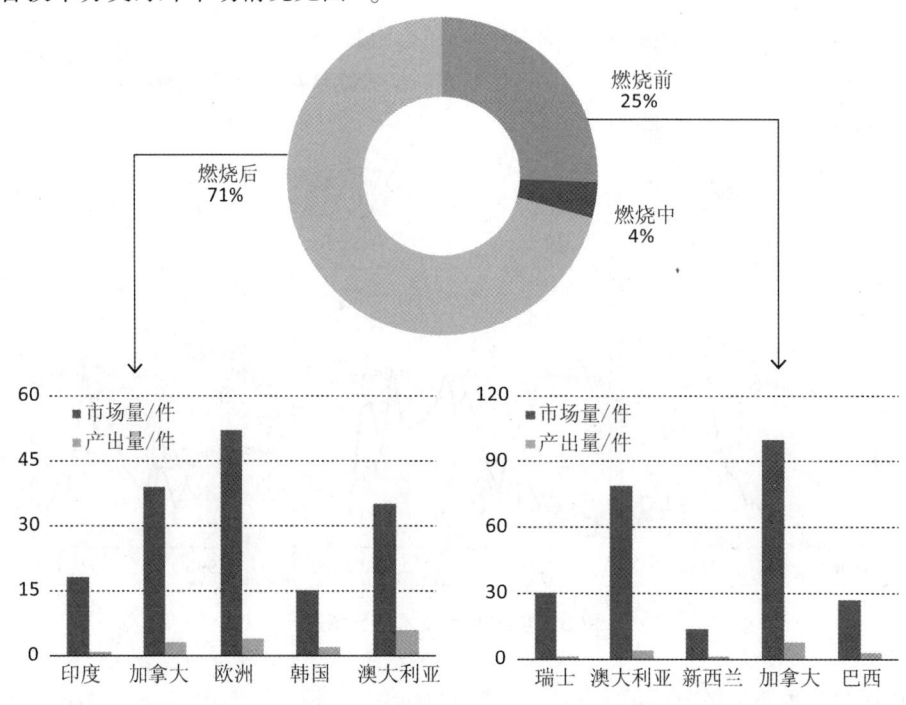

图4 各技术分支海外市场情况

基本信息如下：

(1) 对于脱汞来说，可以将控制方法分为3种。第一种是燃烧前脱汞，主要是通过物理洗煤技术，通过洗选加工降低煤中矿物质含量，使以硫化物结合态汞得到脱除。第二种是燃烧中脱汞，燃烧过程中脱汞主要是利用改进燃烧方式，在降低$NO_x$的同时，抑制一部分汞的排放。第三种是燃烧后脱汞。燃烧后脱汞技术的研究最广泛，目前，主要包括两个方面，一方面是脱汞吸收剂的开发；另一方面是通过现有的烟气治理设备，附加一定设备，使其具有脱汞性能，从而实现脱硫脱硝除汞一体化。

(2) 从技术领域分布来说，燃烧前脱汞方面的申请量为803件，主要来自中国、美国、日本、欧洲和加拿大；燃烧后脱汞方面的申请量为2220件，主要来自中国、美国、日本、欧洲和德国；而燃烧中脱汞方面的申请量仅占4%，因此脱汞技术主要集中在燃烧前和燃烧后脱汞技术。

(3) 专利产出量表明了一个国家或地区专利创新能力的高低和专利技术力量的强弱，而专利市场量（专利申请量）则在一定程度上表明了该国家或地区市场需求量和外来专利侵入程度。按产出量排名，将排名前10位的国家或地区列出，计算前10位的申请量总和，与产出量总和，申请量总和与产出量总和之比即该技术分支的平均市场状况。表3列出了各个技术分支有市场潜力的国家。

表3 各个技术分支的市场潜力

| 技术分支 | 总申请量与总产出量之比 | 市场国或地区及其申请量与产出量之比 | | | | | | | | |
|---|---|---|---|---|---|---|---|---|---|---|
| 燃烧前脱汞 | 1.8 | 中国 1.3 | 美国 1.1 | 日本 1.4 | 欧洲 13 | 加拿大 13 | 澳大利亚 5.8 | 德国 2.3 | 俄罗斯 3.2 | 印度 18 | 韩国 7.5 |
| 燃烧后脱汞 | 2.0 | 中国 1.4 | 美国 1.3 | 日本 1.4 | 欧洲 7.0 | 德国 2.1 | 加拿大 12.5 | 澳大利亚 19.8 | 韩国 3.0 | 俄罗斯 1.7 | 印度 8.0 |

燃烧前和燃烧后脱汞技术方面，中国、美国、日本的申请量总和与产出量总和之比均小于2，说明这些国家在燃烧前以及燃烧后脱汞技术领域方面研究投入均较多。当申请量总和与产出量总和之比较大，则说明该国或地区市场有可开发潜力。

综上所述，得到的专利竞争性情报信息如下：

总体而言，①欧洲、加拿大、澳大利亚、印度等国家和地区是未来的潜在市场。加拿大、澳大利亚、印度存在的一个共同特点是地域广阔，适应气候变化的能力较强，为了保持世界领先的地位或追赶经济强国，必须持续发展工业，仍需要继续大额排放汞，而欧盟作为世界上汞的最大供应商，汞的排放量必然是不容忽视的，因此需要汞脱除产业大规模存在以适应经济发展需求。②美国、中国、日本的技术研发和产出均较为强劲，外来企业需要面临的竞争更为激烈。

具体而言：①在燃烧前脱汞技术方面进军欧洲、加拿大、印度市场较为可行，这些技术在上述国家和地区力量薄弱，外来企业机会较大。②燃烧后脱汞技术方面进军欧洲、加拿大、澳大利亚和印度市场比较好。③对于我国而言，需要尽快谋划专利布局，尤其是在燃烧中脱汞技术领域，应加大投入研发出核心基础专利，占据市场，赢得先机。

### 2.2.3 专利技术生命周期

各技术分支全球专利技术生命周期见图5。

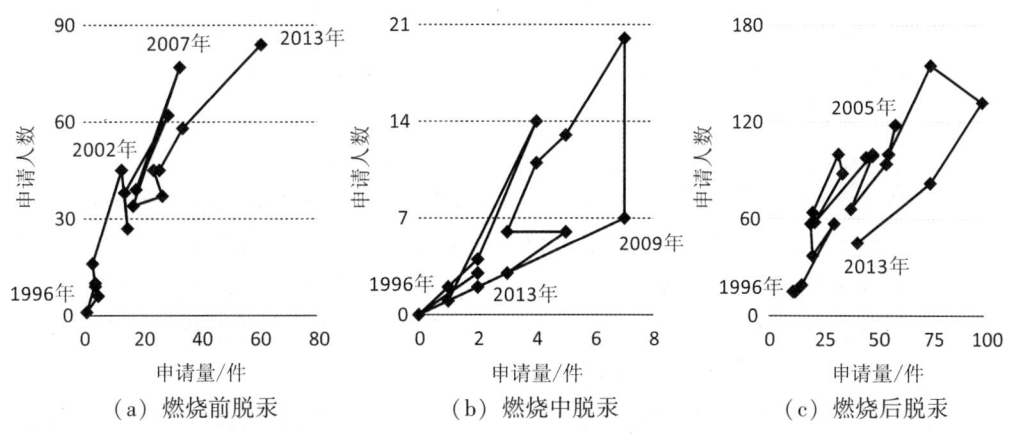

图5 各技术分支全球专利技术生命周期
(a) 燃烧前脱汞　(b) 燃烧中脱汞　(c) 燃烧后脱汞

基本信息如下：

（1）就全球的专利竞争情况而言，如图5所示，2001年前，燃烧前脱汞技术处于起步期（萌芽期），申请量和申请人数增加均较慢；从2002年申请量和申请人数均缓慢上升，2005年和2007年均出现了一个极为迅猛的增长趋势，申请量和申请人数跳跃性增长，却均在第二年有较大幅度降低；从2008年开始，专利申请量开始逐步上升，但是申请人数却保持稳定几乎没有变化，可以推测该技术刚刚进入成熟期，进入市场的企业数量保持稳定，专利申请量保持稳定增长，但增长幅度并不大。

（2）与此相似的是，燃烧后脱汞技术同样于2005~2007年突增大量申请人加入市场，但申请量增加速度虽也有提高但增长幅度并不成正比，这是由于2005年美国和欧洲均颁布了相关法规对汞的排放实施严格控制，而我国也在2005年对国内电池生产中汞的含量进行了严格规定。从2008年之后申请量基本保持稳定，申请人的数量略有增加，可知燃烧后脱汞技术属于刚刚进入成熟期，进入该行业的企业数量和专利的申请量均保持稳定。

（3）燃烧中脱汞技术申请量非常小，该技术从1995年开始萌芽，其间经常间隔多年无申请，从2009年开始申请量略有增长，并且申请量与申请人数相等，可知该技术仍然处于起步期，只有较少的企业参与到该技术的研发中，专利申请量很少。

综上所述，得到的专利竞争性情报信息如下：

从生命周期图来看，全球脱汞技术的发展均处于发展期与成熟期交替的阶段，而燃烧前脱汞技术与燃烧后脱汞技术的生命周期曲线均出现了稳步上升的状态，并且这两个领域的专利申请人数量和申请量呈现不规则变化，表现了上述技术的跨领域特征。由于火电厂在汞的脱除技术中通常优先考虑的是协同控制，多管齐下，因此，我国在脱汞技术的研发中，应从大处着眼，拓宽科研团队的研发领域，通过燃烧前、燃烧中、燃烧后协同控制脱汞，提高汞的脱除率，走复合式污染控制之路。

通过对近5年分类号总体统计排序，得出如下基本信息：

（1）脱汞技术排名靠前的分类号均主要集中在B01D 53/46~B01D 53/72（利用化学或生物净化方法除去废气中的汞），B01D 53/74~B01D 53/90（净化废气中的汞的一般方法，特别设计的设备或装置），B01J 20、B01J 23（废气中汞脱除用吸附剂、催化剂），F23J（烟或废气中的汞脱除用装置）。

（2）燃烧前脱汞技术中对F23J 15/00（处理烟或废气装置的配置）关注较多，燃烧中脱汞技术主要集中在B01D 15/08（包含有用固体吸附剂选择吸附处理液体的分离方法），燃烧后脱汞技术则主要集中在B01D 53/04（用固定的吸附剂进行废气净化）以及B01D 53/86（催化净化废气）。

近5年分类号统计排序得出的基本信息，结合图5"各分支技术全球专利技术生命周期"，得出如下专利竞争性情报信息：

（1）燃烧中脱汞技术是该领域的专利技术空白点，燃烧中脱汞技术专利申请量非常少，但非专利文献中均提到通过改进燃烧方式例如流化床燃烧、低氮燃烧、炉膛喷入吸附剂等对汞的脱除有积极作用,说明该技术同样是研究热点。

(2)燃烧前和燃烧后脱汞技术主要研究热点是采用吸附剂和/或催化剂进行脱汞。从国内外研究状况来看,大部分研究集中在高效、经济的吸收剂的研制。目前只有活性炭吸附剂可以达到较高的汞控制能力,但是应用活性炭吸附剂面临着控制成本这一瓶颈问题,普通钙基吸附剂以及矿物类吸附剂对汞的吸附效果尚难达到令人满意的结果,因此对于吸附剂和/或催化剂的改进仍属于脱汞技术的重要领域。

## 2.3 主要竞争者

### 2.3.1 专利申请概况

汞控制领域全球十大竞争者见表4,全球主要竞争者总体情况见表5。

表4 全球十大竞争者

| 排名 | CPY | 公司名称(中文) | 国别 |
|---|---|---|---|
| 1 | MITO | 三菱重工 | 日本 |
| 2 | HITG | 日立 | 日本 |
| 3 | NIKN | 日本长野工业株式会社 | 日本 |
| 4 | GENE | 通用电气 | 美国 |
| 5 | INSF | 法国石油研究所 | 法国 |
| 6 | POSC | 浦项制铁 | 韩国 |
| 7 | DENY | 一般财团法人中央电力研究所 | 日本 |
| 8 | ISHI | 石川岛播磨 | 日本 |
| 9 | BABW | 巴布考克及威尔考克斯有限公司 | 美国 |
| 10 | YAWA | 新日铁 | 日本 |

表5 全球主要竞争者总体情况

| | | 专利概况 | | | | 产业概况 | |
|---|---|---|---|---|---|---|---|
| | | 总申请量/件 | 授权率 | 进入国家总数 | 发明人数量 | 诉讼/转让 | 主营业务 |
| 日本 | 三菱重工 | 60 | 43.70% | 11 | 241 | 无/有 | 军工、电机、空调 |
| | 日立 | 54 | 54.24% | 12 | 223 | 无/有 | 空调、电冰箱、挖掘机 |
| | 日本长野工业株式会社 | 25 | 44.83% | 8 | 97 | 无/无 | 液压挖掘机 |
| | 一般财团法人中央电力研究所 | 10 | 58.82% | 6 | 58 | 无/有 | 电力 |
| | 石川岛播磨 | 10 | 37.50% | 5 | 54 | 无/有 | 建设机械、航空引擎、工业机械 |
| | 新日铁 | 9 | 57.89% | 12 | 42 | 无/有 | 钢铁 |

续表

|  |  | 专利概况 |  |  |  | 产业概况 |  |
|---|---|---|---|---|---|---|---|
|  |  | 总申请量/件 | 授权率 | 进入国家总数 | 发明人数量 | 诉讼/转让 | 主营业务 |
| 美国 | 通用电气 | 24 | 58.75% | 19 | 95 | 无/有 | 器材、航空 |
| 美国 | 巴布考克及威尔考克斯有限公司 | 9 | 40.00% | 14 | 34 | 无/有 | 锅炉、环保产品 |
| 法国 | 法国石油研究所 | 15 | 49.09% | 17 | 56 | 无/有 | 石油天然气 |
| 韩国 | 浦项制铁 | 14 | 56.25% | 5 | 48 | 无/有 | 钢铁 |

基本信息如下：

(1) 排名前10位的竞争者中日本占6家，美国占2家，法国占1家，韩国占1家。

(2) 授权率较高的公司有日立、通用电气、浦项制铁等。

(3) 技术参与人数较多的公司有三菱重工、日立、日本长野工业株式会社和通用电气等。

综上所述，得到的专利竞争性情报信息如下：

(1) 由于湿法烟气脱硫装置能够同时脱除汞，因此，掌握了湿法烟气脱硫核心技术的企业通常会同时研发并掌握脱汞核心技术，例如在脱汞领域处于领先地位的日本三菱重工。三菱重工自1964年完成第一套石灰膏发电站锅炉烟气脱硫设备以来，于20世纪80年代初又相继研制和开发了一系列的锅炉烟气脱硫方法。日本三菱重工的脱硫设备在世界上享有很高的信誉，在国内外大型火电厂得到广泛应用。石灰石-石膏法是三菱重工的主流工艺之一。而三菱重工脱汞主要技术是在锅炉烟道上游将氯化剂气体（HCl，液态氯化铵）喷雾到烟道中，使汞氧化（氯化）而形成水溶性的氯化汞，之后在下游的湿式脱硫装置中使该氯化汞溶解于吸收液（石灰石膏浆液），通过使汞吸附于生成的石膏结晶而将汞除去。同样，排名第二位的日立公司从1962年前后开始开发石灰石-石膏湿法烟气脱硫技术，迄今经过了3个发展阶段：早期多孔板吸收塔阶段，改进喷雾塔阶段，除尘、吸收和氧化三合一阶段，还开发了简易型高速平流塔技术。而日立研发脱汞的主要技术则集中在袋式除尘器担载氧化催化剂的研发，所研发的氧化催化剂具有催化剂活性的主要成分是钼、钒、钛的复合氧化物。

(2) 排名靠前的专利申请人的注册地或母公司主要分布在日本和美国，其中长野工业株式会社和通用电气主要研发方向均是向废气中喷洒活性炭吸附剂，而韩国浦项制铁研发的主要工艺则是向含有元素汞和$NO_x$的废气中注入$NaClO_2$；所述$NaClO_2$和所述$NO_x$形成氧化剂，将元素汞转化为氧化的汞，再从所述废气中除去氧化的汞。

(3) 日立、通用电气和韩国浦项制铁的授权率均超过50%，说明这些公司不仅具有强大的竞争实力，而且其专利质量也较高。

(4) 世界排名前 10 位的申请人中并没有我国企业，说明我国的申请人并未提高对全球专利申请布局的重视程度，我国整体的研发实力较弱，而日本作为一个整体基本垄断了大部分脱汞技术的核心技术。

### 2.3.2 主要专利技术领域分析

表 6 为全球主要竞争者主要专利技术领域分布。从全球主要竞争者的专利数据来看，大部分公司将研究重点放在了设备装置以及吸附剂、催化剂的改进技术上。到目前为止，有效的汞污染控制技术有：活性炭喷射（包括化学剂担载）、飞灰和沸石吸附、氨吸附、单质汞的催化氧化、电晕放电、可再生吸附剂技术和燃前煤洗选等。基于当前发展水平，吸附剂喷射、湿法脱硫和煤的洗选是最有效的处理汞的方法。在美国，电厂中使用最多的汞污染控制方法就是吸附剂喷射。

表 6 全球主要竞争者主要专利技术领域分布　　　　　　　　　　单位：件

| | 竞争者 | 化学或生物净化方法除汞 | 除汞的一般方法或装置 | 汞脱除用吸附剂或催化剂 | 废气中的汞脱除用装置 | 降低燃烧中汞的排放 |
|---|---|---|---|---|---|---|
| 日本 | 三菱重工 | 129 | 62 | 35 | 13 | 10 |
| | 日立 | 115 | 60 | 71 | 18 | 11 |
| | 日本长野工业株式会社 | 62 | 16 | 28 | 10 | 4 |
| | 一般财团法人中央电力研究所 | 36 | 18 | 12 | 24 | 6 |
| | 石川岛播磨 | 28 | 18 | 12 | 4 | 4 |
| | 新日铁 | 32 | 16 | 12 | 6 | 4 |
| 美国 | 通用电气 | 38 | 20 | 84 | 26 | 8 |
| | 巴布考克及威尔考克斯有限公司 | 30 | 24 | 12 | 16 | 6 |
| 法国 | 法国石油研究所 | 39 | 24 | 33 | 9 | 7 |
| 韩国 | 浦项制铁 | 57 | 13 | 11 | 14 | 4 |

排名第一位的三菱重工以及排名第二位的日立由于其主要是湿法脱硫过程中脱汞，因此主要技术集中在对设备或装置的改进以及对吸附剂和催化剂的改进方面。而通用电气在吸附剂/催化剂研发方面的专利申请量远远高于其他技术，反映了美国公司对吸附剂/催化剂技术研发的重视。

## 2.3.3 主要专利技术市场分析

表7为全球主要竞争者主要专利技术在不同市场的领域分布。

表7　全球主要竞争者主要专利技术在不同市场的领域分布　　　单位：件

| 公司 | | 三菱 | 日立 | 日本长野工业株式会社 | 一般财团法人中央电力研究所 | 石川岛播磨 | 新日铁 | 通用电气 | 巴布考克及威尔考克斯 | 浦项制铁 | 法国石油研究所 |
|---|---|---|---|---|---|---|---|---|---|---|---|
| | | MITO | HITG | NIKN | DENY | ISHI | YAWA | GENE | BABW | POSC | INSF |
| 本国 | | 日本 | 日本 | 日本 | 日本 | 日本 | 日本 | 美国 | 美国 | 美国 | 美国 |
| 申请量 | | 60 | 54 | 25 | 10 | 10 | 9 | 24 | 9 | 14 | 15 |
| 技术领域 | 领域1 | A | A | A | A | A | A | C | A | A | A |
| | 数量 | 129 | 115 | 60 | 36 | 28 | 32 | 84 | 30 | 56 | 35 |
| | 领域2 | B | B | C | D | B | B | A | B | D | C |
| | 数量 | 70 | 59 | 32 | 24 | 18 | 16 | 38 | 24 | 17 | 30 |
| | 领域3 | C | C | B | C | C | C | D | D | B | B |
| | 数量 | 39 | 30 | 24 | 18 | 12 | 12 | 26 | 16 | 15 | 21 |
| 海外1 | | 美国 | 美国 | 欧盟 | 美国 | 美国 | 韩国 | 德国 | 美国 | 美国 | 美国 |
| 申请量 | | 28 | 25 | 12 | 7 | 7 | 5 | 16 | 8 | 7 | 8 |
| 技术领域 | 领域1 | A | A | A | A | A | A | C | A | A | A |
| | 数量 | 64 | 55 | 40 | 24 | 24 | 20 | 60 | 30 | 21 | 17 |
| | 领域2 | B | B | C | D | B | B | A | B | D | C |
| | 数量 | 33 | 36 | 24 | 18 | 16 | 12 | 30 | 22 | 8 | 12 |
| | 领域3 | C | C | B | B | C | C | D | D | B | B |
| | 数量 | 23 | 25 | 24 | 16 | 10 | 10 | 24 | 14 | 8 | 10 |
| 海外2 | | WIPO | WIPO | 德国 | 欧盟 | WIPO | 加拿大 | 欧盟 | WIPO | 日本 | 欧盟 |
| 申请量 | | 21 | 19 | 10 | 6 | 7 | 4 | 14 | 6 | 6 | 7 |
| 技术领域 | 领域1 | A | A | A | A | A | A | C | A | A | A |
| | 数量 | 50 | 48 | 36 | 22 | 24 | 20 | 54 | 24 | 20 | 12 |
| | 领域2 | B | B | C | D | B | B | A | B | D | C |
| | 数量 | 25 | 30 | 22 | 18 | 16 | 10 | 26 | 20 | 10 | 7 |
| | 领域3 | C | C | B | B | C | C | D | D | B | B |
| | 数量 | 22 | 21 | 20 | 14 | 10 | 10 | 22 | 14 | 8 | 4 |
| 海外3 | | 欧盟 | 欧盟 | 英国 | WIPO | 中国 | 澳大利亚 | 英国 | 加拿大 | WIPO | WIPO |
| 申请量 | | 15 | 16 | 9 | 6 | 5 | 4 | 14 | 6 | 3 | 5 |
| 技术领域 | 领域1 | A | A | A | A | A | A | C | A | A | A |
| | 数量 | 48 | 42 | 32 | 22 | 20 | 20 | 54 | 22 | 16 | 9 |
| | 领域2 | B | B | C | D | B | B | A | B | D | C |
| | 数量 | 22 | 23 | 22 | 18 | 16 | 10 | 26 | 20 | 10 | 6 |
| | 领域3 | C | C | B | B | C | C | D | D | B | B |
| | 数量 | 20 | 21 | 18 | 14 | 10 | 10 | 22 | 14 | 8 | 2 |

其中，A：化学或生物净化方法除汞；B：除汞的一般方法或装置；C：汞脱除用吸附剂或催化剂；D：废气中的汞脱除用装置。

图6为全球主要竞争者主要专利技术市场分布。

图6 全球主要竞争者主要专利技术市场分布（单位：家）

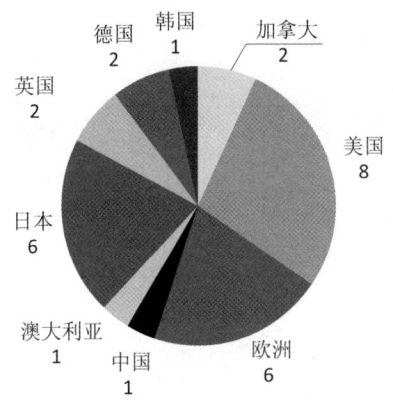

| 欧洲 | A | B | C | D |
|---|---|---|---|---|
| 6家 | 6家 | 5家 | 5家 | 2家 |

| 美国 | A | B | C | D |
|---|---|---|---|---|
| 8家 | 8家 | 7家 | 5家 | 4家 |

饼图数据：美国8，欧洲6，日本6，中国1，澳大利亚1，英国2，德国2，韩国1，加拿大2

（1）就主要竞争者的市场分布而言，各个竞争者的主要竞争市场均为本国市场，除本国市场以外，全部竞争者把注意力基本上都投入了美国、欧洲、日本、韩国市场。除此之外，加拿大、澳大利亚和中国也是各个竞争者较为关注的市场。而在上述各个市场中，对于这些竞争者来说，大多竞争者更加关注美国和欧洲的市场。

（2）全球主要竞争者市场布局主要在美国、日本和欧洲。有8家竞争者选择在美国市场布局，有6家竞争者选择在日本布局，有6家竞争者选择在欧洲布局，然而由于前10名竞争者中有6名竞争者为日本企业，仅2名为美国企业，由此可知，脱汞技术在美国和欧洲更具有市场。

（3）除日本本土竞争者外，其他竞争者基本不在日本布局，可知日本市场已经接近饱和，日本企业自身研发的技术已经在日本国内形成了垄断，在进军日本市场时，需要重点关注这些企业在各技术分支布局存在的量和涉及的核心专利情况，注意"雷区"的存在。

（4）全球主要竞争者仅1家在中国进行专利布局，说明我国并没有成为全球公司脱汞技术专利布局的重点。我国企业专利申请量低，专利布局形势不明朗。因此，我国更应当努力开发自己的优势产品，先在国内进行合理的专利布局。国外公司申请量低，但其核心技术的存在，会影响我国专利申请在国内以及在海外的布局。

# 第3章 中国专利竞争情报分析

## 3.1 总体竞争环境

目前一般认为我国是全球最大的汞生产国、使用国和排放国。2007年全国汞产量为798吨，占世界汞产量的53.1%，居全球首位。我国汞产量增长迅速，中国有色金属工业协会的数据显示，2012年全国汞产量达到1347吨。

燃煤是汞排放的主要来源，而火电厂主要是燃煤电厂为主，我国目前还没有对汞排放量开展统计和普查。标准编制组❶根据火电装机容量预测情况，对我国汞排放量进行了测算，到2020年火电汞的产出量将达到431吨以上。

我国与美日欧等发达国家和地区相比对大气汞排放缺乏足够的认识。目前针对我国各地区大气汞排放的主要行业、排放量、排放参数等现状仍不清楚，给管理工作带来很大的难度。2011年我国新修订颁布的《火电厂大气污染物排放标准》(GB 13223—2011)首次将大气汞排放浓度纳入约束性指标要求，明确不得超过$0.03mg/m^3$。然而在2012年2月29日环境保护部最新发布的《环境空气质量标准》(GB 3095—2012)中仍未对汞及其化合物的环境空气质量标准提出要求，各省份也未出台相关标准要求，使得衡量我国大气汞污染程度缺乏法定依据。除了燃煤电厂外的其他主要人为汞排放行业，如水泥窑、氯碱厂、垃圾焚烧和矿业生产中大气汞及其化合物的排放欠缺更严格的行业排放标准。国内外近几年针对燃烧中脱汞开展了相关研究，技术不断改进，尤其是中小型流化床燃烧方式即循环流化床（CFB）锅炉技术在我国已趋于成熟。我国加入《水俣公约》之后，如何有效控制各种大型燃煤电站锅炉和工业锅炉的汞排放就成了我国新时期污染减排面临的首要任务和最大困难。对脱汞技术加以重视，引进技术并发展具有自主知识产权的脱汞技术是我国企业所急需的。

### 3.1.1 政策环境

虽然我国关于汞污染及其防治工作的研究起步较晚，但近年来在限制汞排放和消费的全球大环境下，我国积极推动汞减排工作，先后出台了一系列政策。2009年下发的《国务院办公厅转发环境保护部等部门关于加强重金属污染防治工作指导意见的通知》中将汞污染防治列为工作重点。2010年5月下发的《国务院办公厅转发环境保护部等部门关于推进大气污染联防联控工作改善区域空气质量指导意见的通知》明确提出建设火电厂汞污染控制示范工程。2011年国务院批复了《重金属污染综合防治"十

---

❶ 《火电厂大气污染物排放标准》编制组.《火电厂大气污染物排放标准》编制说明[M]. 2011.

二五"规划》，将汞列入5种主要重金属之一，纳入总量控制的范畴。2011年4月环境保护部发布的《2011年全国污染防治工作要点》提出开展全国汞污染排放源调查，对典型区域和重点行业汞污染源进行监测评估，组织开展燃煤电厂大气汞污染控制试点。2011年7月29日环境保护部修订发布了《火电厂大气污染物排放标准》（GB 13223—2011），对燃煤电厂汞及其化合物排放浓度限值提出明确的要求。2012年9月国务院批复的《重点区域大气污染防治"十二五"规划》中提出，要深入开展燃煤电厂大气汞排放控制试点工作，积极推进汞排放协同控制；实施有色金属行业烟气除汞技术示范工程；开发水泥生产和废物焚烧等行业大气汞排放控制技术；编制燃煤、有色金属、水泥、废物焚烧、钢铁、石油天然气工业、汞矿开采等重点行业大气汞排放清单，研究制定控制对策。

### 3.1.2 经济环境

我国在《火电厂大气污染物排放标准》（GB 13223—2011）编制说明❶中提到：汞达标排放技术中采用烟气脱硝+静电除尘/布袋除尘+湿法烟气脱硫的组合技术进行协同控制。如果采用协同控制还未达标，可采用炉内添加卤化物等和烟道喷入活性炭吸附剂。采用烟道喷入活性炭吸附剂脱汞的成本约为8万~10万美元/千克。

### 3.1.3 技术环境

我国在《火电厂大气污染物排放标准》（GB 13223—2011）编制说明中提到，我国所使用的汞控制技术主要包括以下几种：

（1）烟气治理技术协同控制技术

火电厂烟气在脱硝、除尘和脱硫的同时，可对汞产生协同脱除的效应。欧盟《大型燃烧装置的最佳可行技术参考文件》（*Reference Document on Best Available Techniques for Large Combustion Plants*）建议汞的脱除优先考虑采用高效除尘、烟气脱硫和脱硝协同控制的技术路线。采用电除尘器或布袋除尘器后加装烟气脱硫装置，平均脱除效率为75%（电除尘器为50%，烟气脱硫为50%），若加上SCR装置可达90%。燃用褐煤时脱除效率为30%~70%。

（2）炉前添加卤化物技术

燃煤电厂炉前添加卤化物脱汞技术就是在电厂输煤皮带上或给煤机里加入卤化物，也可直接将溶液喷入锅炉炉膛。在烟气中卤化物氧化元素汞形成二价汞，SCR烟气脱硝装置可加强元素汞的氧化，形成更多的二价汞，二价汞溶于水从而被脱硫装置所捕获，从而达到除汞目的。这种技术对安装了SCR和脱硫装置的燃煤电厂脱汞效果好，成本低。而且由于加入煤里的卤化物远少于煤里本身含有的氯，所以添加到煤里的卤化物不会对锅炉加重腐蚀。

利用烟气湿法脱硫装置能有效控制汞的排放，而且喷射系统简单，除汞成本低。唯一值得注意的是脱除的汞都进入烟气湿法脱硫装置的排出物石膏或废水里，需要二

---

❶ 《火电厂大气污染物排放标准》编制组.《火电厂大气污染物排放标准》编制说明［M］. 2011.

次处理。但由于除汞成本低，此技术对现今装备了 SCR 和湿法脱硫装置的电厂吸引力非常大。

（3）烟道喷入活性炭吸附剂

该方法是将含有卤化物的活性炭在静电除尘器或布袋除尘器前喷入，烟气里的汞和活性炭中的卤化物反应并被活性炭所吸附，然后被静电除尘器所捕集，飞灰里被收集下来的汞不会再次释放，从而达到除汞的目的。吸附剂占粉煤灰中的比例取决于喷射率和燃煤的灰分含量，一般在 0.1% ~ 3%。

烟道喷入活性炭吸附剂技术包括选择和生产吸附剂、吸附剂储存和喷射与汞测量 3 个环节。含卤化物的活性炭吸附剂从生产的工厂运送到电厂，储存于贮料罐中，压缩空气将吸附剂分别压到喷射器的进料注入导管，再通过一批喷嘴喷射到烟气中，连续汞监测仪将烟气中的汞含量记录下来。

吸附剂是该技术的核心。优化的喷射系统可以将吸附剂颗粒均匀地喷射在烟气中，让吸附剂颗粒涵盖所有的烟道空间，以最快的速度和烟气混合，使吸附剂颗粒与汞化合物最大限度地接触和反应，大大地提高吸附剂的脱汞效率和降低成本。

## 3.2 专利竞争环境

### 3.2.1 专利申请概况

中国专利技术市场情况见图 7。

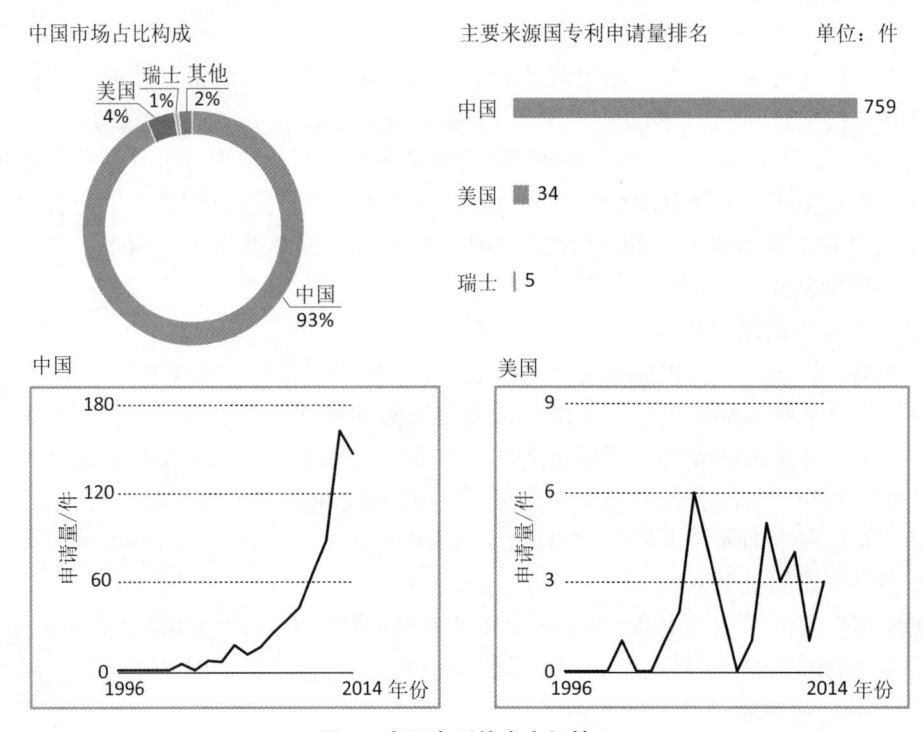

图 7 中国专利技术市场情况

从上得出如下信息：

（1）根据中国专利申请的检索及统计结果，就中国的专利竞争环境而言，我国在汞控制领域专利申请量2014年出现大幅度增长，相关技术的市场参与者除中国外，还包括美国和日本，专利权人除来自中国本土外，主要来自美国、日本、英国和瑞典等，授权率大约在52.28%。

（2）对于我国市场来说，本国申请量占据强势主导地位，国外申请量相差悬殊，美国申请量仅有30件，日本申请量仅有3件，并未对我国专利布局造成影响。可见我国市场并未得到国外申请人的重视。

（3）我国无论是专利制度还是汞控制领域内的发展均起步较晚，从整体技术环境来看，水平明显落后于美日等国家。

（4）近几年在国家政策发展的促进下，汞污染控制领域略有发展，虽然国外专利布局在我国并不明显，但研发者在研发时仍应关注世界范围内的现有技术，有的放矢地进行研发以及专利申请工作，对于已有技术进行了解，减少重复开发。

### 3.2.2 专利地区分布

中国专利技术地域分布情况见图8。

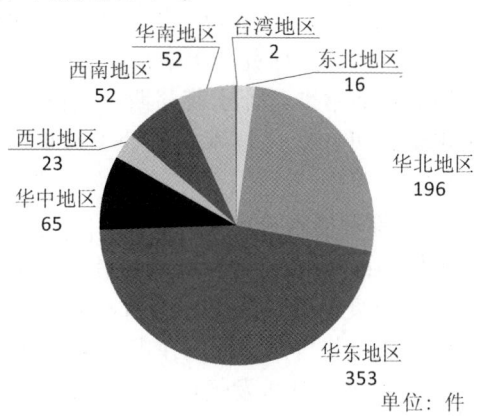

图8 中国专利技术地域分布情况

我国脱汞技术主要产出地区分别为北京、江苏、上海、浙江等华北和华东省市，这几个地区均为我国专利申请量较大的地区，以及经济较为发达的地区。例如，国华太仓发电有限公司、浙江乌沙山电厂、宁海电厂、福建嵩屿电厂以及福建后石电厂均集中在华东地区，因此促进了华东地区对汞的控制技术的研发投入，尤其是上海交通大学、浙江大学在汞的控制技术中申请量名列前茅。

### 3.2.3 专利技术生命周期

各技术分支中国专利技术生命周期见图9。

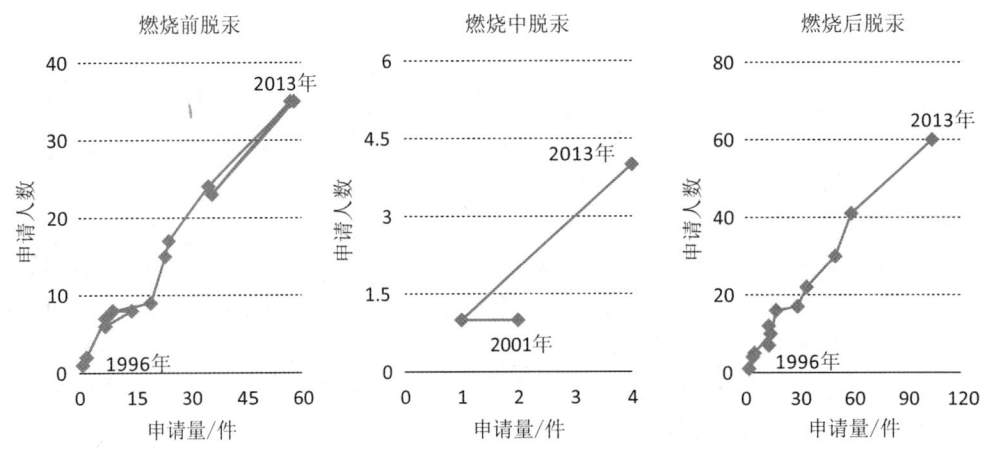

图 9　各技术分支中国专利技术生命周期

从上得出如下信息：

（1）从专利生命周期角度来看，就中国的专利竞争情况而言，燃烧前脱汞和燃烧后脱汞技术均处于发展期，研发人员的数量和专利申请的数量都明显增高，证明燃烧前脱汞和燃烧后脱汞的技术经时间验证明显具备可行性，因此有较多的企业陆续加入进来，使得该技术得到不断的发展，产品市场不断扩大。燃烧后脱汞技术的研究最为广泛，从国内外研究状况来看，大部分研究均集中在高效、经济的吸收剂的研制。

而燃烧中脱汞技术申请总量非常少，处于萌芽期，该技术从 2001 年起有第一件申请，其间经常间隔多年无申请，可知所述技术仍然处于起步期，只有较少的企业参与到该技术的研发中，专利申请量很少。

（2）燃烧前脱汞和燃烧后脱汞技术分支处于发展期，应顺应其发展趋势，加大研发投入，鼓励企业参与，更好地维持发展期的水平。对于一项专利技术来说，其经历发展期之后必然要经历成熟期与衰退期，届时一些没有真正技术实力的企业就会面临市场的淘汰，因此，应当用专利武装自己，争取在市场竞争中取胜。

通过对 2010~2015 分类号排名的分析发现：

（1）同全球环境类似，燃烧中脱汞技术是该领域的专利技术空白点，燃烧中脱汞技术专利申请量非常少，但非专利文献中均提到的通过改进燃烧方式抑制汞的排放所采用的循环流化床（CFB）锅炉技术在我国已趋于成熟。近年来我国热电建设中较广泛采用了 CFB 锅炉，目前国内已有近 20 家锅炉厂能生产 CFB 锅炉的本体，运行的 CFB 锅炉已达 1200 多台。

（2）燃烧前和燃烧后脱汞技术主要研究热点是采用吸附剂和/或催化剂进行脱汞。大部分研究集中在高效、经济的吸收剂的研制。

## 3.3　主要竞争者

从我国汞的控制技术领域的申请来看，排名前 10 名的主要竞争者（见表 8）中高校占据了主要位置，其中高校申请人占 7 席，而科研院所占 1 席，企业占 2 席。各申请人申请量相差不大。其中重庆大学的专利授权率最高,达到了85.7%。

这充分说明了我国在汞的控制技术领域的研发主要集中在高校中,其研发能力主要依赖于国家科研基金的投入,这正与主要全球竞争者形成了鲜明对比,全球主要竞争者全部来自于大型的跨国公司,它们主要依靠自身的经济实力进行研发投入。

表8 国内主要竞争者总体情况

| 竞争者 | | 专利概况 | | |
|---|---|---|---|---|
| | | 申请量/件 | 授权率 | 发明人数量 |
| 高校 | 华北电力大学 | 32 | 46.9% | 70 |
| | 上海交通大学 | 28 | 78.6% | 39 |
| | 浙江大学 | 27 | 51.9% | 46 |
| | 华中科技大学 | 19 | 52.6% | 57 |
| | 重庆大学 | 14 | 85.7% | 36 |
| | 东华大学 | 13 | 61.5% | 19 |
| | 东南大学 | 12 | 66.7% | 25 |
| 科研院所 | 广东电网公司电力科学研究院 | 22 | 72.7% | 27 |
| 企业 | 西安热工研究院有限公司 | 18 | 55.6% | 35 |
| | 中电投远达环保工程有限公司 | 13 | 61.5% | 27 |

中国主要竞争者专利技术领域分布见表9。

表9 中国主要竞争者专利技术领域分布　　　　　　　　　　单位:件

| 竞争者 | 排名前5位的技术领域及其申请量 | | | | |
|---|---|---|---|---|---|
| | 化学或生物净化方法除汞 | 除汞的一般方法或装置 | 汞脱除用吸附剂或催化剂 | 废气中的汞脱除用装置 | 降低燃烧中汞的排放 |
| 华北电力大学 | 50 | 21 | 43 | 15 | 4 |
| 上海交通大学 | 47 | 33 | 37 | 7 | 4 |
| 浙江大学 | 43 | 35 | 20 | 11 | 3 |
| 华中科技大学 | 30 | 18 | 20 | 9 | 5 |
| 重庆大学 | 14 | 20 | 12 | 9 | 2 |
| 东华大学 | 24 | 17 | 12 | 10 | 4 |
| 东南大学 | 20 | 16 | 12 | 9 | 4 |
| 广东电网公司电力科学研究院 | 39 | 18 | 22 | 8 | 3 |
| 西安热工研究院有限公司 | 26 | 15 | 10 | 12 | 6 |
| 中电投远达环保工程有限公司 | 24 | 15 | 10 | 7 | 2 |

我国申请人与全球竞争者的申请特点较为相似，同样主要集中在设备装置以及吸附剂、催化剂的改进技术上。例如上海交通大学、广东电网公司电力科学研究院以及浙江大学的主流工艺是对催化剂以及吸收液进行改进，其中上海交通大学还涉及利用电晕放电装置，在烟道中对除汞剂进行就地活化，生成大量的活性物质，提高除汞剂对烟气中零价汞的氧化速率，从而快速有效地去除烟气中的零价汞。

此外，广东电网公司电力科学研究院和中电投远达环保工程有限公司均是国内火电厂烟气脱硫系统研发以及生产的龙头老大，其中广东电网公司电力科学研究院2002~2012年11年累计完成60台机组的烟气脱硫系统调试、15台机组的烟气脱硝系统调试，累计减少二氧化硫排放量超过350万吨；而中电投远达环保工程有限公司主要从事火电厂烟气脱硫脱硝EPC、核电环保、脱硫特许经营、脱硝催化剂制造、水务产业、新能源等五大业务，编制了脱硫脱硝2项国家标准。可知掌握烟气脱硫核心技术的企业通常会同时研发并掌握脱汞新技术。

国内企业的主流工艺基本集中在对催化氧化剂以及吸附剂的改性研究，然而吸附法烟道气脱汞迄今没有实现产业化，❶ 其技术方面的主要原因在于：

（1）由于电厂产生的烟气量大，采用吸附法必须向烟气中喷入大量的吸附剂才能有效去除烟气中的汞，既增加了除尘负荷，又导致成本居高不下。

（2）现有研究主要针对如何设计好的吸附剂去吸附汞，对吸附后的汞从吸附剂上解吸的过程以确保汞不再解吸和蒸发的研究较少，长期堆积的吸附剂上的汞仍然会蒸发造成二次污染及局部更强的污染。

（3）无吸附剂的寿命及再生周期的评估，大部分研究都忽略了吸附剂的再生与活化问题，没有考虑对吸附的汞进行回收，致使吸附法脱除烟道气汞的技术成本过高。而且如何处理吸附汞后的吸附剂是一个新的环保问题。

（4）氧化法中应用的氧化剂，例如溴单质、酸性高锰酸钾等本身对环境就有污染，而且价格高昂，很难大范围应用。

（5）目前的有关研究和报道都是在实验室方式下进行的。吸附脱汞从技术层面而言无疑可行性很高，在一定的设备下进行吸附脱汞研究，同时考虑吸附后的$Hg^0$的处理、转化以确保吸附后的汞不再解吸和蒸发及吸附剂的回收、再生等，是未来燃煤烟道气脱汞技术产业化实现的重要途径和发展方向。

因此，对于添加吸附剂进行烟道气脱汞，就目前我国的现实情况而言不宜轻易采用，但这无疑是烟道气脱汞技术的一个发展方向，特别是针对燃用特高汞煤电厂在采用除尘脱硫脱硝后仍不能满足标准要求的，无疑是一个必然的选择。

---

❶ 赖敏. 燃煤电厂污染控制技术：我国火电行业汞排放分析及控制对策［J］. 四川环境，2012，32：119-128.

# 第 4 章　竞争启示及产业发展建议

## 4.1　技术启示及建议

### 4.1.1　技术启示

从全球以及中国专利竞争情况数据可以看出，燃烧中脱汞技术是该领域的专利技术空白点。燃烧中脱汞技术专利申请量非常少，但非专利文献中提到通过改进燃烧方式例如流化床燃烧、低氮燃烧、炉膛喷入吸附剂等对汞的脱除有积极作用，并且近几年通过改进燃烧方式抑制汞的排放所采用的 CFB 锅炉技术在我国已趋于成熟。因此我国企业应抓住技术空白点，开发能够进入工业化阶段的新一代技术。

燃烧前和燃烧后脱汞技术主要研究热点集中在高效、经济的吸收剂的研制。然而目前只有活性炭吸附剂可以达到较高的汞控制能力，但是应用活性炭吸附剂面临着控制成本这一瓶颈问题，因此对于吸附剂和/或催化剂的改进仍属于脱汞技术的重要领域。

### 4.1.2　技术建议

美国是世界上率先提出对燃煤电厂汞控制排放限值的国家，为了能够达到最佳消减汞排放效果，建立了一套完善的测定汞的方法并配备了先进的在线测量设备。我国多数企业尚未建立相应的监控机制和设施，基础数据薄弱，对电厂汞源头状况及其产生过程、排放现状、排放规律缺乏了解和认识。应建立我国典型燃煤机组排放清单的计算模型，开展燃煤电厂大气汞排放在线监测试点工作，准确掌握燃煤电厂大气汞排放第一手数据。

美日欧等国家和地区在烟气脱汞领域起步较早，拥有多项成熟的技术。我国烟气脱汞领域的龙头企业大部分都是先引进国外先进技术，围绕国外技术进行改进，在此基础上逐步发展。然而直接引进国外技术也因国情差异（如电厂的燃煤、工况、管理文化、监管文化的不同），需要通过试点，建立示范工程加以验证，同时还有一个选择、消化、吸收的过程。特别是中外燃煤特性及机组调峰方式有较大差别，引进技术时应予以考虑。中美汞控制技术应用适应性差异见表 10。

表10 中美汞控制技术应用适应性差异

| 国家 | 适用性差异 | | |
|---|---|---|---|
| | 燃煤特性 | 机组调峰方式 | 工况 |
| 美国 | 多为高氯、低硫、低灰分煤种 | 天然气、水电调峰,煤电不参与调峰,基本满负荷运行 | 相对稳定 |
| 中国 | 普遍呈低氯、高硫、高灰分特征 | 煤电调峰,普遍调峰频繁甚至有深度调峰(极低负荷运行),负荷变化频繁 | 复杂多变 |

我国在汞控制领域的专利产出量位居全球第三,且近些年产出量呈直线上升的趋势,这说明国内竞争者对汞的控制技术的研发投入不断增加。然而从国内汞控制领域专利申请数据来看,我国专利申请量排名前10位的主要竞争者中,有7名是高校,2名是科研院所,仅1位申请人为企业。而专利技术是领域的前沿技术,距离向工业化转变还有一定距离,因此,我国在该领域的技术创新多数还停留在研发试验阶段,进入工业化阶段的专利技术还略少,在工业上应用实施的专利技术还是依赖于国外技术的输入。另一方面,国内高校或科研机构具备一流研发水平,拥有众多高科技创新人才,为了提升竞争实力,国内企业可以通过校企携手的方式,借助企业雄厚的资金实力以及高校或科研机构高水平的技术创新能力,共同开创自主创新技术,提高专利技术的转化率。

污染防控设施协同控制除汞是我国企业应优先考虑的应对措施,单独开发新的汞控制工艺在经济上是不可行的,因此充分利用现有的污染控制设备进行一些改进从而提高汞的脱除效率,这样的复合式污染控制之路为烟气脱汞提供了广阔的发展空间。❶

企业申请人往往都是将除尘、脱硫、脱硝以及脱汞等根据污染物产生的源头进行一并去除,因此其研发的技术多数为一体化技术或联合技术。这也更加适合产业应用,因为对汞污染物产生大户火电厂而言,其同时也排出氮氧化物等污染物,因此,需要同时进行脱硫、脱硝、脱汞才能使大气排放达到国家标准。通过低氮燃烧、燃烧调整、配煤掺烧等方式,再结合烟气脱硝装置对汞的氧化以改变烟气中汞的形态,或适度控制飞灰残碳量,改变除尘器运行方式提高除尘器对易富集汞的超细粉尘捕集率,再配合以脱硫洗涤等方式的调整,可以进一步提高协同控制的效果。

由于火电厂在汞的脱除技术中通常优先考虑的是协同控制,多管齐下,因此,我国在脱汞技术的研发中,应从大处着眼,拓宽科研团队的研发领域,通过燃烧前、燃烧中、燃烧后协同控制脱汞,提高汞的脱除率,走复合式污染控制之路。

---

❶ 陈其颢. 燃煤电厂汞排放及其控制技术综述[C]//第十五届中国科协年会第9分会场:火电厂烟气净化与节能技术研讨会论文集,2013:1-5.

## 4.2 市场启示及建议

### 4.2.1 市场发展建议

我国于 2011 年由环境保护部修订发布的《火电厂大气污染物排放标准》（GB 13223—2011）首次对燃煤电厂汞及其化合物排放浓度限值提出明确的要求。从"十一五"计划完成的减排数据可以看出控制经济发展带来的新增污染，由于 2013 年我国已经签署了《水俣公约》，《水俣公约》对汞的大气排放有明确的要求，要达到公约的相应要求，监管机构和企业正在开始选择安装污染控制设备，就应从现在开始把汞排放控制计划纳入空气污染治理的计划，这样将是最高效和最经济的。

而我国加入《水俣公约》之后，如何有效控制各种大型燃煤电站锅炉和工业锅炉的汞排放就成了我国新时期污染减排面临的首要任务和最大困难。如何提高烟气脱汞技术以减少汞及其化合物的生成对减少新增污染至关重要。由此可知，今后我国对汞及其化合物的脱除技术将会越来越重视，因此尽早对脱汞技术加以重视，引进技术并发展具有自主知识产权的脱汞技术是我国企业所急需的。

### 4.2.2 区域发展建议

我国汞的控制技术专利申请主要集中在经济较为发达的地区，如北京、江苏、上海、浙江等省市的专利申请量大幅度领先于其他地区。由于我国国华太仓发电有限公司、浙江乌沙山电厂、宁海电厂、福建嵩屿电厂以及福建后石电厂均集中在华东地区，因此促进了华东地区对汞的控制技术的研发投入，尤其是上海交通大学、浙江大学在汞的控制技术中申请量名列前茅。基于上述现状，应综合考虑我国目前大气污染的现状和趋势，制定合理的政策措施，提高能源利用效率，充分利用现有污染控制设备对汞进行协同脱除，减少投资费用，走复合式污染控制之路。

### 4.2.3 政策模式建议

总体而言，欧洲、加拿大、澳大利亚、印度等国家和地区是未来的潜在市场。加拿大、澳大利亚、印度存在的一个共同特点是地域广阔，适应气候变化的能力较强，为了保持世界领先的地位或追赶经济强国，必须持续发展工业，仍需要继续大额排放汞；而欧盟作为世界上汞的最大供应商，汞的排放量必然是不容忽视的，因此需要汞脱除产业大规模存在以适应经济发展需求。我国企业在进入上述市场时应明确其汞排放标准，符合当地规定，例如，加拿大立法限定了燃煤电厂汞排放的具体要求：①烟煤，汞的大气排放限值约合 $2.3\mu g/m^3$；②次烟煤，汞的大气排放限值约合 $6.2\mu g/m^3$；③褐煤，汞的大气排放限值约合 $11.6\mu g/m^3$；④混煤汞的大气排放限值约合 $2.3\mu g/m^3$。

全球竞争者前 10 名中没有一家是我国的企业，可知我国国内成熟的产业不多，市场秩序较混乱。我国企业应抓住发展时机进行技术研发，掌握核心技术，占据有利市场。

## 4.3 专利布局启示及建议

### 4.3.1 国内专利布局建议

全球主要竞争者市场布局主要在美国、日本和欧洲，然而由于前 10 名竞争者中有 6 名竞争者为日本企业，可知汞的控制技术在美国和欧洲更具有市场。除日本本土竞争者外，其他竞争者基本不在日本布局，可知日本市场已经接近饱和，日本企业自身研发的技术已经在日本国内形成了垄断。全球主要竞争者仅 1 家在中国进行专利布局，说明我国并没有成为全球主要竞争者脱汞技术专利布局的重点。我国企业专利申请量低，专利布局形势不明朗。在这个时候，我们更应当努力开发自己的优势产品，针对优势技术先在国内进行合理的专利布局。

### 4.3.2 海外专利布局建议

全球排名前 10 位的公司中并没有我国企业，我国申请人对外申请量基本为零，说明我国的申请人并未提高对全球专利申请布局的重视程度。我国申请人对国际专利申请还缺乏充分的认识，没有能够充分利用国际专利申请的优势，同时在一定程度上也反映了国内研发成果质量及运用专利制度的能力还有待于进一步加强。

结合海外市场的特点以及烟气脱汞技术在我国深入发展的趋势，我国部分竞争者实际上应当存在一些具有竞争实力的专利技术，对于这些专利技术而言，我国竞争者可以考虑国际市场，适当对海外市场进行专利布局投入。

# 挥发性有机物控制

# 挥发性有机物控制研究团队

**一、项目指导**

于立彪

**二、项目管理**

北京国知专利预警咨询有限公司

**三、项目组**

负责人：聂春艳

撰稿人：佟婧怡（主要执笔第 1 章）

张　旭（主要执笔第 3 章）

李　欣（主要执笔第 1 章）

王　丹（主要执笔第 4 章）

统稿人：樊培伟　裴　军　孙永福

审稿人：任　怡　孙瑞峰

# 分 目 录

摘　要 / 177
第1章　挥发性有机物控制领域概述 / 178
　1.1　技术概述 / 178
　1.2　产业发展综述 / 180
第2章　全球专利竞争情报分析 / 181
　2.1　总体竞争状况 / 181
　　2.1.1　政策环境 / 181
　　2.1.2　经济环境 / 182
　　2.1.3　技术环境 / 183
　2.2　专利竞争环境 / 184
　　2.2.1　专利申请概况 / 184
　　2.2.2　专利技术分布概况 / 186
　　2.2.3　专利技术生命周期 / 187
　2.3　主要竞争者 / 187
　　2.3.1　专利申请概况 / 187
　　2.3.2　主要专利技术领域分析 / 189
　　2.3.3　主要专利技术市场分析 / 189
第3章　中国专利竞争情报分析 / 192
　3.1　总体竞争环境 / 192
　　3.1.1　政策环境 / 192
　　3.1.2　经济环境 / 193
　　3.1.3　技术环境 / 195
　3.2　专利竞争环境 / 195
　　3.2.1　专利申请概况 / 195
　　3.2.2　专利地区分布 / 196
　　3.2.3　专利技术生命周期 / 197
　3.3　主要竞争者 / 197
　　3.3.1　专利申请概况 / 197

3.3.2　主要专利技术信息分析 / 199
**第4章　竞争启示及产业发展建议 / 200**
　4.1　技术启示及建议 / 200
　　　4.1.1　技术启示 / 200
　　　4.1.2　技术建议 / 200
　4.2　市场启示及建议 / 200
　　　4.2.1　区域发展建议 / 200
　　　4.2.2　向美国和日本市场发展建议 / 201
　4.3　专利布局启示及建议 / 201
　　　4.3.1　海外专利布局建议 / 201
　　　4.3.2　国内专利布局建议 / 202

# 摘　要

　　本报告涉及大气污染防治技术产业挥发性有机物控制领域的专利竞争情报分析。报告中全球专利竞争情报分析和中国专利竞争情报分析两大部分内容，分别从总体竞争环境、专利竞争环境和主要竞争者出发分析得出该行业的竞争情报信息。总体竞争环境部分从市场、政策、经济出发分析各国的行业状况，专利竞争环境和主要竞争者部分主要基于专利统计数据挖掘各国、各大公司的专利技术情况，包括生命周期发展状况、技术热点空白点、海外市场布局、企业研发方向。最后结合中外数据情报分析，提出对行业的一些发展建议。

**关键词：** 挥发性有机物　全球　中国　竞争情报　专利

# 第1章 挥发性有机物控制领域概述

## 1.1 技术概述

挥发性有机物是大气的主要污染物之一，常用 VOC 表示，是 Volatile Organic Compound 三个词首字母的缩写，总挥发性有机物有时也用 TVOC 来表示。目前，各国对挥发性有机物的界定尚不统一。2002 年我国《室内空气质量标准》(GB/T 18883—2002) 确定总挥发性有机物指气相色谱分析中从正己烷峰到正十六烷峰之间的所有化合物；欧盟将挥发性有机物定义为标准大气压下初始沸点低于 250℃ 的有机化合物；世界卫生组织（WHO）将总挥发性有机物定义为熔点低于室温而沸点在 50~260℃ 之间的挥发性有机化合物的总称；美国环保署将挥发性有机物定义为任何一种参加大气光化学反应的含碳化合物，其中不含 CO、$CO_2$、碳酸、碳酸盐、金属碳化物及碳酸铵。[1] 尽管这些定义的侧重点不同，但是挥发性有机物按其化学结构的不同，大体上可以进一步分为 8 类：烷类、芳烃类、烯类、卤烃类、酯类、醛类、酮类和其他。挥发性有机物的主要成分有烃类、卤代烃、氧烃和氮烃，它包括苯系物、有机氯化物、氟里昂系列、有机酮、胺、醇、醚、酯、酸和石油烃化合物等。

挥发性有机物的主要危害可以概括为两个方面：一是大多数挥发性有机物有毒、有恶臭，当其达到一定浓度后，对人的眼、鼻、呼吸道有刺激作用，使皮肤过敏，对心、肺、肝等内脏及神经系统产生有害影响，甚至造成急性和慢性中毒，可致癌、致突变。二是挥发性有机物可破坏大气臭氧层，产生光化学烟雾及导致大气酸性化。因此，挥发性有机物对人类的身体健康构成严重的危害。[2]

室外的挥发性有机物主要来自燃料燃烧和交通运输产生的工业废气、机动车尾气、光化学污染等。室内的挥发性有机物的来源大致有 3 类：①室内装修装饰材料、家居用品以及其他日常用品；②人类自身以及日常生活活动所带来的污染源，比如吸烟、烹饪、打印机的使用、涂改液、杀虫液等；③室外污染源，如工业废气、机动车尾气、光化学烟雾等的扩散。室内挥发性有机物的污染呈现多元化、交叉化的特点。[3]

挥发性有机物控制一直是大气污染防治技术的关注重点之一。挥发性有机物控制，通常是指对所排放的挥发性有机物进行末端治理的控制技术。挥发性有机物控制的主要方法可以分为物理控制方法、化学控制方法以及生物控制方法。物理控制方法主要分为吸收法、吸附法、冷凝法（浓缩法）、膜分离法，化学控制方法主要分为催化法、燃烧法、等离子体催化氧化法，生物控制方法主要分为生物洗涤塔、生物过滤池、生物滴滤塔。具体技术分解如图 1 所示。

---

[1] 李宁，王倩，杜健，等. 我国空气中挥发性有机物标准体系建设的对策和建议 [J]. 环境监测管理与技术，2014，26 (1): 1-4.

[2][3] 张星，朱景洋，穆远庆. 挥发性有机物污染控制技术研究进展 [J]. 化学工程与装备，2011 (10): 165-166.

# 第1章　挥发性有机物控制领域概述

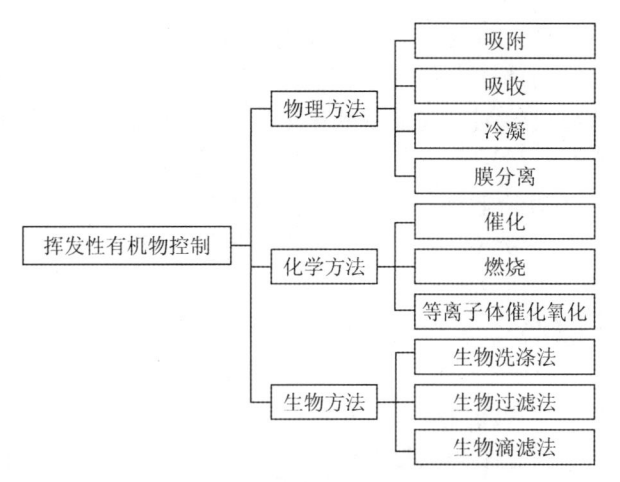

**图1　挥发性有机物控制技术分支**

物理控制方法通常是指不改变挥发性有机物的分子结构而对其进行回收的方法。例如，吸收法是利用液体吸收液从气流中吸收气态挥发性有机物的一种方法，常用于处理高湿度挥发性有机物气流（>50%）。❶ 吸附法是利用某些具有吸附能力吸附质诸如活性炭、分子筛等吸附有机污染物而达到污染控制的目的。冷凝法是指通过将温度控制在挥发性有机物的沸点以下而将挥发性有机物冷凝下来，从而达到挥发性有机物治理的方法，该法适用于高沸点挥发性有机物的处理。❷

化学控制方法通常是指在光、热、催化剂等作用下改变挥发性有机物的分子结构，将其转化为 $H_2O$ 和 $CO_2$。例如，燃烧法是利用挥发性有机物易燃性质进行处理的一种方法，经过充分的燃烧后，最后的产物是 $H_2O$ 和 $CO_2$，由于燃烧时放出大量的热，排气的温度很高，所以可以回收热量。❸ 低温等离子体技术又称为非平衡等离子体技术，是在外加电场的作用下，通过介质放电产生大量的高能粒子，其与有机污染物分子发生一系列复杂的等离子体物理-化学反应，从而将有机污染物降解为无毒无害物质。光催化氧化法是指利用催化剂的光催化氧化性，使吸附在其表面的挥发性有机物发生氧化还原反应，最终转变为 $H_2O$ 和 $CO_2$ 及无机小分子物质。❹

生物控制方法通常是指利用微生物的新陈代谢对多种挥发性有机物进行生物降解。例如，生物洗涤塔是指生物悬浮液在吸收室将废气中的污染物和氧转入液相。生物过滤池是通过附着在填料床上微生物的新陈代谢，将废气中有害成分氧化分解成 $H_2O$、$CO_2$、$NO_3^-$ 和 $SO_4^{2-}$ 等无害物质。生物滴滤塔通常由不含生物质的惰性填料床组成，其顶部设有喷淋装置，用以控制滤床的温度，而且还能在喷淋液中加入营养液和缓冲物质创造适宜微生物生长繁殖的环境。与生物过滤池相比，生物滴滤塔具有更低的压降和更好的营养控制。❺

---

❶ 蒋卉. 挥发性有机物的控制技术及其发展 [J]. 资源开发与市场, 2006, 22 (4): 315-317.
❷ 张星, 朱景洋, 穆远庆. 挥发性有机物污染控制技术研究进展 [J]. 化学工程与装备, 2011 (10): 165-166.
❸ 赵江力, 次会玲. 废气中挥发性有机物的治理 [J]. 河北化工, 2012, 35 (4): 76-78.
❹ 吴碧君, 刘晓勤. 挥发性有机物污染控制技术研究进展 [J]. 电力环境保护, 2005, 21 (4): 39-42.
❺ 吴祖良, 谢德援, 陆豪, 等. 挥发性有机物处理新技术的研究 [J]. 环境工程, 2012, 30 (3): 76-80.

对于含高浓度挥发性有机物的废气，宜优先采用冷凝回收、吸附回收技术进行回收利用，并辅助以其他治理技术实现达标排放。对于含中等浓度挥发性有机物的废气，可采用吸附技术回收有机溶剂，或采用催化燃烧和热力焚烧技术净化后达标排放。对于含低浓度挥发性有机物的废气，有回收价值时可采用吸附技术、吸收技术对有机溶剂回收后达标排放；不宜回收时，可采用吸附浓缩燃烧技术、生物技术、吸收技术、等离子体技术或紫外光高级氧化技术等净化后达标排放。❶

## 1.2　产业发展综述

我国京津冀、长江三角洲、珠江三角洲等区域城市空气中挥发性有机物主要是挥发性烷烃、烯烃、芳香烃，主要来源为机动车尾气和工厂排放，污染程度基本接近国外典型污染城市20世纪80年代中期水平，急需国家建立相关法规进行有效控制。近几年，我国部分区域也陆续开展了城市空气中挥发性有机物的监测及来源研究工作。2002~2003年在北京市大气中检测出108种挥发性有机物，主要成分是苯系物和卤代烃，总挥发性有机物平均质量浓度为（163.7±39.0）$\mu g/m^3$。2002~2003年研究表明挥发性有机物是城市大气化学过程中的关键前体物，其中在大气挥发性有机物的混合比中大约仅占15%的烯烃化合物贡献了大约75%的大气化学活性。2008年检测奥运期间北京大气中芳烃对大气中 $O_3$ 生成贡献最大（47%）。2010年在上海交通干线空气中检出71种挥发性有机物，以烷烃和芳香烃所占比例最高，甲苯的最高质量浓度为18$\mu g/m^3$。2008~2009年天津大气中检测出62种挥发性有机物，其中芳香烃类化合物占45%。1996年广州市环境空气中的挥发性有机物主要为苯系物和烷烃，可能与机动车尾气有关。2001年在南京环境空气中检出芳烃39种、烯烃51种。2006年天津武清区光化学污染特征的结果表明邻二甲苯的臭氧生成潜势最高。我国大气背景点的挥发性有机物相比其他国家处于较低水平。❷

挥发性有机物种类繁多，不同物质对 $O_3$ 和颗粒物生成的贡献率不同，毒性也不同。而且挥发性有机物主要来源是机动车排放和工业排放，属于移动、不定时排放，其污染状况随时间和空间的变化波动很大。虽然我国的科研工作者已经开展了一些挥发性有机物检测和研究工作，获得了一些科研数据，但是由于挥发性有机物监测尚未纳入常规监测体系，亦未进行系统性挥发性有机物污染状况普查，从而无法获取污染行业排放挥发性有机物源清单数据，也不能对城市空气中挥发性有机物污染现状进行全面评价。同时，由于缺乏挥发性有机物污染组成特征、排放量以及污染状况全面、系统、准确的统计数据和分析，也妨碍了我国挥发性有机物优控名单的确定。❸

---

❶　中华人民共和国环境保护部. 挥发性有机物（VOCs）污染防治技术政策［M］. 2013.

❷❸　李宁，王倩，杜健，等. 我国空气中挥发性有机物标准体系建设的对策和建议［J］. 环境监测管理与技术，2014，26（1）：1-4.

# 第 2 章 全球专利竞争情报分析

## 2.1 总体竞争状况

随着国际对挥发性有机物污染排放标准的不断严格,治理措施成为消除污染的关键手段。传统的以吸附为主的控制措施已经不能更好地满足人们的要求,新的技术例如光催化降解技术、膜基净化技术等有明显的优点,但是目前这些技术处于研究阶段,需要不断地研究以使其能够更好地用于社会生产实践中,在 VOC 污染控制方面发挥更大的作用。此外,挥发性有机物的污染控制还需要法律和经济手段予以辅助和配合。

### 2.1.1 政策环境

1984 年美国环保署把"有毒化学物质污染与公众健康问题"列为各种环境污染问题之首,公布了 21 种工业污染点源和 65 种有毒污染物名单;前者有化学品制造、油漆、油墨及胶黏剂制造等工业,后者包括苯、四氯化碳等 30 多种 VOC。到 1996 年美国环境优先污染物的"黑名单"中已经增加到 129 种。根据上述规定,首先是联邦油漆与涂料协会(NPCA)开展在油漆类产品中大幅度降低油性溶剂比重,增加水性及固体粉末成分的工作,实际上,不止到 1999 年时油漆中 VOC 含量已经从 1990 年水平上降低了 20%,还要求无光清漆的 VOC 含量到 2005 年时应从 2001 年的 100g/L 减少到 50g/L。

在日本,尽管环境厅没有像美国那样公布过环境优先污染物的"黑名单",但其十分重视有毒化学物对环境和人类健康的危害,并且早在 1972 年已经把含有乙酸乙酯、甲苯和甲醇等的稀释剂和胶黏剂列入修订后的《毒品及剧毒物质取缔法》中,把它们和具有兴奋、致幻觉和麻醉作用的药物同样加以管理,禁止以摄入、吸嗅为目的的非法持有和使用。

1990 年,德国科学家 SEIFERT 推荐了一套室内挥发性有机物的浓度指导限值; 2000 年,WHO 公布了甲醛、二甲苯和 p-二氯苯 3 种挥发性有机物的指导限值。

美国早在 1990 年颁布的《清洁空气修正法》(CAAA1990)提出要重点控制的有毒、有害污染物 189 种,其中有机物污染物 167 种,并提出分两步控制大气污染物,其一控制汽车排放的挥发性有机物,其二控制工业区的挥发性有机物,要求 $O_3$ 浓度不合格的地区递交挥发性有机物削减 15% 的计划。美国在 1990~2005 年挥发性有机物的减排量高达55%。

欧盟在1996年公布了《关于完整的防治和控制污染的指令》（1996/61/EC），对包括石油炼制、有机化学品、精细化工、储存、涂装、皮革加工等6大类33个行业制定了挥发性有机物的排放标准。1999年《歌德堡议定书》关于限制特定活动及设备使用有机溶剂产生排放的理事会指令中提出，2010年挥发性有机物在1990年基准上减排60%。《欧洲战略环境影响评价指令》（European Directive 2001/42/EC）对建筑和汽车等特定用途的涂料设定挥发性有机物的排放限制。此外，欧盟还根据挥发性有机物的毒性实行了分级管理，高毒性挥发性有机物排放不超过5mg/m³，中毒性挥发性有机物排放不超过20mg/m³，低毒性挥发性有机物排放不超过100mg/m³。❶

日本2006年实施的《大气污染防治法》提出2010年挥发性有机物在2000年基准上固定源减排30%。❷

为配合上述法规的实施，美国、欧盟、日本也筛选出了相应的挥发性有机物污染因子，并建立了针对挥发性有机污染物的分析方法。国际标准化组织已发布的"室内环境与作业场所空气——通过吸附管/热解吸/毛细管气相色谱法采集和分析挥发性有机污染物"分析方法标准，覆盖烷烃类、芳香烃类、卤代烃类、酯类、酮类、醇类等大部分挥发性有机物。美国环保署对空气和废气中有毒有机物（TO）监测发布了15个TO系列分析方法标准。美国、欧盟、日本等国家和组织分别制定了各自的臭氧前体物监测项目。美国和日本等国家也研制出针对不同分析方法和控制要求的挥发性有机物气体标准样品。

### 2.1.2 经济环境

表1是部分国家和国际组织室内空气中甲醛浓度限值，可见相关国家和国际组织已将VOC的指标纳入经济生产和生活中。❸

**表1 部分国家和国际组织室内空气中甲醛浓度限值**❹

| | 国家或组织 | 限值/（mg/m³） | 备注 |
|---|---|---|---|
| 国际组织 | 室内空气质量协会（IAQA） | 0.06 | 采用加拿大健康和福利部标准 |
| | 世界卫生组织（WHO） | 0.1 | 总人群，30min指导限值 |
| 美洲 | 加拿大 | 0.12/0.06 | 作用水平/目标水平 |
| | 美国 | 0.486 | 联邦目标环境水平 |
| 欧洲 | 瑞士 | 0.24 | 指导限值 |
| | 意大利 | 0.12 | 暂定指导限值 |

---

❶❷ 李宁，王倩，杜健，等．我国空气中挥发性有机物标准体系建设的对策和建议 [J]．环境监测管理与技术，2014，26（1）：1-4．

❸❹ 陈清，余刚，张彭义．室内空气中挥发性有机物的污染及其控制 [J]．上海环境科学，2001，20（12）：616-620．

续表

| 国家或组织 | | 限值/（mg/m³） | 备注 |
|---|---|---|---|
| 欧洲 | 丹麦 | 0.15 | 总人群，基于刺激作用的指导限值 |
| | 德国 | 0.12 | 总人群，基于刺激作用的指导限值 |
| | 芬兰 | 0.30/0.15/0.03 | 1981年前/1981年后建筑物的指导限值/良好室内空气标准 |
| | 荷兰 | 0.12 | 基于总人数刺激作用和敏感者的致癌作用，标准值 |
| | 瑞典 | 0.13/0.20 | 室内安装胶合板/补救控制水平 |
| | 西班牙 | 0.48 | 仅适用于室内安装脲醛树脂泡沫材料的初期 |
| | 挪威 | 0.06 | 推荐指导限值 |
| 亚洲 | 日本 | 0.12 | 室内空气质量标准 |
| | 韩国 | 0.12 | 推荐指导限值 |
| | 中国 | 0.12/0.08 | 公共场所（医院、饭店等）/居室最高允许浓度 |
| 大洋洲 | 新西兰 | 0.12 | 室内空气质量标准 |

## 2.1.3 技术环境

从20世纪初期开始，国外已经采用冷凝、生物过滤、化学洗涤、活性炭吸附和膜分离等多种方法处理有机废气。采用焚烧方法处理工业废气也有近100年的历史，用来控制含VOC气体排放的焚烧处理方法也随着时间的推移而不断发展。最初采用直接燃烧法，之后发展成热力焚烧和封闭式燃烧，然后发展成为换热式热力焚烧炉，在20世纪70年代以后才发展成回收热量效率更高的蓄热式有机废气焚烧炉（Regenerative Thermal Oxidizer，RTO）系统。

最早的RTO系统是1978年在美国加利福尼亚州的一个金属成品厂的卷材连续涂覆线上出现的，当时的设备较简单，处理容量较小，有机物的破坏和去除效率也不是很高。经过20多年的发展，RTO系统在有机物破坏去除效率、适用范围和低运行费用等方面显现出巨大优势。RTO系统由于其热回收效率高，特别适合处理低浓度有机废气，在欧美国家迅速推广应用于工业VOC废气的处理，在亚洲电子工业发达的韩国、日本以及我国台湾地区也有较多应用。

20世纪后期，国外开发了催化氧化处理方法，还出现了将蓄热式焚烧方法与催化氧化方法结合的蓄热式催化氧化焚烧炉或低温蓄热式焚烧炉，以及将蓄热式焚烧方法与转轮吸附浓缩方法结合的VOC集成处理装置，在国外已经得到应用。

在挥发性有机物控制技术领域，目前国外主要是通过使用先进清洁生产工艺流程和开发改进原有设备以达到削减挥发性有机物排放的目的。

## 2.2 专利竞争环境

### 2.2.1 专利申请概况

全球专利技术市场情况见图2,全球专利技术产出情况见图3。由图2和图3可知,无论是按照申请量,还是按照产出量进行排序,VOC处理技术专利主要来自日本、美国、中国等,而中国无论是在申请量,还是在产出量方面,均处于全球第一的位置。

从代表全球发展方向的日本和美国来看,从20世纪90年代初期,申请量增长极为迅速,并在21世纪初期达到高峰;20世纪90年代以前,VOC处理技术尚处于起步阶段;20世纪90年代至21世纪初期,随着全球气候变化问题以及污染问题的加剧,VOC处理技术受到全球各个国家的广泛关注和重视。在此期间,欧盟在1996年公布了《关于完整的防治和控制污染的指令》(1996/61/EC),1999年《歌德堡议定书》关于限制特定活动及设备使用有机溶剂产生排放的理事会指令中提出,2010年挥发性有机物在1990年基准上减排60%。《欧洲战略环境影响评价指令》(European Directive 2001/42/EC)对建筑和汽车等特定用途的涂料设定挥发性有机物的排放限制。此外,欧盟还根据挥发性有机物的毒性实行了分级管理,高毒性挥发性有机物排放不超过5mg/m$^3$,中毒性挥发性有机物排放不超过20mg/m$^3$,低毒性挥发性有机物排放不超过100mg/m$^3$。从20世纪初期开始,国外已经采用冷凝、生物过滤、化学洗涤、活性炭吸附和膜分离等多种方法处理有机废气。20世纪后期,国外开发了催化氧化处理方法,还出现了将蓄热式焚烧方法与催化氧化方法结合的蓄热式催化氧化焚烧炉或低温蓄热式焚烧炉,以及将蓄热式焚烧方法与转轮吸附浓缩方法结合的VOC集成处理装置,并且在国外已经得到应用。这些相关技术呈波动式增长,专利数量也随之迅速增加。2005年以来,随着相关技术的不断发展成熟和稳定,专利申请量逐年下降,这也反映出专利申请逐年分布的普遍规律。就全球的专利竞争环境而言,日本和美国不相上下,势均力敌,日本专利申请量稍高,与其对VOC治理的重视不无关系。

## 第 2 章　全球专利竞争情报分析

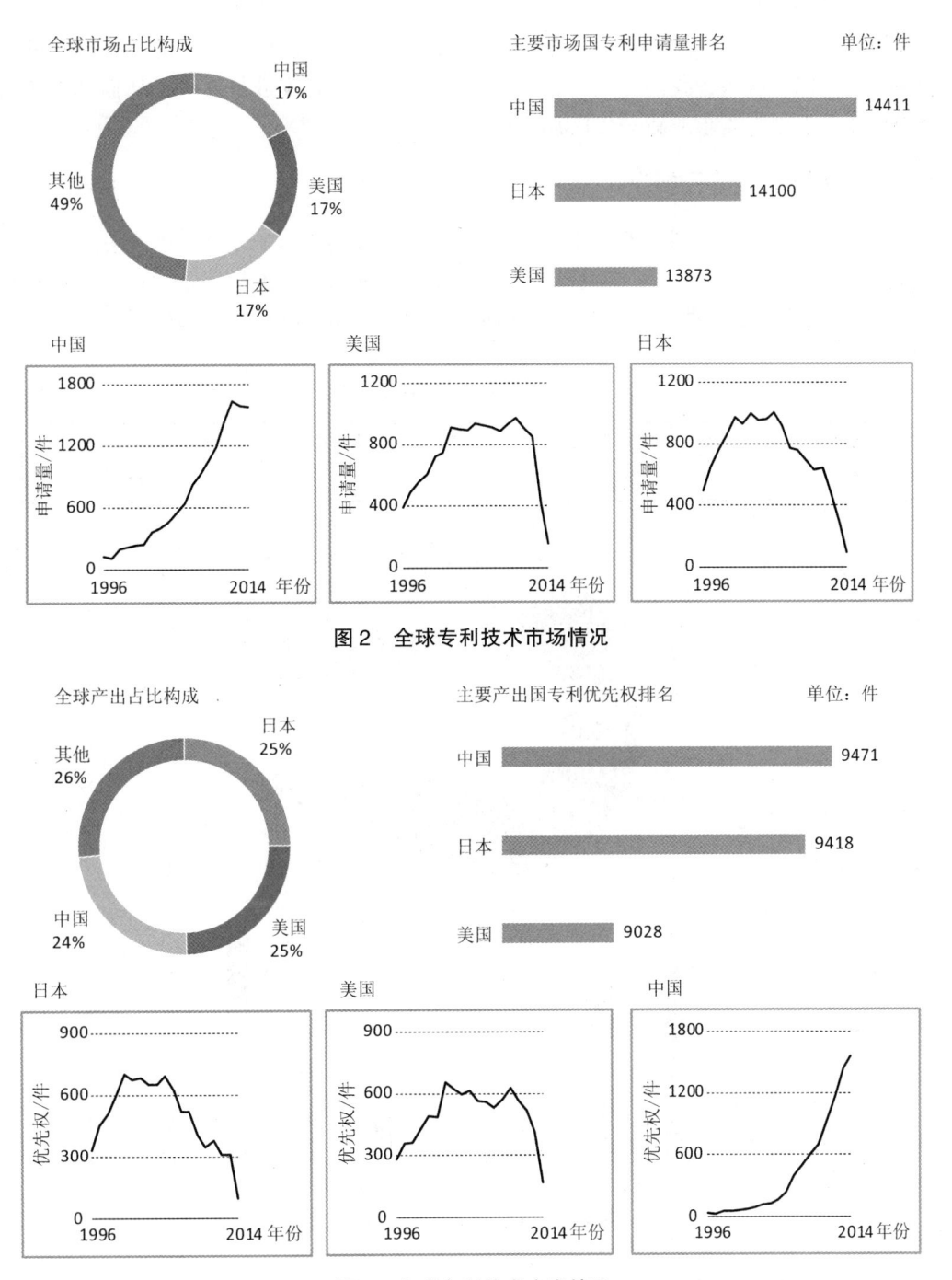

图 2　全球专利技术市场情况

图 3　全球专利技术产出情况

我国在 VOC 处理技术方面起步较晚，但从 1996 年至今申请量一直处于快速增长阶段，从增长形势上看优于其他国家，由此可知我国近几年在这一领域仍然有研发投入，市场前景较好。但是，从另外一个角度看，其他国家已经降低了在 VOC 处理领域研究的投入，在环境污染问题已经成为全人类关注的重点问题的大背景下，虽然它们可能已经拥有核心技术,但随着科学技术的发展以及时间的推进,这些核心技术有一些可能保护期限即将届满,我们更应该去关注这些核心技术的改进与发展,从而掌握更适合当今社会发展与需求的新一代核心技术。

### 2.2.2 专利技术分布概况

根据现有的 VOC 处理技术,可以分为以下 3 个技术分支:第一类:物理法;第二类:化学法;第三类:生物法。各二级分支的申请量如表2所示,从技术领域分布来看,物理法和化学法的专利申请量居多,而生物法的申请量较低,这与该技术起步较晚不无关系。

表 2  各技术分支申请量分布    单位:件

| 二级分支 | 分支一(物理法) | 分支二(化学法) | 分支三(生物法) |
|---|---|---|---|
| 申请量 | 16209 | 23060 | 2737 |

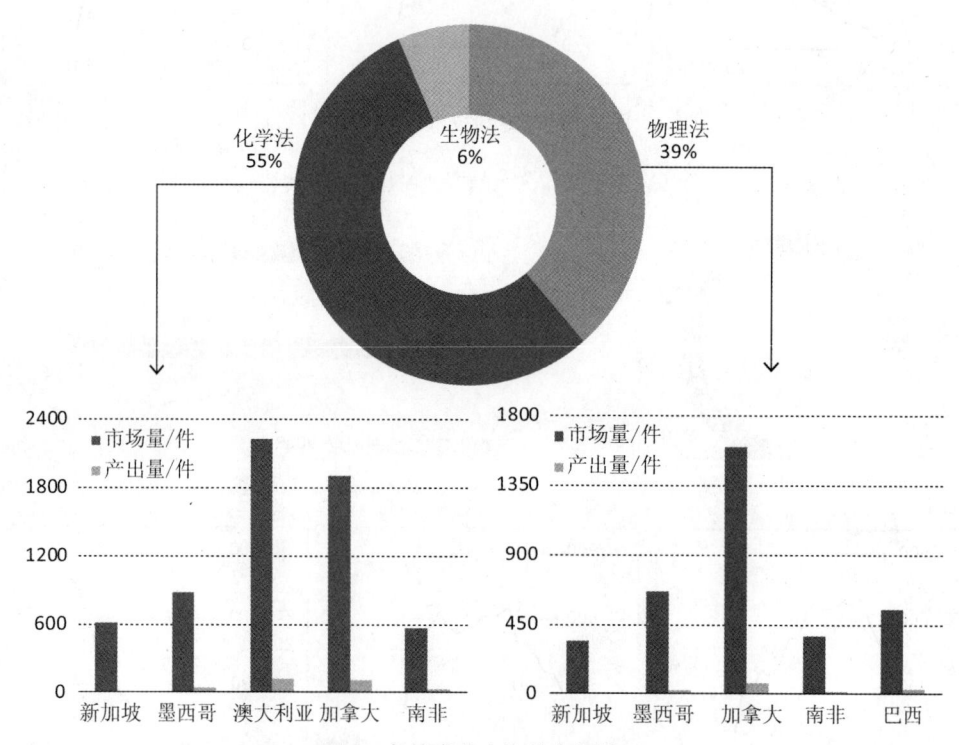

图 4  各技术分支海外市场情况

各技术分支海外市场情况见图4。对各个技术分支进行分析发现,一个国家在一个技术分支的专利市场量与产出量之比不尽相同,而市场量与产出量之比较直观地反映了该国家或地区的市场状况。市场量与产出量之比越小,说明这些国家在相关技术领域方面研究越活跃,反之,则说明这些国家或地区的技术相对落后,但是市场相对具有很大的开发潜力。

总体来看,日本、美国、中国这3个申请量大国市场量/产出量比值相比于其他国家而言较低，说明上述几个国家的市场与产出较为平衡，自身拥有技术较多，且同样也是世界各国较为重要的目标市场。而由图 4 可知，对于化学法技术分支，新加坡、墨西哥、澳大利亚、加拿大和南非这几个国家和地区市场与产出比位列世界各国前列，说明在该项技术上这些国家和地区虽然自身不具有较多专利技术，但已经成为世界其他国家较为关注的重点。这有可能与这些国家和地区政策上相对重视 VOC 的治理，但研发投入较少相关。同样地，对于物理法技术分支，也存在类似情况，市场与产出排名比较高的有新加坡、墨西哥、加拿大、南非和巴西。那么对于我国想凭借 VOC 技术打进国际市场的企业而言，也可以将国际市场主要放在上述几个国家和地区。

### 2.2.3 专利技术生命周期

图 5 所示的三组图分别为物理法、化学法、生物法的申请量和申请人数量随年份的变化趋势。横轴表示申请量，纵轴表示申请人数量。

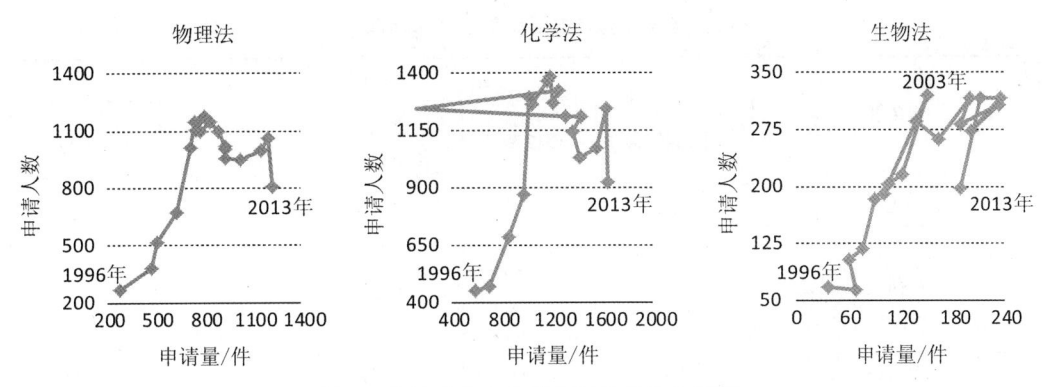

**图 5　各技术分支全球专利技术生命周期**

可以看出，物理法、化学法、生物法的全球申请量随年份的变化趋势与前文中代表全球发展方向的日本和美国的 VOC 处理技术的总体申请量随年份的变化趋势相吻合，且申请人数量随年份的变化趋势与申请量随年份的变化趋势大致相同。自 1996 年以后，申请量和申请人数量增长极为迅速，并在 21 世纪初期达到高峰；20 世纪 90 年代以前，VOC 处理技术尚处于起步阶段；20 世纪 90 年代至 21 世纪初期，随着全球气候变化问题以及污染问题的加剧，VOC 处理技术受到广泛关注和重视，相关技术呈波动式增长，专利数量和申请人数量也随之迅速增加。

## 2.3 主要竞争者

### 2.3.1 专利申请概况

表 3 为全球主要竞争者排名，表 4 展示了全球主要竞争者总体情况。

表3 全球主要竞争者排名

| 排名 | CPY | 公司名称（中文） | 国别 |
|---|---|---|---|
| 1 | MITO | 三菱 | 日本 |
| 2 | BADI | 巴斯夫 | 德国 |
| 3 | DOWC | 陶氏 | 美国 |
| 4 | AIRP | 空气化工产品公司 | 美国 |
| 5 | TOYM | 东洋纺织株式会社 | 日本 |
| 6 | MATU | 松下 | 日本 |
| 7 | SUDC+CLRN | 科莱恩 | 德国 |
| 8 | GENK | 通用汽车环球科技运作公司 | 美国 |

表4 全球主要竞争者总体情况

| 竞争者 | | 专利概况 | | | | |
|---|---|---|---|---|---|---|
| | | 总申请量/件 | 授权率 | 进入国家总数 | 发明人数量 | 诉讼/转让 |
| 美国 | 空气化工产品公司 | 87 | 59.86% | 18 | 312 | 无/有 |
| | 陶氏 | 134 | 38.63% | 29 | 528 | 无/有 |
| | 通用汽车环球科技运作公司 | 203 | 51.30% | 14 | 375 | 无/有 |
| 日本 | 东洋纺织株式会社 | 130 | 37.61% | 13 | 144 | 无/有 |
| | 三菱 | 197 | 45.45% | 15 | 361 | 无/有 |
| | 松下 | 161 | 38.66% | 7 | 249 | 无/有 |
| 德国 | 巴斯夫 | 457 | 34.34% | 28 | 1272 | 无/有 |
| | 科莱恩 | 120 | 35.20% | 25 | 326 | 无/有 |

对于全球主要竞争者的选取，不仅考虑其专利申请量，同时也一定程度考虑了其产业情况，以及其产品在领域内的总体水平。总体来看，申请量排名前8位的公司的统计结果与前文中申请量/产出量比值的情况具有一致性，美国、日本、德国这些国家申请量/产出量比值低，而全球申请量排名靠前的公司也集中于上述国家，反映出其技术相对成熟。综合比较申请量和进入国家总数，德国的巴斯夫和日本的三菱以及美国的陶氏较为重视对其他国家/地区的布局，可以看出它们对海外市场的重视程度较高。从授权率来看，美国的空气化工产品公司和日本三菱授权率高于其他公司，可见其申请的质量和研发能力较高。综合分析，日本三菱无论是专利申请量还是授权率都处于该领域的领先地位。另外，德国的巴斯夫以及日本的东洋纺织株式会社的发明人数量较多，可以看出上述公司研发团队实力的强大。

## 2.3.2 主要专利技术领域分析

表5为VOC处理技术领域总申请量前8名公司各自前3~5位技术分支的全球申请量。可以看出,德国的巴斯夫和美国的通用汽车环球科技运作公司在化学法处理VOC技术方面处于领先地位,美国的空气化工产品公司在物理法处理VOC方面实力较强,日本的三菱、德国的科莱恩则对于化学法和物理法同时投入了较多的研发精力,日本的松下对于化学法和生物法同时投入了较多的研发精力,日本的东洋纺织株式会社、美国的陶氏则在物理法、化学法、生物法处理VOC方面的实力较为平均。

表5 全球主要竞争者主要专利技术领域分布　　　　单位:件

| 竞争者 | | 领域 | 数量 | 领域 | 数量 | 领域 | 数量 | 领域 | 数量 | 领域 | 数量 |
|---|---|---|---|---|---|---|---|---|---|---|---|
| 日本 | 三菱 | 机动车尾气的催化净化 | 42 | 吸收 | 42 | 催化法 | 30 | 吸附法 | 9 | 过滤器 | 6 |
| | 东洋纺织株式会社 | 过滤 | 52 | 空气净化、消毒 | 29 | 废气的化学或生物净化 | 28 | 吸附法 | 20 | | |
| | 松下 | 废气的化学或生物净化 | 76 | 空气净化、消毒 | 46 | 催化法 | 44 | 机动车尾气的催化净化 | 27 | 吸附法 | 27 |
| 德国 | 巴斯夫 | 机动车尾气的催化净化 | 147 | 吸收 | 43 | 催化法 | 42 | 吸附法 | 32 | 扩散法 | 13 |
| | 科莱恩 | 机动车尾气的催化净化 | 26 | 催化法 | 17 | 吸附法 | 15 | 吸收 | 3 | 空气净化、消毒 | 5 |
| 美国 | 陶氏 | 吸收 | 22 | 废气的化学或生物净化 | 20 | 空气净化、消毒 | 8 | | | | |
| | 空气化工产品公司 | 扩散法 | 22 | 吸附法 | 38 | 干燥 | 9 | 催化法 | 9 | 吸收 | 8 |
| | 通用汽车环球科技运作公司 | 机动车尾气的催化净化 | 170 | 废气的化学或生物净化 | 67 | 催化法 | 19 | 吸附法 | 5 | 扩散法 | 4 |

## 2.3.3 主要专利技术市场分析

全球主要竞争者主要专利技术在不同市场的领域分布见表6。分析各竞争者在本国以及进入不同国家（前3名）的申请中的技术分布情况。通过对前文中VOC处理技术领域总申请量前8名公司在本国的申请量和涉及的技术分支进行分析可以看出，德国的巴斯夫最为注重海外市场，其在美日欧均具有大量专利布局，且均是把精力主要集中于化学法处理VOC；美国的通用汽车环球科技运作公司也较看重海外市场，其在德国市场的投入仅仅略小于本国市场；日本三菱在美国、欧洲、加拿大均有一定数量的布局，且其布局重点针对各个国家均进行了相对的调整，说明其在进行布局时对目标地的专利情况进行了一定程度的研究，使得布局成果更加有效。

表6 全球主要竞争者主要专利技术在不同市场的领域分布    单位：件

| 公司 | | 东洋纺织株式会社 | 三菱 | 松下 | 陶氏 | 通用汽车环球科技运作公司 | 空气化工产品公司 | 巴斯夫 | 科莱恩 |
|---|---|---|---|---|---|---|---|---|---|
| 本国 | | 日本 | 日本 | 日本 | 美国 | 美国 | 美国 | 德国 | 德国 |
| 申请量 | | 127 | 196 | 160 | 134 | 190 | 87 | 148 | 75 |
| 技术领域 | 领域1 | 过滤 | 吸收 | 废气的化学或生物净化 | 废气的化学或生物净化 | 汽车尾气的催化净化 | 吸附 | 汽车尾气的催化净化 | 废气的化学或生物净化 |
| | 数量 | 51 | 39 | 76 | 19 | 157 | 36 | 18 | 27 |
| | 领域2 | 空气的净化与消毒 | 汽车尾气的催化净化 | 空气的净化与消毒 | 吸收 | 废气的化学或生物净化 | 扩散法 | 吸收 | 汽车尾气的催化净化 |
| | 数量 | 29 | 41 | 46 | 16 | 63 | 22 | 20 | 22 |
| | 领域3 | 废气的化学或生物净化 | 催化法 | 催化法 | 空气净化、消毒 | 催化法 | 催化法 | 催化法 | 催化法 |
| | 数量 | 28 | 26 | 44 | 5 | 19 | 9 | 13 | 9 |
| 海外1 | | 美国 | 美国 | 美国 | 欧洲 | 德国 | 欧洲 | 美国 | 美国 |
| 申请量 | | 13 | 55 | 18 | 91 | 158 | 72 | 360 | 74 |
| 技术领域 | 领域1 | 空气的净化与消毒 | 吸收 | 废气的化学或生物净化 | 吸收 | 汽车尾气的催化净化 | 吸附 | 汽车尾气的催化净化 | 废气的化学或生物净化 |
| | 数量 | 3 | 26 | 3 | 13 | 140 | 32 | 136 | 20 |
| | 领域2 | 吸附 | 催化法 | — | 汽车尾气的催化净化 | 废气的化学或生物净化 | 扩散法 | 吸收 | 过滤 |
| | 数量 | 2 | 8 | 0 | 6 | 54 | 20 | 35 | 11 |
| | 领域3 | 吸收 | 汽车尾气的催化净化 | — | 汽车尾气的催化净化 | 催化法 | 催化法 | 催化法 | 吸附 |
| | 数量 | 1 | 7 | 0 | 16 | 18 | 6 | 38 | 8 |
| 海外2 | | 欧洲 | 欧洲 | 中国 | 中国 | 中国 | 加拿大 | 欧洲 | 欧洲 |
| 申请量 | | 11 | 39 | 17 | 80 | 143 | 44 | 307 | 61 |
| 技术领域 | 领域1 | 空气的净化与消毒 | 用化学或生物方法 | 汽车尾气的催化净化 | 吸收 | 汽车尾气的催化净化 | 吸附 | 汽车尾气的催化净化 | 废气的化学或生物净化 |
| | 数量 | 3 | 29 | 4 | 12 | 126 | 22 | 101 | 20 |
| | 领域2 | 吸附 | 吸收 | 汽车尾气的催化净化 | 汽车尾气的催化净化 | 扩散法 | 吸收 | 汽车尾气的催化净化 | |
| | 数量 | 2 | 24 | 0 | 49 | 10 | 35 | 14 | |
| | 领域3 | 扩散法 | 催化法 | — | 废气的化学或生物净化 | 催化法 | 吸收 | 催化法 | 催化法 |
| | 数量 | 1 | 4 | 0 | 15 | 18 | 6 | 32 | 11 |
| 海外3 | | 德国 | 加拿大 | 欧洲 | 日本 | 印度 | 中国 | 日本 | 日本 |
| 申请量 | | 6 | 33 | 13 | 74 | 16 | 44 | 250 | 42 |
| 技术领域 | 领域1 | 过滤 | 用化学或生物方法 | 废气的化学或生物净化 | 吸收 | 汽车尾气的催化净化 | 扩散法 | 汽车尾气的催化净化 | 废气的化学或生物净化 |
| | 数量 | 2 | 28 | 3 | 12 | 16 | 12 | 84 | 15 |
| | 领域2 | — | 吸收 | 吸附 | 汽车尾气的催化净化 | 废气的化学或生物净化 | 吸附 | 催化法 | 催化法 |
| | 数量 | 0 | 22 | 3 | 6 | 4 | 14 | 29 | 10 |
| | 领域3 | — | 催化法 | — | 废气的化学或生物净化 | 催化法 | 吸收 | 吸收 | 汽车尾气的催化净化 |
| | 数量 | 0 | 5 | 0 | 16 | 1 | 6 | 33 | 9 |

## 第2章 全球专利竞争情报分析

全球主要竞争者主要专利技术市场分布见图6。从全球主要竞争者的目标市场国来看，美国、欧洲、日本和中国均有一定程度的布局，其中有8家公司都关注到了美国市场，而对于中国市场来说，申请量较高的三菱和巴斯夫均不太关注中国市场，而松下、陶氏、通用和气体产品与化学公司均在中国市场存在一定程度的投入。

| 美国 | 吸附 | 吸收 | 催化 | 化学或生物 |
|------|------|------|------|------------|
| 4家 | 3家 | 4家 | 4家 | 4家 |

| 欧洲 | 吸附 | 吸收 | 催化 | 扩散 |
|------|------|------|------|------|
| 5家 | 3家 | 3家 | 5家 | 2家 |

印度 4
加拿大 6
德国 5
美国 4
日本 4
欧洲 5
中国 4

单位：家

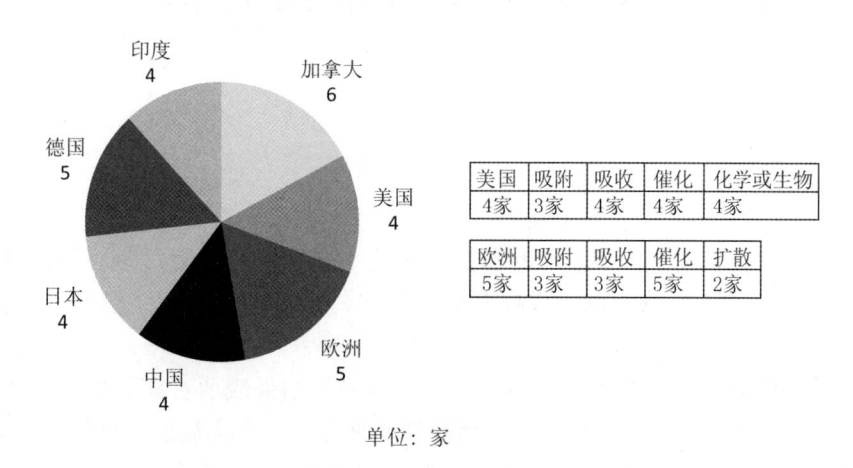

**图6　全球主要竞争者主要专利技术市场分布**

# 第 3 章 中国专利竞争情报分析

## 3.1 总体竞争环境

随着中国城市发展和城市化的加快，大气中挥发性有机物污染问题已经在城市出现，城市环境空气中 VOC 的组成越来越复杂，浓度大幅度上升，它们在大气环境中的时空分布规律正受到人们的关注。

天津市环境监测中心李利荣等研究人员的研究结果表明：随着机动车数量的迅速增加，机动车尾气成为城市大气污染物的重要来源。汽车排放的污染物主要是 CO、碳氢化合物、$NO_x$、$CO_2$、Pb 以及颗粒物，其中碳氢化合物成分复杂，尤其是苯系物类有机污染物。苯在 1993 年被 WHO 确定为致癌物。甲苯、二甲苯等苯系物对眼睛、鼻腔、咽喉等黏膜组织、皮肤以至中枢神经系统也具有强烈的刺激和损伤，并且芳香族溶剂一旦逸入大气，便可与氧化氮混合，形成难以消散的烟雾。

徐州市环境监测中心站检测结果指出，化工业、家具制造业[1]、印刷业、皮革毛皮制品业、石油加工及炼焦业、橡胶制品业、机械制造业、电子行业、建筑物的装修业、塑料制品业、医药制造业、服装业、纺织、印染业、煤气生产和供应业、金属制品业等行业在生产过程中大都排放有机污染物废气，而目前申报有机污染物排放的企业却寥寥无几。[2]

沈阳市是东北老工业基地，工业类型属重工业，工业燃煤量很大，各污染行业数量众多，大气环境中 VOC 含量日益增加。市区虽位于平原地区，但是周围山地环绕，由于地理条件和经济快速发展以及城市化的加剧，大气污染迅速发展，特别是交通工具的大量使用，更使得大气中 VOC 含量与日俱增。因此，掌握复合型空气污染环境中 VOC 的污染状况及其时空分布已经变得比任何时候都重要。[3]

### 3.1.1 政策环境

近年来，中国不断加强对挥发性有机物污染的管理控制。我国政府 1996 年 4 月颁布并于 1997 年起开始实施的《大气污染物综合排放标准》（GB 16297—1996）对 30 余种大气污染物的排放作出了限制。我国政府对各种空气污染物已经越来越重视，2000 年建立了重点地区空气质量的日报制度，总悬浮颗粒物或可吸入悬浮颗粒物（浮尘）、

---

[1][2][3] 王刚. 大气中挥发性有机物污染现状分析 [J]. 辽宁化工，2012，41（2）：184-186.

氮氧化物、二氧化硫、一氧化碳和臭氧等 5 种空气污染物的浓度被作为衡量空气质量的标准。

目前中国室内空气质量标准参照的是 2001 年卫生部颁布的《室内空气质量卫生规范》和 2002 年环保部颁布的《室内空气质量标准》（GB/T 18883—2002），但是只规定了甲醛、苯、甲苯、二甲苯、TVOC 5 种室内挥发性有机物，对其他的室内空气挥发性有机物未给出安全限值。

我国自 2002 年 1 月 1 日起实施的《民用建筑工程室内环境污染控制规范》（GB 503525—2001）中把氡（Rn-222）、甲醛、氨、苯和总挥发有机化合物作为规范中控制的室内环境污染物。规范中规定对于住宅、医院、幼儿园、教室等 I 类民用建筑内由建筑和装修材料产生的 TVOC 浓度 ≤0.5mg/m$^3$，对办公室、商店等公共场所 II 类民用建筑内由建筑和装修材料产生的 TVOC 浓度 ≤0.6mg/m$^3$。在国标《室内空气质量》（GB/T 18883—2002）中规定，在住宅和办公室建筑物中 TVOC 的标准值（8 小时平均）应当小于等于 0.6mg/m$^3$。2002 年 1 月起实施的由国家标准化管理委员会制定的 10 项《室内装饰装修材料有害物质限量》中，对室内装修材料中甲醛、VOC、氨、苯等有害物质，以及建筑材料放射性核素限量值作了明确的规定。

2010 年 5 月，环保部等九部门联合制定了《关于推进大气污染联防联控工作改善区域空气质量的指导意见》，把开展挥发性有机物防治工作列为大气污染联防联控的重要组成部分。2011 年 6 月，《国家环境保护"十二五"科技发展规划》正式发布，明确提出研发具有自主知识产权的挥发性有机物典型污染源控制技术及其相应的工艺与设备，并且针对挥发性有机物研发污染控制技术综合评价指标体系和定量评估方法，筛选出最佳可行的大气污染控制技术。在 2012 年 10 月环保部公布的《重点区域大气污染防治"十二五"规划》中首次提出减少 VOC 排放的目标，对 VOC 的治理提出开展重点行业治理、完善防治体系等相关措施。2012 年 2 月，国务院颁布新的《环境空气质量标准》，增加了细颗粒物（PM2.5）和臭氧（O$_3$）8 小时浓度限值监测指标，这将进一步推动挥发性有机物污染治理工作的开展。2012 年 12 月，《国家"十二五"重点区域大气污染防治规划》出台，指出要开展重点行业治理，完善挥发性有机物污染防治体系。2013 年 5 月，环保部发布《挥发性有机物（VOCs）污染防治技术政策》，提出挥发性有机物污染防治应遵循源头和过程控制与末端治理相结合的综合防治原则，到 2015 年基本建立起重点区域挥发性有机物污染防治体系，到 2020 年基本实现挥发性有机物从原料到产品、从生产到消费的全过程减排。中国挥发性有机物控制工作的政策体系已初步形成，并具有一定的可操作性。❶

## 3.1.2 经济环境

当前我国污染控制依然是以行政命令、罚款等强制手段为主。这些政策短期内可

---

❶ 张新民，薛志钢，孙新章，等. 中国大气挥发性有机物控制现状及对策研究 [J]. 环境科学与管理，2014，39（1）：16-19.

以有效控制排放，但在降低减排成本、促进环保技术创新、提高减排效率和引导产业合理发展方面，则不如经济手段有优势。根据发达国家的成功经验，环境税的征收可以控制污染，降低排放。在我国，排污收费制度已经实施了多年并且为环境税的征收打下了很好的基础。可以说环境税的模拟成为一种必要。尤其是挥发性有机物的环境税对我国经济的影响和税率的选取等问题，更是"十二五"期间环境改善难以回避的研究课题。

在国务院办公厅下发的《大气污染防治行动计划》中更是明确了重点行业及治理具体措施，首次提出要推进针对挥发性有机物的排污收费制度，同时强调了对其排放总量进行控制，加强控制的技术研发和成果转化应用等要求。《大气污染防治行动计划》明确了两种管理措施。第一是与环境影响评价制度相结合："严格实施污染物排放总量控制，将二氧化硫、氮氧化物、烟粉尘和挥发性有机物排放是否符合总量控制要求作为建设项目环境影响评价审批的前置条件。"第二是将挥发性有机物纳入排污费征收范围。2003年1月，国务院颁布了《排污费征收使用管理条例》，构筑了以总量控制为原则、以环境标准为法律界限的新的排污收费框架体系，建立了总量收费、浓度与总量相结合收费、多因子收费、补偿治理成本收费等制度，并完善了管理、监督、保证体系。但目前仍存在排污费征收标准偏低以及难以准确核定排放量等问题。如果将挥发性有机物纳入征收范围，首先要解决的便是排放源清单、排放量标准以及排放总量限值的确定问题。

我国台湾地区"环保署"自2007年起对VOC征收排污费。其所采用的"0.5吨/季度"的起征门槛制度、行业过程排放系数计量方式、三级累进差别费率和对特别物种加征费用的征收方式，在降低管理成本的同时尽可能多地减少污染物排放。值得注意的是，台湾地区还建立了配套的减量奖励制度和总量管理制度，形成相对完整的制度体系。减量奖励制度设有减量奖励金和监测奖励金，鼓励企业主动监测和减排；而总量管理制度的核心是排污权交易，企业可以保留、抵换及交易实际排放与指定排放的差额，这使得减排更具经济诱因，不仅有利于企业实现经济与环境双赢，而且有助于推动研发出更经济的减排技术。

2014年实施的《北京市大气污染防治条例》中明确规定：生产、销售含挥发性有机物的原材料和产品不符合该市规定标准的，由质量技术监督部门和工商行政管理部门依照有关法律法规规定予以处罚。产生含挥发性有机物废气的生产和服务活动，应当在密闭空间或者设备中进行，并按照规定安装、使用污染防治设施。无法密闭的活动除外，未在密闭空间或者设备中进行产生含挥发性有机物废气的生产和服务活动或者未按规定安装并使用污染防治设施的，由环境保护行政主管部门责令停止违法行为，限期改正，处2万元以上10万元以下罚款；情节严重的，处10万元以上30万元以下罚款。截至2014年7月，环保部门立案处罚大气环境违法行为518起，处罚金额1026万余元，违法单位及违法行为全部曝光。

2012年国务院批复实施推进大气污染防治"十二五"规划，在规划里面首次明确提出，要将挥发性有机物确定为重点防治的污染物之一。随着国家对挥发性有机物污染的重视程度逐步提升，为规范挥发性有机物排污收费管理、改善环境质量，根据《大气污染防治法》《排污费征收使用管理条例》《国务院关于印发大气污染防治行动计划的通知》（国发〔2013〕37号）等规定，财政部制定了《挥发性有机物排污收费试点办法》，该办法已于2015年10月1日起实施。

### 3.1.3 技术环境

我国的挥发性有机物控制技术也以引进和模仿国外的为主，特别是美国海湾地区空气质量管理区（BAAQMD）指导文件，加州空气污染控制协会（CAPCOA）信息中心、清洁空气技术中心（CATC）空气污染技术报告等均提供了典型行业最佳可行控制技术（BACT）的相关信息。但由于目前中国对挥发性有机物的控制还未形成体系，故只对少数行业采取控制，并根据不同行业排放有机废气的浓度和价值来决定采用回收或销毁的技术措施。例如，对于浓度大于 5000mg/m³ 或者有利用价值的挥发性有机物大多采用回收技术循环利用；对于浓度小于 1000mg/m³ 则以销毁技术为主。目前我国主要的控制技术有传统的燃烧法、吸附法、吸收法、冷凝法和生物膜法等，还有新兴的电晕法和光催化氧化法等，不同技术适用范围不同。以涂料行业为例，燃烧技术主要用于烘干室排放的含挥发性有机物废气的治理，吸附技术主要处理低浓度的喷涂室排放的尾气。

## 3.2 专利竞争环境

### 3.2.1 专利申请概况

中国专利技术市场情况见图7。VOC处理技术的市场参与者除中国自身外，主要包括美国、日本、德国、法国、韩国等，本国申请量的增长趋势为逐年稳步递增，而美国、日本、德国在我国的申请量均在2010年开始下降。对于我国市场来说，本国申请量仍然占据主导地位，国外申请虽然存在一定数量，但并未对我国专利布局造成影响。我国无论是专利制度还是领域内的发展均起步较晚，从整体技术环境来看，技术水平明显落后于美日欧等国家和地区。虽然国外专利布局在我国并不明显，但是专利审查是将全球公开的现有技术作为对比，使得一些没有在国内申请，但是已经在国外公开的技术，成为我国专利申请的阻碍。研发者在研发时不应局限于国内公开的技术，更应该开阔眼界，去关注世界范围内的现有技术，有的放矢地进行研发以及专利申请工作，对于已有技术进行了解，减少重复开发。

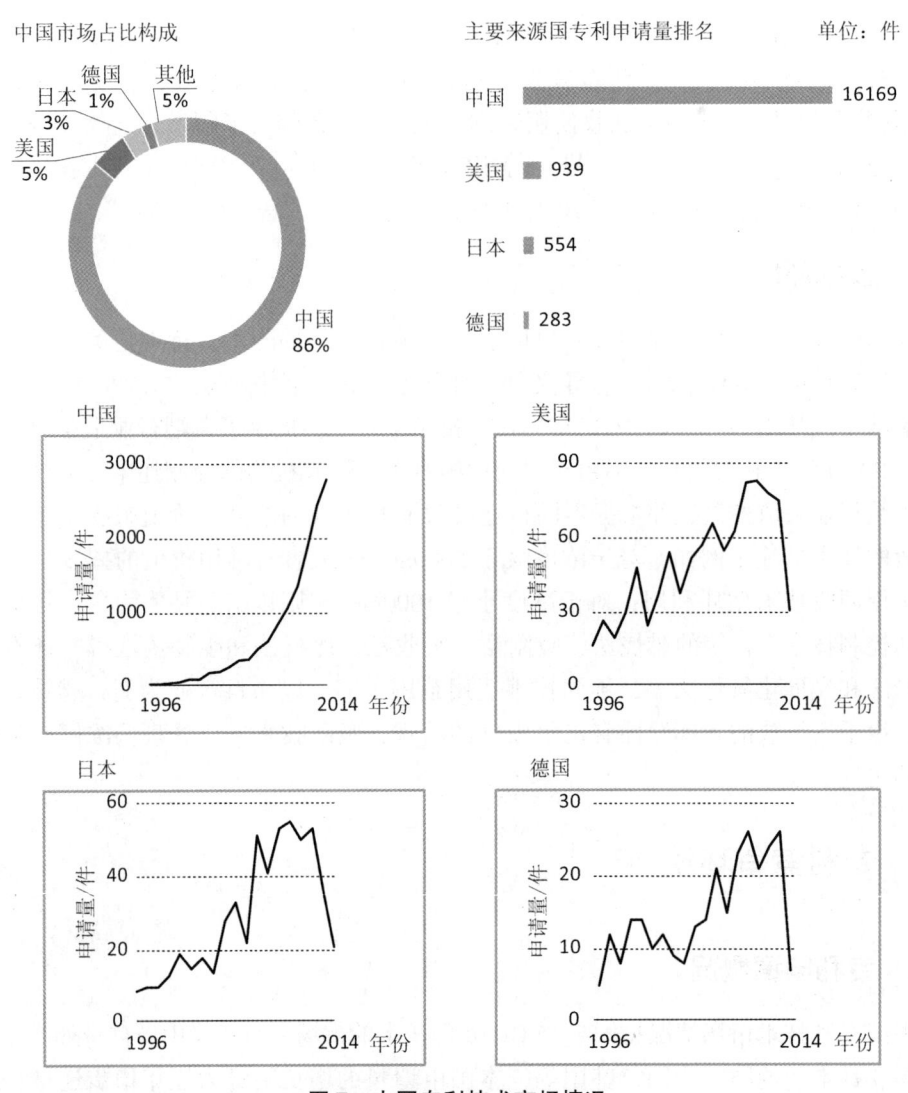

图 7  中国专利技术市场情况

## 3.2.2 专利地区分布

中国专利技术地域分布情况见图 8。我国 VOC 处理技术专利申请主要集中在高校以及工业发达的华东以及华北地区，其中北京、江苏、上海的专利申请大幅度领先其他地区，这与上述地区对于挥发性有机物的处理重视程度不无关系，如江苏省出台《关于开展挥发性有机物污染防治工作的指导意见》，上海市全面贯彻落实《上海市清洁空气行动计划（2013~2017）》，以及北京市出台《北京市大气污染防治条例》，足见上述地区对于挥发性有机物处理的重视程度。

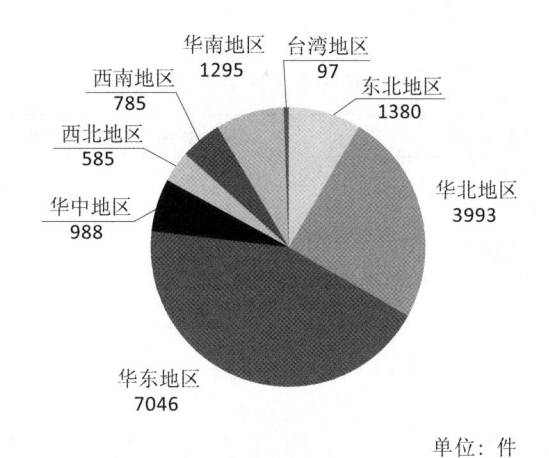

图 8 中国专利技术地域分布情况

华南地区 1295
台湾地区 97
西南地区 785
东北地区 1380
西北地区 585
华北地区 3993
华中地区 988
华东地区 7046
单位：件

### 3.2.3 专利技术生命周期

图 9 所示 3 组图分别为物理法、化学法、生物法的申请量和申请人数量随年份的变化趋势。横轴表示申请量，纵轴表示申请人数量。

可以看出，物理法、化学法、生物法的国内申请量和申请人数量随年份的变化趋势与第 2.2.3 节中全球申请量和申请人数量随年份的变化趋势相吻合。自 1996 年以后，申请量和申请人数量增长极为迅速，并在 21 世纪初期达到高峰；20 世纪 90 年代以前，VOC 处理技术尚处于起步阶段；20 世纪 90 年代至 21 世纪初期，随着全球气候变化问题以及污染问题的加剧，VOC 处理技术受到广泛关注和重视，相关技术呈波动式增长，专利数量和申请人数量也随之迅速增加。

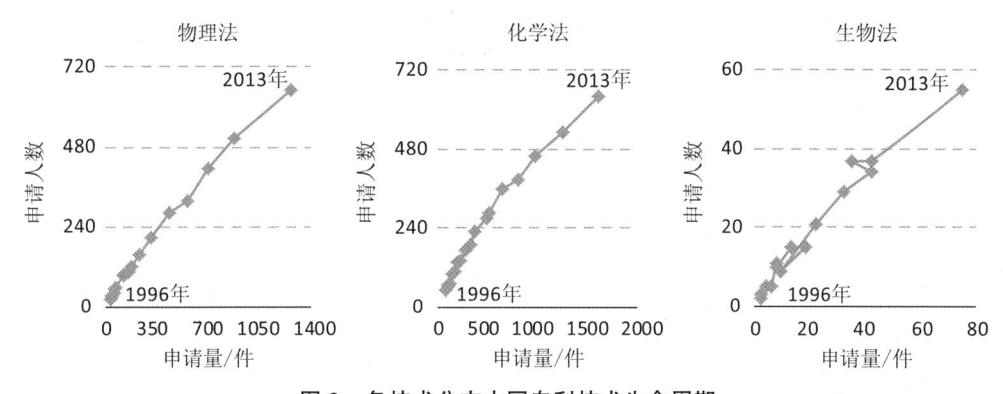

图 9 各技术分支中国专利技术生命周期

## 3.3 主要竞争者

### 3.3.1 专利申请概况

表 7 为中国主要竞争者排名，表 8 展示了中国主要竞争者总体情况。

表7 中国主要竞争者排名

| 申请人 | 申请量/件 | 授权量/件 | 授权率 |
| --- | --- | --- | --- |
| 浙江大学 | 199 | 115 | 57.79% |
| 清华大学 | 112 | 74 | 66.07% |
| 华东理工大学 | 99 | 46 | 46.46% |
| 北京工业大学 | 76 | 43 | 56.58% |
| 南化集团研究院 | 69 | 39 | 56.52% |
| 江南大学 | 63 | 18 | 28.57% |
| 中国科学院广州地球化学研究所 | 26 | 14 | 53.85% |
| 中山大学 | 27 | 13 | 48.15% |

表8 中国主要竞争者总体情况

| | 竞争者 | 专利概况 ||| 产业概况 |||
| --- | --- | --- | --- | --- | --- | --- | --- |
| | | 申请量/件 | 授权率 | 发明人数量 | 主流工艺、核心工艺 | 主营业务 | 研发方向 |
| 高校 | 浙江大学 | 234 | 65% | 480 | 化学或生物净化、催化、吸附 | 无 | 化学或生物净化、催化、吸附 |
| | 清华大学 | 125 | 70% | 344 | 化学或生物净化、吸收、催化 | 无 | 化学或生物净化、吸收、催化 |
| | 华东理工大学 | 118 | 47% | 360 | 化学或生物净化、催化、吸附 | 无 | 化学或生物净化、催化、吸附 |
| | 北京工业大学 | 103 | 54% | 215 | 化学或生物净化、催化、吸附 | 无 | 化学或生物净化、催化、吸附 |
| | 江南大学 | 85 | 35% | 174 | 扩散、化学生物净化、吸收 | 无 | 扩散、化学生物净化、吸收 |
| | 中山大学 | 82 | 38% | 105 | 吸附、化学或生物净化、催化 | 无 | 吸附、化学或生物净化、催化 |
| 科研院所 | 南化集团研究院 | 42 | 48% | 141 | 吸收、化学或生物净化、吸附 | 无 | 吸收、化学或生物净化、吸附 |
| | 中国科学院广州地球化学研究所 | 30 | 70% | 49 | 化学或生物净化、催化、吸附 | 无 | 化学或生物净化、催化、吸附 |

对于国内VOC领域重点申请人，与全球重点申请人相同，均是从专利、非专利技术情况以及研发实力等角度进行综合评估的结果。浙江大学、清华大学、华东理工大学等高校，在VOC处理技术领域都存在较大量的申请，同时发明人数量也相对较高，说明它们在这个领域均存在较大量的研发投入。而科研院所中，南化集团研究院和中

国科学院广州地球化学研究所的申请量也高于其他同领域科研院所,而且南化集团研究院的发明人数量也较高。

## 3.3.2 主要专利技术信息分析

中国主要竞争者专利技术领域分布见表9。对VOC处理技术领域上述主要国内申请人进行具体分析,浙江大学、清华大学、华东理工大学在物理法、化学法方面的科研精力投入较为平均;江南大学在物理法和生物法方面均有所涉及;北京工业大学、南化集团研究院、中山大学、中国科学院广州地球化学研究所在物理法、化学法和生物法均投入了科研力量;其中,南化集团研究院在更偏重于物理法的研发,而北京工业大学、中山大学、中国科学院广州地球化学研究所则在物理法、化学法和生物法方面的实力较为平均。

表9 中国主要竞争者专利技术领域分布 单位:件

| 竞 争 者 | 领域 | 数量 | 领域 | 数量 | 领域 | 数量 |
| --- | --- | --- | --- | --- | --- | --- |
| 浙江大学 | 废气的化学或生物净化 | 54 | 催化法 | 29 | 吸附法 | 18 |
| 清华大学 | 废气的化学或生物净化 | 22 | 吸收 | 17 | 催化法 | 14 |
| 华东理工大学 | 废气的化学或生物净化 | 36 | 催化法 | 16 | 吸附法 | 7 |
| 北京工业大学 | 废气的化学或生物净化 | 42 | 催化法 | 37 | 吸附法 | 5 |
| 南化集团研究院 | 吸收 | 43 | 废气的化学或生物净化 | 26 | 吸附法 | 2 |
| 江南大学 | 扩散法 | 9 | 废气的化学或生物净化 | 9 | 吸收 | 4 |
| 中山大学 | 吸附法 | 12 | 废气的化学或生物净化 | 10 | 催化法 | 8 |
| 中国科学院广州地球化学研究所 | 催化法 | 10 | 废气的化学或生物净化 | 15 | 吸附法 | 5 |

# 第4章 竞争启示及产业发展建议

## 4.1 技术启示及建议

### 4.1.1 技术启示

污染物的治理水平通常与国家的经济发展水平存在一定的关系。美国和日本更是较早就开始对VOC处理技术的研发，而目前，这两个VOC主要技术产出国的年申请量已经处于下降阶段，说明其在技术需求与技术发展上可能趋于饱和；而对于我国来说，研发起步较晚，目前仍然处于发展阶段，我们应当综合在物理法、化学法、生物法三方面的先进技术，并将这三者有机地进行结合，从而开发创新的联用技术。

### 4.1.2 技术建议

全球竞争者中并没有我国企业或者科研院所，而从国内申请人数据可以看出，我国在VOC处理领域申请人集中在科研院所，其中北京工业大学与北京大地远通有限公司、清华大学与清华同方股份有限公司存在一定的合作关系，但是这两家公司的专利申请量也远小于与之联合的高校。因此，我国企业应当充分加强与高校的合作，利用高校科研资源，尽量多地完成技术到产业的转化。

VOC污染和其他大气污染物不同，其来源较为广泛，除了普通的工业污染源以外，室内装修，以及一些有机物原料也是VOC污染的来源，我国竞争者可以根据这一产业特点，有针对性地对VOC控制技术进行研发。另外，生物技术也是值得关注的技术类型，物理、化学技术已经得到充分发展，各行各业的生物技术也均处于较为火热的研发阶段，在能够获得稳定的处理效率时，生物处理技术无论从技术成本还是对环境的污染来说均是较为优异的技术。

## 4.2 市场启示及建议

### 4.2.1 区域发展建议

各个国家经济发展程度存在差异，同时它们对环保领域的重视程度也存在较大的不同，而对于我国竞争者来说技术输出最好的市场是国家在政策上有相应扶持且自主知识产权量较低的国家。通过对于申请量与产出量的对比来看，加拿大、澳大利亚等经济发达国家，均呈现申请量与产出量的不均衡，而且这些发达国家对环境保护的重视程度较高，也存在一定程度上的政策扶持，它们将是较为有利的目标市场。我国竞争者可以尝试回避美国、日本这样的技术产出量和申请量较为平衡的市场，而将有市场价值的技术投入像加拿大这样的市场。

### 4.2.2 向美国和日本市场发展建议

美国和日本较早对 VOC 污染物进行定义，并出台了相应的限制政策，尤其是在油漆等与人们日常生活较为相关的领域，同时这些国家也存在着相应的鼓励政策。在鼓励政策和限制政策并行的情况下，这两个国家 VOC 控制领域得到了很好的发展。我国目前也存在一些相应的限制政策，而各个地区也相应地存在一些鼓励 VOC 控制领域发展的政策。在此基础上，我国竞争者可以将有价值的技术首先投入有相应扶持政策的地区，这样可以在推广技术的前提下更大程度获得利润，从而促进企业的发展。

在我国的 VOC 控制产业中，竞争者主要集中在科研院所，同时全球竞争者中并不存在中国企业。随着我国近年来加大对环保事业的投入程度，我国相关环保企业，以及涉及 VOC 产出的其他行业如油漆、油品等领域，应当增加一些具有市场前景的 VOC 控制技术以及低 VOC 产品的研发。对于 VOC 控制技术来说，可以从美国、日本这些技术发达国家借鉴学习，并且加以改进。对于含 VOC 的产品来说，各国都存在一些对 VOC 含量的限制，因此，如果增大在这些方面的投入，则有可能在国际市场获得较高的利润。

## 4.3 专利布局启示及建议

### 4.3.1 海外专利布局建议

日本和美国是 VOC 控制技术的主要产出国，而从全球竞争者来说，日美企业较多，另外，日本和美国对我国也存在很多的专利布局。虽然日本和美国近年来在这个领域的申请量均呈现大幅度下降，但它们仍然掌握着一定数量的核心技术。通过对各国专利申请量和产出量的对比，发现以加拿大、澳大利亚为首的一些经济发达国家存在较大的市场前景，它们专利申请量高，但本土技术力量的专利产出量低，这说明其他国家很重视这些市场的投入。我国作为近几年 VOC 控制技术的申请量大国，也应该关注这些海外市场。

全球三大技术分支数据以及国内三大技术分支数据共同显示，生物处理技术是 VOC 处理技术的空白领域，该领域申请量远低于较为热门的物理法及化学法。对于这种现象，我国申请人应予以关注。首先，对于生物技术来说，我国已经存在一定的研究基础，而近年来 VOC 控制技术的发展也倾向于将生物、物理和化学技术相结合使用，那么在国外具有较多先进的物理、化学技术的基础上，我国竞争者可以将研发重点投入以生物技术为主，物理、化学方法相结合的处理方法上，并注重将相应的创新成果及时恰当地进行专利保护。

## 4.3.2 国内专利布局建议

对于常规大气污染物来说,随着国家政策的扶持以及引导,我国已经取得了长足的进步,相对而言,对于VOC的控制则略显不足。这种不足主要体现在企业和科研院所对这些领域的研发程度及对于技术的产业化程度不足。实际上VOC污染对于人类同样具有重要的影响,它作为室内空气污染的核心,应当被给予更多的关注。

从国内竞争者来看,目前科研院所对这项技术的研发投入远高于企业,但是显然,科研院所对于技术的产业化投入则相对较少,这使得虽然我国专利申请量排名全球第三,但是在全球排名前10位的竞争者中并没有国内竞争者。因此,有研究意向的企业可以从高校和科研院所中寻找合适的研发伙伴,共同研发,共同把有市场价值的技术和产品推向国内市场乃至海外市场,为将来的市场竞争赢取主动。

# 硫氧化物控制

# 硫氧化物控制研究团队

**一、项目指导**

于立彪

**二、项目管理**

北京国知专利预警咨询有限公司

**三、项目组**

负责人：聂春艳

撰稿人：宋　欢（主要执笔第 2 章）

佟婧怡（主要执笔第 3 章）

李　欣（主要执笔第 4 章）

周　勤（主要执笔第 1 章）

统稿人：张　凌　罗　啸　蒋一明

审稿人：黄志敏　裴　军

# 分 目 录

摘 要 / 207
第1章 硫氧化物控制领域概述 / 208
   1.1 技术概述 / 208
   1.2 产业发展综述 / 208
第2章 全球专利竞争情报分析 / 210
   2.1 总体竞争状况 / 210
      2.1.1 政策环境 / 210
      2.1.2 经济环境 / 211
      2.1.3 技术环境 / 212
   2.2 专利竞争环境 / 212
      2.2.1 专利申请概况 / 212
      2.2.2 专利技术分布概况 / 214
      2.2.3 专利技术生命周期 / 216
   2.3 主要竞争者 / 217
      2.3.1 专利申请概况 / 217
      2.3.2 主要专利技术领域分析 / 219
      2.3.3 主要专利技术市场分析 / 221
第3章 中国专利竞争情报分析 / 223
   3.1 总体竞争环境 / 223
      3.1.1 政策环境 / 223
      3.1.2 经济环境 / 225
      3.1.3 技术环境 / 226
   3.2 专利竞争环境 / 226
      3.2.1 专利申请概况 / 226
      3.2.2 专利地区分布 / 227
      3.2.3 专利技术生命周期 / 229
   3.3 主要竞争者 / 229
      3.3.1 专利申请概况 / 229

3.3.2 主要专利技术信息分析 / 232

# 第4章 竞争启示及产业发展建议 / 234

4.1 技术启示及建议 / 234
    4.1.1 技术启示 / 234
    4.1.2 技术建议 / 234

4.2 市场建议 / 234
    4.2.1 国际市场建议 / 234
    4.2.2 国内市场建议 / 235

4.3 专利布局启示及建议 / 235
    4.3.1 海外专利布局建议 / 235
    4.3.2 关注技术发展 / 236

# 摘 要

本报告涉及大气污染防治技术产业硫氧化物控制领域的专利竞争情报分析。报告中全球专利竞争情况分析和中国专利竞争情报分析两大部分内容，分别从总体竞争环境、专利竞争环境和主要竞争者出发分析得出该行业的竞争情报信息。总体竞争环境从市场、政策、经济出发分析各国的行业状况，专利竞争环境和主要竞争者主要基于专利统计数据挖掘各国、各大公司的专利技术情况，包括生命周期发展状况、技术热点空白点、海外市场布局、企业研发方向。最后结合中外数据情报分析，提出对行业的一些发展建议。

**关键词：** 硫氧化物　全球　中国　竞争情报　专利

# 第1章 硫氧化物控制领域概述

## 1.1 技术概述

大气污染是人类面临的重要环境问题，大气质量的优劣，对整个生态和人类健康有着直接的影响。随着社会的不断发展，人类对能源的需求持续增加，而煤炭和石油等传统化石能源仍然是主要能源来源，这些化石类燃料在燃烧的过程中会产生大量$SO_x$、$NO_x$及粉尘等污染物质，这些物质大量排入大气将造成严重的大气污染。由于大气具有全球流动性，污染的范围会更广，危害更大，大气污染问题越来越受到世界各国的普遍关注。

硫氧化物是大气的主要污染物之一，是硫的氧化合物的总称。通常硫有4种氧化物，即二氧化硫（$SO_2$）、三氧化硫（$SO_3$，硫酸酐）、三氧化二硫（$S_2O_3$）、一氧化硫（$SO$），此外还有两种过氧化物：七氧化二硫（$S_2O_7$）和四氧化硫（$SO_4$），它们是无色、有刺激性臭味的气体。硫氧化物与水滴、粉尘并存于大气中，由于颗粒物（包括液态的与固态的）中铁、锰等起催化氧化作用，而形成硫酸雾，严重时会发生煤烟型烟雾事件，如伦敦烟雾事件，或造成酸性降雨。它不仅危害人体健康和植物生长，而且还会腐蚀设备、建筑物和名胜古迹等。在硫氧化物控制领域中，主要的控制方法分为低硫燃料、燃料脱硫以及烟气脱硫，而燃料脱硫和烟气脱硫则是硫氧化物控制的主要方法。本报告以燃料脱硫和烟气脱硫为重点技术分支进行研究。$SO_2$的主要排放源是燃烧废气，硫氧化物导致的大气污染的主要减排措施包括燃料脱硫和烟气脱硫。燃料脱硫是指燃烧用重油和煤的脱硫，烟气脱硫是指从燃烧产生的烟气中脱除$SO_2$。从处理成本来看，燃料脱硫更为低廉，大概相当于烟气脱硫的1/10。目前，燃料脱硫主要分为物理法、化学法和生物法。烟气脱硫技术中石灰石-石膏法、双碱法、氨法、镁法、海水脱硫法、喷雾干燥、电子束辐照法与脉冲等离子法、膜分离技术等十几种方法相对较为实用，且经济可行。

## 1.2 产业发展综述

美日欧等国家和地区受到硫氧化物的困扰远远早于我国。其中日本$SO_2$排放量在20世纪60年代中期达到峰值，约500万吨，相当于2012年我国$SO_2$排放量的20%左右。工业结构的改善、能源效率（效能）的提高、能源结构的改善和烟气脱硫设施（FGD）的普及为$SO_2$减排做出了巨大贡献。在1990~2000年期间，虽然欧盟十五国的能源消费增长了10%，GDP增长了23%，$SO_2$排放却下降了60%。其对硫氧化物的治

## 第1章 硫氧化物控制领域概述

理重点主要包括对大点源（主要指电厂）$SO_2$ 的减排，以及机动车的 $SO_2$ 排放的减排，先后出台多项法令严格控制电厂的 $SO_2$ 排放，并且对油品含硫量有严格限制。以柴油为例，20 世纪 90 年代初实施的 EU Ⅱ 标准对柴油最大含硫量的限制为 500ppm，当下正在实施的 EU Ⅳ 标准已经降低为 50ppm，未来几年将要实施的 EU Ⅴ 排放标准要求硫含量接近于零。与欧盟类似，美国也非常关注 $SO_2$ 排放量，其出台的《清洁空气修正法》第 4 条规定了对火电厂的总量控制目标。除此以外，美国还广泛采用了 $SO_2$ 排放权交易制度，给予污染排放企业充分的灵活性来选择减排方式。[1]

与上述发达国家和地区相比，我国正处于发展阶段，污染控制投资显得不是十分充足。在"十五"计划中，有 2800 亿元用于大气污染防治，用于"两控区"$SO_2$ 防治的投资约为 96.7 亿元，仅占当时 GDP 的 0.18%。[2]我国 $SO_2$ 排放量最大的来源就是火电厂，而这也是 $SO_2$ 去除率最低的行业。目前的全国性电力短缺带来的电力建设热潮更加剧了脱硫设施的滞后局面。一方面，投资和需求不足使环保产业的发展远远低于经济发展，研制不出过硬而适用的环保技术，有了技术又无力推广；另一方面，环境恶化又吞噬掉大量经济增量。要阻断这种恶性循环，必须加大环保投资力度，促进环保产业的大发展。因此在未来几年的 $SO_2$ 控制工作中，重中之重便是控制火电厂的 $SO_2$ 排放。尽管我国的 $SO_2$ 排放收费制度已经试行多年，但和脱硫成本相比，排污收费略显力度不足，导致一些企业宁可交排污费也不愿增加脱硫成本。为此，我国又出台了《燃煤发电机组环保电价及环保设施运行监管办法》等经济措施激励燃煤发电机组脱硫、脱硝及除尘，以期利用经济杠杆降低硫氧化物的排放量。

我国与美日欧等发达国家和地区相比存在硫氧化物基数大、增量快的问题，以"十一五"对硫氧化物的减排量为例，70% 的减排量为新增量，因此，在减小年硫氧化物排放量的基础上如何控制经济发展带来的新增污染是我国硫氧化物减排面临的主要问题。

---

[1][2] 朱松丽. 国外控制 $SO_2$ 排放的成功经验以及对我国 $SO_2$ 控制的政策建议［J］. 能源环境保护，2006，20（1）6-7.

# 第 2 章 全球专利竞争情报分析

## 2.1 总体竞争状况

### 2.1.1 政策环境

美日欧等发达国家和地区由于早期经济发展迅猛，比我国提前几十年遇到硫氧化物的处理问题，其通过立法、颁布标准等法律手段遏制硫氧化物的排放。

1990 年美国通过《清洁空气修正法》，对汽油中的苯和芳烃含量作了限制，要求逐步推广使用"新配方汽油"（RFG），从此，世界汽油组分开始清洁化。[1] 2013 年，许多国家计划升级清洁燃料标准：新加坡硫含量为 10ppm 的汽油标准于 2013 年 7 月开始实施，硫含量为 50ppm 的柴油标准于 2013 年 10 月实施；俄罗斯于 2013 年 1 月 1 日开始全面实施欧Ⅲ汽油标准（硫含量最高 150ppm）和欧Ⅲ柴油标准（硫含量最高 350ppm），于 2015 年实施欧Ⅳ汽柴油标准（硫含量最高 50ppm），于 2016 年实施欧Ⅴ汽柴油标准（硫含量最高 10ppm）。至今，只有极少数国家的汽油已进入无硫阶段。美国和加拿大的汽油已进入超清洁燃料阶段；欧洲主体汽油硫含量已于 2005 年降至 50μg/g 以下，进入超清洁燃料阶段，欧盟要求各成员国在 2009 年 1 月 1 日前所有汽油的硫含量必须降低到 10μg/g 以下，进入无硫燃料阶段；亚太地区汽油质量标准差异很大，中国香港特别行政区、日本、韩国已进入超清洁阶段。从 2008 年 3 月起北京的汽油和柴油标准已达到超清洁燃料标准（硫含量不大于 50μg/g），但是全国的汽油和柴油标准大大落后于北京。[2]

欧盟于 2005 年由欧洲海事局（EMSA）修正颁布了"低硫法令"，其主要内容为：2010 年 1 月 1 日起，在欧盟港口停泊（包括锚泊、系浮筒、码头靠泊）超过 2 小时的船舶不得使用硫含量超过 0.1%（重量比）的燃油；船舶停泊后应尽早转换为低硫燃油，船舶开航前尽量晚切换成高硫燃油；燃油转换操作应记录在船舶日志上。美国加利福尼亚州对距加州海岸线 24 海里内水域不得使用硫含量超过 0.1% 的燃油规定于 2012 年 1 月 1 日起实施；MARPOL 公约附则 VI 修正案也已明确要求：从 2015 年 1 月 1 日起，硫排放控制区域船舶所用燃油硫含量不得超过 0.1%。[3]

1970 年日本成立环境厅，出台了一套比较完整的环境保护法律法规，主要是《环

---

[1][2] 刘家琏. 面临世界发展低硫燃料趋势的思考 [J]. 中外能源, 2008, 13 (6): 14-18.
[3] 殷毅. 欧盟"低硫燃油法令"露锋芒 [J]. 中国船检, 2010 (1): 62-64.

境基本法》，以《环境基本法》为基础，相应制定了《大气污染防治法》。❶ 1968 年 6 月 10 日，日本国会通过了《大气污染防治法》，在历次修订中均强调了烟气（硫氧化物和氮氧化物）的排放控制，例如 1974 年的修订中正式导入总量控制策略，在工业集中的指定地区对 $SO_2$ 实施总量控制。现行的《大气污染防治法》对烟气的一般排放限值、特别排放限值（硫氧化物、烟尘）、追加排放限值（烟尘、有害物质）和总量控制（硫氧化物等）进行了规定，进一步包括了排放浓度的限制指标。日本的污染防治法律制度以达标排放作为基础和核心，法律所要求的"达标排放"包括排放总量和排放浓度均不超标。❷

### 2.1.2 经济环境

美日欧等发达国家和地区除了采用法律手段治理硫氧化物的排放，还采用经济手段鼓励炼油企业等硫氧化物主要排放点进行脱硫处理，如对实施油品清洁化的炼油企业给予税收和贷款优惠。为了达到新的清洁汽油产品标准（主要是降低汽油硫含量），炼油企业必须投入大量的资金。以美国为例，为满足 2004 年汽油硫含量达到 $30\mu g/g$ 的标准，炼油企业投资了 10 亿~30 亿美元，汽油生产成本增加了相当于 60 元人民币/吨左右。此外，为了鼓励消费者使用清洁油品，欧美国家在清洁油品的价格上也给予了优惠。例如，2001 年，德国对硫含量为 $50\mu g/g$ 的汽油和柴油分别给予了相当于 175 元人民币/吨和 155 元人民币/吨的价格优惠。

日本对 $SO_2$ 的控制成效主要得益于对烟气脱硫设施（FGD）的巨额投资。在 1955~1965 年的 10 年间，日本基本上完成了能源结构的转换，煤炭在一次能源结构中的比例由 1955 年的 50%下降到 1965 年的 27%，同时石油的比例从 19%提高到 58%。除了尽可能进口低硫油，1967 年开始在原油精炼过程中加入脱硫技术，使得重油中硫含量从 1966 年的 2.6%下降到 1973 年的 1.43%。随着能源消费的急剧增长，燃料脱硫技术已经不足以满足减排需求，日本开始加大对 FGD 的投资。事实证明，巨额的污染控制投资不仅没有影响经济的发展，污染物排放得到削减的同时还极大地促进了环保产业的发展，使得日本的污染控制技术一直处于世界领先地位，在国内和国际市场出售这些技术和设备为日本经济带来了很大活力。日本对 FGD 的巨额投资始于 1970 年，当年投资约 6500 万美元，之后逐年上升，到 1974 年达到峰值，约为 17.1 亿美元，相当于当年 GDP 的 2%；而在当年日本对污染控制的全部投资更达到 GDP 的 6.5%以及全社会固定资产投资的 18%。到 20 世纪 90 年代，由于设备的更新，又掀起了新的投资高潮。日本治理 $SO_2$ 污染的经验主要在于巨额环境投资、环保产业的发展和技术进步，而后者又得益于前两者的保障。❸

根据中国香港政府规定，从 2012 年 9 月 26 日起，在香港靠港的远洋船舶，如果使用低硫燃油，就可减免 50%的港口费和灯塔税。该政策将持续 3 年，针对辅机、发电机和锅炉使用硫含量不高于 0.5%燃油的靠港船舶。远洋船正常情况下根据吨位收取每

---

❶ 杨波，等．日本环境保护立法及污染物排放标准的启示［J］．环境污染与防治，2010，32（6）：94-97.
❷❸ 刘家瑃．世界油品标准发展趋势及中国相关问题思考［J］．国际石油经济，2008（5）：16-21.

百吨43港币（5.5美元）的港口费，2011年，有32 500艘船靠泊香港，该政策将有助于船舶减排，提高港口地区空气质量。

当脱硫和企业的直接利益挂钩，将会有力刺激企业主动进行脱硫处理，明显降低硫氧化物的排放，并且通过日本的实践可以得知巨额的污染控制投资不仅不会影响经济的发展，还会促进技术的发展，从而靠输出技术带动经济的发展。

### 2.1.3 技术环境

美日欧等发达国家和地区在硫氧化物领域的研发能力不仅体现在专利方面，还体现在论文等非专利文献方面。在STN数据库中检索，脱硫在非专利方面的文献量达59 962篇，其中作者来自美国的文献有11 397篇，占总量近20%；作者来自日本的有5817篇，占总量近10%；作者来自德国和瑞典的文献量均为12篇，不足总量的1%。近来中国在脱硫方面的科研能力有所提高，作者来自中国的文献高达12 270篇，比美国的文献量还略高一些，其中2010年以来发表的有6494篇，超过其总量的50%，而美国自2010年以来仅发表了1185篇，占其总量10%。

美日欧多个国家和地区的多项技术被我国排名靠前的脱硫企业引进。例如，德国FBE公司的石灰石-石膏湿法脱硫技术被我国国电龙源引进，我国龙净环保引进德国LLB公司的石灰石-石膏湿法和烟气循环流化床干法脱硫技术，我国远达环保采用的是日本三菱重工的石灰石-石膏湿法脱硫技术。可见，德国、日本等脱硫技术发达国家与这一领域起步较晚的国家进行技术合作，能够促进全球硫氧化物的减排。

随着我国工业生产水平的不断提高，烟气脱硫技术必定也会相应地取得进一步的发展。在未来，烟气脱硫技术更可能是在原有脱硫技术的基础上进行一定的完善以及改进，从脱硫设备、脱硫剂、脱硫流程等方面入手，以此为切入点进行相应的改善。脱硫技术的目标将会定位在投资与运用费用少、成本低、脱硫效果好、脱硫效率高、附加污染少等方面。硫的二次利用将会被纳入脱硫技术的研究范围，实现工业生产的可持续发展，让工业发展的节奏更加平稳。❶ 而在这种发展趋势的影响下，一些比较新颖的脱硫技术已逐步成型，例如硫化碱脱硫技术、膜分离技术、微生物脱硫等技术。

专利方面，硫氧化物控制领域近20年总的申请量为37 767项，专利申请人数量大约在2.2万人，平均每申请人申请量为1.7项。领域内专利申请人数量相对较高，同时，平均每申请人申请量也相对合理，说明大多专利申请都是以研发团队为主体进行技术开发的。

## 2.2 专利竞争环境

### 2.2.1 专利申请概况

图1和图2分别为全球专利技术市场情况和全球专利技术产出情况。

---

❶ 龙世国，等. 烟气脱硫技术的发展现状与趋势[J]. 科技创业家，2014（2）：88.

第 2 章　全球专利竞争情报分析

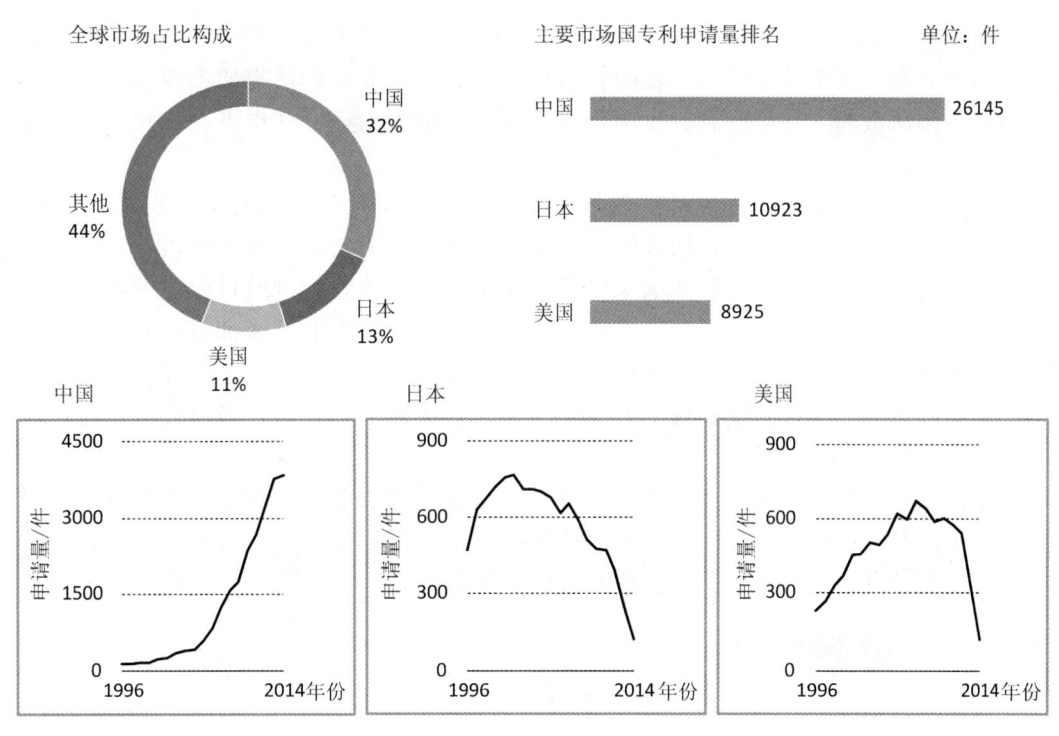

图 1　全球专利技术市场情况

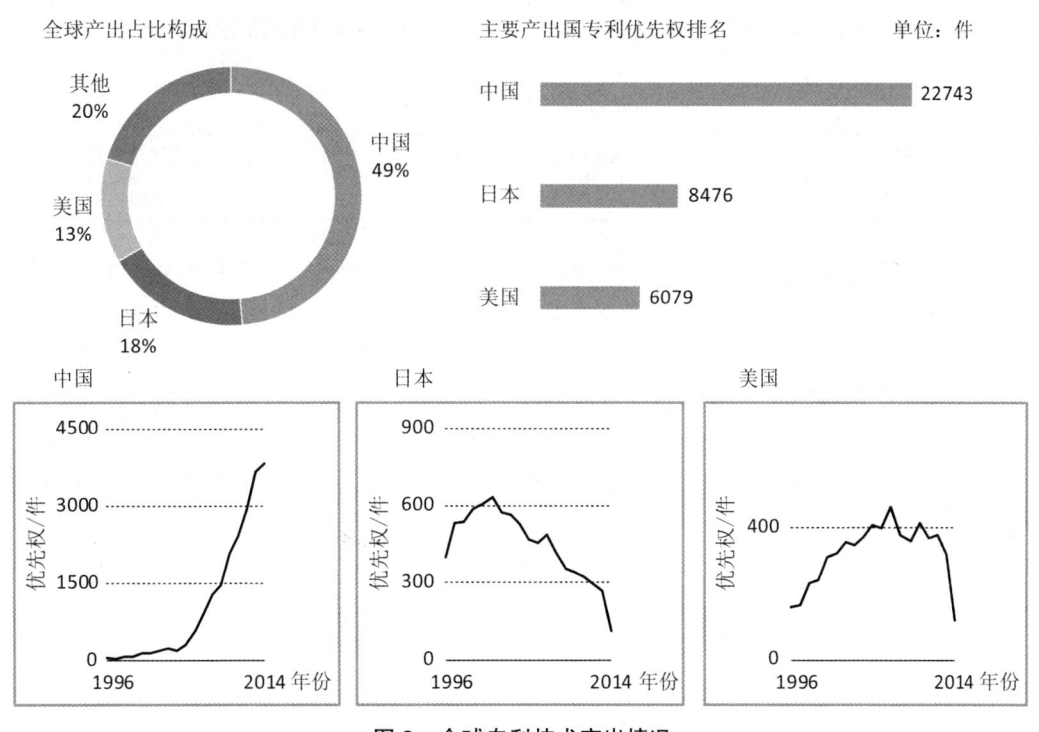

图 2　全球专利技术产出情况

由图1、图2可知,从专利申请角度看,我国申请量近年来一直处于增长阶段,从增长形势上看,优于其他国家,说明我国近几年在这一领域仍然有研发投入,市场前景较好。而从市场参与角度看,我国仍然占据市场最大份额,这也得益于我国近几年专利申请量的上涨。

我国专利制度起步较晚,环保领域更是最近几年才得到重视的技术领域,因此,虽然专利申请量和市场参与者均处于世界第一的水平,但是我国基础性核心专利的数量相对其他几个国家较低。其他国家已经降低了在硫氧化物控制领域研究的投入,但是环境污染问题依旧是全人类关注的重点问题,虽然它们可能已经拥有核心技术,但随着科学技术的发展以及时间的推进,这些核心技术有一些可能已经临近保护期限届满,我们应该去关注这些核心技术的改进与发展,从而掌握更适合当今社会发展与需求的新一代核心技术。

掌握核心技术的国外企业如美国、日本的企业虽然目前的申请量有所降低,但可能处于关键技术的研发阶段,从专利申请策略考虑,要等待合适的时机才会将新一轮的核心专利公开,这需要持续关注相关主要竞争者。

### 2.2.2 专利技术分布概况

根据现有的硫氧化物控制技术的类型,将其分为以下3个技术分支:烟气脱硫、燃料脱硫、低硫燃料。

各二级分支的申请量如表1所示,从技术领域分布来看,烟气脱硫和燃料脱硫的专利申请量居多,而低硫燃料的申请量较低,这与该技术起步较晚不无关系。

表1 各技术分支专利申请量分布    单位:件

| 二级分支 | 分支一(烟气脱硫) | 分支二(燃料脱硫) | 分支三(低硫燃料) |
|---|---|---|---|
| 申请量 | 25149 | 20781 | 2394 |

对于硫氧化物的控制来说可以将控制方法分为三大类:第一类是低硫燃料,通常是用物理的方式将原煤中的硫化部分清洗掉,从而达到净化的目的;第二类是燃料脱硫,包括通过浮选、氧化、化学浸出、化学破碎以及细菌脱硫等方法,使得含硫燃料中的硫元素在燃料进行燃烧之前得到一定程度的去除;第三类是烟气脱硫,如湿法(石灰石-石灰、双碱法等)、干法、半干法对末端尾气进行脱硫。其中,如图3所示,低硫燃料方面的专利量非常低,仅占总体的5%,因此硫氧化物控制技术主要集中在燃料脱硫和烟气脱硫方面。

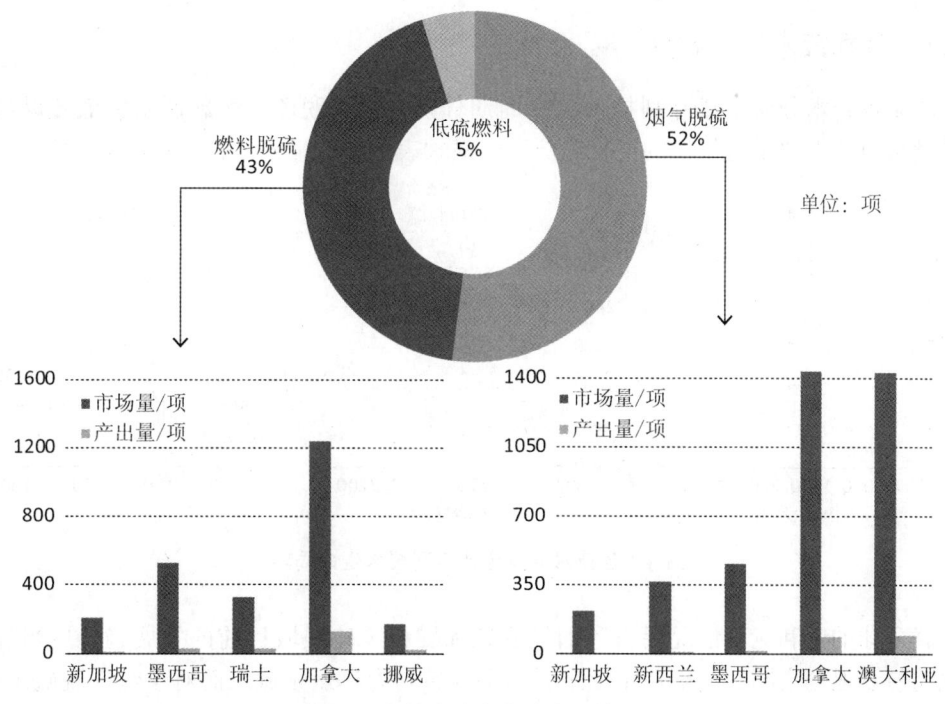

图3 各技术分支海外市场情况

从技术领域分布来看，烟气脱硫方面的申请量为25 149项，主要来自中国、日本、美国和欧洲，燃料脱硫方面的申请量为20 781项，同样主要来自中国、日本、美国和欧洲。

对于烟气脱硫而言，市场量排名前3位的国家和地区分布是中国、日本和美国，但上述3个国家的产出量也很大，其产出量/市场量的比例分别是0.89、0.77、0.76，也就是说对于中国、日本和美国来说，尽管其拥有庞大的市场，但基于其本土的产出也同样庞大，若进入上述3个国家并非易事。反而，对于新加坡、新西兰、墨西哥、加拿大和澳大利亚，其市场量在全球的烟气脱硫市场中均进入前20位，但其自身的产出量相对更小，均不足100项，其产出量/市场量的比例分别是0.03、0.04、0.05、0.06和0.07，也就是说对于上述5个国家，其市场前景相对更好，技术力量相对薄弱，外国企业进入的机会更大。

对于燃料脱硫而言，市场量排名前3位的国家和地区分布是中国、日本和美国，但上述3个国家的产出量也很大，其产出量/市场量的比例分别是0.86、0.80、0.59，也就是说对于中国、日本和美国来说，尽管其拥有庞大的市场，但基于其本土的产出也同样庞大，若进入上述3个国家并非易事。反而，对于新加坡、墨西哥、瑞士、加拿大和挪威，其市场量在全球的燃料脱硫市场中均进入前20位，但其自身的产出量相对更小，均不足200项，其产出量/市场量的比例分别是0.02、0.06、0.10、0.11和0.11，也就是说对于上述5个国家，其市场前景相对更好，技术力量相对薄弱，外国企业进入的机会更大。

### 2.2.3 专利技术生命周期

图4各技术分支全球专利技术生命周期分别为烟气脱硫、燃料脱硫、低硫燃料的申请量和申请人数量随年份的变化趋势图。横轴表示申请量,纵轴表示申请人数量。

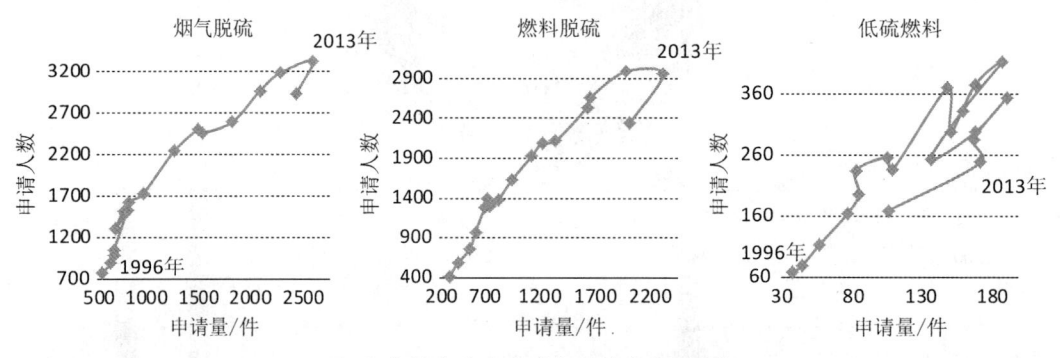

**图4　各技术分支全球专利技术生命周期**

就全球的专利竞争情况而言,烟气脱硫和燃料脱硫领域目前的发展趋势应当处于成熟期与衰退期之间,从申请量上来看两个领域均为热点领域。而对于烟气脱硫来说,其申请量较大的技术为湿法脱硫,其次是干法脱硫,而半干法脱硫的申请量最低。对于燃料脱硫来说,该技术分为燃烧前的脱硫以及燃烧时的脱硫,而其中燃料脱硫的专利申请量高于燃烧时脱硫。对于燃料脱硫领域,专利申请人数量虽然有所下降,但是专利申请量仍然有所增加。烟气脱硫领域目前明显处于衰退期,研发人员数量和专利申请数量都明显降低。经过一段时间的衰退期之后,烟气脱硫领域也可能会进入复苏期,在这期间应以储备一定的核心技术,顺应专利生命周期的变化。燃料脱硫领域如果研发人员数量进一步下降,可能引发专利申请量的下降,则会导致其进入衰退期。

对于研发重点在于烟气脱硫的企业来说,湿法是公认的较为成熟的技术,从专利申请量来看,如果想对这个方面进行研发,必然存在大量的可参考的现有技术。而对于研发干法或者半干法的企业来说,可参考的现有技术虽然较少,但是突破现有技术壁垒的可能性却大大增加。对于研发重点在燃料脱硫的企业来说,燃料脱硫专利申请量大,技术分支较为丰富,如煤炭洗选脱硫、煤炭转化技术、气体燃料脱硫、液体燃料脱硫,以及生物法脱硫,均是可选的研究重点;相反,燃烧过程中脱硫的技术过程则略微简单,通常情况只需在燃烧过程加上脱硫剂即可,而脱硫剂的脱硫原理也是领域内较为公知的技术。申请量高的分支不容易找到研发突破点,从而不容易开发具有自主知识产权的技术,申请量低的分支不容易找到可供参考的现有技术,应掌握领域技术特点,并结合政策的影响,找到适合研发的技术领域。较为成熟的技术可能已经不能满足目前环境标准,应当随着标准的改善而作出适当调整。

对于低硫燃料而言,其技术生命周期并无明显特征,低硫燃料技术与低硫燃料本身的发现和应用密切相关,然而这种燃料的发现很难有明显的规律而言,但目前看来低硫燃料技术似乎进入了衰退期,其面临着较大的技术瓶颈。

## 2.3 主要竞争者

### 2.3.1 专利申请概况

由表2可知，硫氧化物控制领域从专利申请量、市场占有率等综合得到的主要竞争者包括：三菱重工、丰田自动车株式会社、中国石油化工有限公司（以下简称"中石化"）、巴布考克日立株式会社、石川岛播磨、吉坤日矿日石能源株式会社、出光兴产株式会社、埃克森美孚、环球油品公司、法国石油研究院，其中有6家日本公司，2家美国公司，1家中国公司和1家法国公司。

**表2 全球主要竞争者总体情况**

| 竞争者 | | 专利概况 | | | | |
|---|---|---|---|---|---|---|
| | | 总申请量/件 | 授权率 | 进入国家总数 | 发明人数量 | 诉讼/转让 |
| 日本 | 三菱重工 | 680 | 50.00% | 30 | 907 | 无/有 |
| | 丰田自动车株式会社 | 726 | 55.47% | 16 | 596 | 无/有 |
| | 巴布考克株式会社日立 | 406 | 40.62% | 19 | 308 | 无/有 |
| | 石川岛播磨 | 317 | 25.33% | 14 | 237 | 无/有 |
| | 吉坤日矿日石能源株式会社 | 333 | 61.24% | 20 | 417 | 无/有 |
| | 出光兴产株式会社 | 270 | 42.06% | 21 | 221 | 无/有 |
| 美国 | 埃克森美孚 | 278 | 52.08% | 32 | 787 | 无/有 |
| | 环球油品公司 | 219 | 49.20% | 26 | 276 | 无/有 |
| 中国 | 中石化 | 1160 | 65.68% | 28 | 992 | 无/有 |
| 法国 | 法国石油研究院 | 248 | 46.87% | 30 | 486 | 无/有 |

在上述主要竞争者中，三菱重工的申请量为680项，授权率约为50%，主要技术领域涉及烟气脱硫技术分支，而在这个技术分支中其重点的技术也为湿法工艺；竞争者中石化的申请量为1160项，授权率约为65%，主要技术领域涉及燃料脱硫领域。随着中石化近年来对技术研发和专利申请的重视，其申请量和发明人数量在全球主要竞争者中占据了数量上的一定优势，但三菱重工、埃克森美孚也同样拥有庞大的研发团队。全球排名前10位的主要竞争者均有相应的专利转让，但并未涉及该领域的诉讼。也就是说在该领域，各自企业以其自身的技术应用为主，相互之间的交叉重叠并不多见，相互之间的冲突也较少发生。

上述公司普遍对发表文章等非专利文献不够重视，例如专利申请量排名第一的三菱重工被STN收录的脱硫领域非专利文献量仅为48篇，而这一数量已经遥遥领先于丰田自动车株式会社、中石化、巴布考克日立株式会社被STN收录的非专利文献量，可见上述公司相比脱硫技术的研发更加重视该技术在产业上的应用。

(1) 三菱重工

湿法烟气脱硫技术，特别是石灰石-石膏法脱硫技术（也称钙法脱硫技术）成熟度高、脱硫效率高、脱硫产物可回收利用、结构简单及运行稳定等特点，在国内外大型火电厂得到广泛应用。石灰石-石膏法是三菱重工的主流工艺之一，在中国国内，钙法脱硫技术的主要供应商就是日本三菱公司。石灰石-石膏法脱硫工艺发展历史较长，其工艺和设备也日臻成熟和完善。三菱重工还涉及活性炭（纤维）脱硫法、海水脱硫法、催化脱硫法、冷却分离法以及其他干法和湿法脱硫工艺，并且非常重视脱硫和脱汞工艺的结合。

(2) 中石化

中石化是中国国家投资设立的国有公司，公司业务包括油气勘探、油品炼制、化工生产与经营、石油工程技术等。自"十一五"开始，中石化建设了一批自动电力站烟气脱硫装置，脱硫技术选择面广、脱硫设施与主体生产同开同停并保持长周期运行。在其建成的烟气脱硫装置中，除半干法采用原烟囱排放、少数采用烟气换热器升温后排放之外，大部分采用湿烟囱方式排放。但是其烟气脱硫副产物需要另外处置，造成其脱硫技术的经济效益有待提升。由于烟气除尘效果对于脱硫过程影响很大，目前中石化的企业的电除尘效果不理想，也是其目前工艺生产和研发改进的着重点之一。考虑到湿法烟气排放，脱硫过程中会产生较强的腐蚀性问题，也是目前中石化的研发重点。

(3) 吉坤日矿日石能源株式会社

吉坤日矿日石能源株式会社是由日本两家大型能源集团——新日本石油和新日矿集团合并组建，合并后成为日本最大的炼油商，主营业务包括石油、石化产品、液化天然气、煤炭、燃料电池等。

目前吉坤日矿日石能源株式会社加大了其在燃料电池的技术开发，通过石油、煤炭制氢，该过程中也涉及相应硫氧化物的脱除。作为世界500强的企业之一，吉坤日矿日石能源株式会社以其在石油、石化等领域的领先，不断改进工艺，而其硫氧化物的专利技术的授权率高达61%，也足以说明其不容小觑。

(4) 丰田自动车株式会社

丰田自动车株式会社，简称丰田，是世界十大汽车工业公司之一，也是日本最大的汽车公司，其产业链覆盖汽车产业从上游原料到下游物流的所有环节。不仅如此，该公司还立足汽车产业的未来，不断在环保和新能源领域投资，硫氧化物脱除自然是其研发重点之一。

2012年，该公司启动"云动计划"，其核心技术是混合动力，新能源技术成为众多企业的竞争热点技术，该公司"混联式混合动力系统"的目标之一就是实现清洁未来，这必然要不断改进机动车尾气排放过程中的硫氧化物问题。

(5) 法国石油研究院

法国石油研究院是法国在硫氧化物脱除领域唯一进入全球前10名的研究机构。其开发的Prime-G加氢技术，首先将油品分馏，然后将含有大量硫化物的重馏分通过双催化剂选择加氢，并将含硫化合物除去。

### (6) 埃克森美孚

SCANFining 加氢技术是埃克森美孚的传统技术，使用 RT-225 催化剂，达到最大限度地保持辛烷值和降低氢气消耗的效果。第二代 SCANFining 技术为两段过程，段间除去 $H_2S$，适于处理高硫原料，可在深度脱硫的同时，充分减少辛烷值损失。该技术结合了最初的 SCANfining 技术和 OCTGAIN 工艺，二者均是工业领先的汽油脱硫技术。

全球主要竞争者中鲜见我国企业，说明我国整体研发实力较弱。在国内，企业之间没能形成有效的竞争，不利于国内企业的共同发展；而从对外形势来看，仅有 1 家企业在对外布局上也显得势单力薄。从专利申请角度来看，申请量大的公司较为分散，并没有形成少数公司垄断专利技术的情形。从企业的地区分布看，大多为日本公司，这说明从地域上，日本垄断着一部分硫氧化物控制的核心技术。

### 2.3.2 主要专利技术领域分析

表3为全球主要竞争者主要专利技术领域分布。由表3及相关分析可知，在专利竞争实力方面，三菱重工与巴布考克日立株式会社呈现较为相似的变化趋势，这两个公司均是开展脱硫研究较早的公司，在1996年时均已经具备了一定的申请量，在这20年间，它们申请量的高峰均出现在20世纪90年代，从此之后它们的申请量均呈现波动下降的趋势，而且近2年在硫氧化物控制领域的申请量均为0。而中石化在硫氧化物控制方向的研究起步较晚，从1994年开始才陆续开始进行专利申请，这几年的专利申请量较高，这与其他几家公司有很大的差异，其他几家公司的专利申请均集中在较早的年代，而近几年申请量则呈现下降的趋势。

表3　全球主要竞争者主要专利技术领域分布　　　单位：件

| 竞争者 | | 领域 | 数量 | 领域 | 数量 | 领域 | 数量 | 领域 | 数量 | 领域 | 数量 |
|---|---|---|---|---|---|---|---|---|---|---|---|
| 日本 | 三菱重工 | 废气的化学或生物净化 | 399 | 湿法 | 338 | 催化 | 193 | 吸收 | 162 | 与氮同时脱除 | 60 |
| | 丰田自动车株式会社 | 催化 | 611 | 机动车尾气的催化 | 543 | 吸附 | 16 | 废气的化学或生物净化 | 10 | 与氮同时脱除 | 10 |
| | 巴布考克日立株式会社 | 废气的化学或生物净化 | 256 | 湿法 | 220 | 催化 | 124 | 吸收 | 117 | 机动车尾气的催化 | 92 |
| | 石川岛播磨 | 废气的化学或生物净化 | 222 | 湿法 | 188 | 吸收 | 84 | 吸附 | 3 | 与氮同时脱除 | 2 |

续表

| 竞争者 | | 领域 | 数量 | 领域 | 数量 | 领域 | 数量 | 领域 | 数量 | 领域 | 数量 |
|---|---|---|---|---|---|---|---|---|---|---|---|
| 日本 | 吉坤日矿日石能源株式会社 | 催化 | 90 | 吸附 | 50 | 吸收 | 4 | 湿法 | 2 | 机动车尾气的催化 | 2 |
| | 出光兴产株式会社 | 催化 | 83 | 吸附 | 32 | 废气的化学或生物净化 | 8 | 吸收 | 3 | 机动车尾气的催化/湿法 | 2 |
| 中国 | 中石化 | 湿法 | 162 | 催化 | 140 | 废气的化学或生物净化 | 109 | 吸附 | 102 | 吸收 | 58 |
| 美国 | 埃克森美孚 | 吸附 | 59 | 催化 | 52 | 吸收 | 42 | 废气的化学或生物净化 | 26 | 湿法 | 19 |
| | 环球油品公司 | 吸附 | 29 | 扩散 | 28 | 吸收 | 25 | 催化 | 22 | 废气的化学或生物净化 | 8 |
| 法国 | 法国石油研究院 | 吸收 | 76 | 催化 | 47 | 吸附 | 31 | 湿法 | 23 | 废气的化学或生物净化 | 18 |

企业的技术创新能力是与其拥有的技术创新人才密切相关的。通过分析专利申请可以获悉企业拥有的发明人总数及平均每件申请的发明人数。专利申请的发明人总量反映了企业的研发人员数量，平均每件申请的发明人数反映了企业每件申请的人员投入情况。根据对上述主要竞争者的统计分析发现，申请量最高的三菱重工发明人数量为907人，平均每发明人申请专利0.75项，每申请发明人数1.34人；而在主要竞争者中石化的发明人数量最高约为1000人，平均每发明人申请专利1.17项，每申请发明人数0.85人。对于发明人数量较多的企业说明研发实力较强，对于发明人数量较低的企业说明其已经将研发重点转移到其他相关领域。对于研发人数较低的企业应当给予重点关注，查看其是否拥有核心技术从而支撑其发展，又或者其是否正在逐渐转移自己的研发重点。对于研发人数较高的企业应予以重点关注，说明其有可能会重点进军硫氧化物控制领域。

对于全球前10位的竞争者，巴布考克日立株式会社、石川岛播磨、出光兴产株式会社和丰田自动车株式会社的每发明人申请专利均在1.2件以上，分别是1.33件、1.31件、1.22件和1.22件，可见上述4个企业的发明人均有较强的研发能力，掌握的较强的相关技术。

## 2.3.3 主要专利技术市场分析

表4为全球主要竞争者主要专利技术在不同市场的领域分布。

表4 全球主要竞争者主要专利技术在不同市场的领域分布　　单位：件

| 公司 | | 三菱重工 | 丰田 | 巴布考克日立株式会社 | 石川岛播磨 | 吉坤日矿日石能源株式会社 | 出光兴产株式会社 | 埃克森美孚 | 环球油品公司 | 中石化 | 法国石油研究院 |
|---|---|---|---|---|---|---|---|---|---|---|---|
| 本国 | | 日本 | 日本 | 日本 | 日本 | 日本 | 日本 | 美国 | 美国 | 中国 | 法国 |
| 申请量 | | 635 | 711 | 401 | 312 | 327 | 270 | 260 | 199 | 1148 | 235 |
| 技术领域 | 领域1 | 废气的化学或生物净化 | 催化 | 废气的化学或生物净化 | 废气的化学或生物净化 | 催化 | 催化 | 吸附 | 扩散 | 湿法 | 吸收 |
| | 数量 | 372 | 603 | 253 | 218 | 89 | 83 | 55 | 28 | 161 | 76 |
| | 领域2 | 湿法 | 汽车尾气的催化 | 湿法 | 湿法 | 吸附 | 吸附 | 催化 | 吸附 | 催化 | 催化 |
| | 数量 | 322 | 532 | 216 | 184 | 48 | 32 | 49 | 27 | 140 | 43 |
| | 领域3 | 催化 | 吸附 | 催化 | 吸收 | 吸收 | 废气的化学或生物净化 | 废气的化学或生物净化 | 吸收 | 废气的化学或生物净化 | 吸附 |
| | 数量 | 183 | 15 | 124 | 83 | 4 | 8 | 26 | 23 | 107 | 30 |
| 海外1 | | 美国 | 欧洲 | WIPO | WIPO | WIPO | WIPO | 欧洲 | WIPO | 美国 | 美国 |
| 申请量 | | 184 | 176 | 48 | 18 | 82 | 33 | 169 | 103 | 52 | 173 |
| 技术领域 | 领域1 | 废气的化学或生物净化 | 催化 | 催化 | 湿法 | 催化 | 催化 | 催化 | 吸收 | 湿法 | 吸收 |
| | 数量 | 120 | 159 | 31 | 14 | 28 | 20 | 42 | 23 | 30 | 44 |
| | 领域2 | 湿法 | 汽车尾气的催化 | 湿法 | 废气的化学或生物净化 | 吸附 | 吸附 | 吸附 | 吸附 | 与氮同时脱除 | 催化 |
| | 数量 | 106 | 141 | 28 | 14 | 18 | 7 | 39 | 19 | 16 | 41 |
| | 领域3 | 吸收 | 吸附 | 催化 | 吸收 | 废气的化学或生物净化 | 吸收 | 扩散 | 吸收 | 吸附 | 吸附 |
| | 数量 | 71 | 9 | 24 | 7 | 1 | 1 | 27 | 17 | 7 | 34 |
| 海外2 | | WIPO | 美国 | 美国 | 美国 | 美国 | 美国 | 加拿大 | 中国 | WIPO | 欧洲 |
| 申请量 | | 151 | 165 | 38 | 10 | 50 | 27 | 152 | 60 | 34 | 142 |
| 技术领域 | 领域1 | 湿法 | 催化 | 废气的化学或生物净化 | 湿法 | 催化 | 催化 | 催化 | 吸附 | 吸附 | 催化 |
| | 数量 | 116 | 145 | 21 | 6 | 17 | 16 | 34 | 15 | 23 | 43 |
| | 领域2 | 废气的化学或生物净化 | 汽车尾气的催化 | 湿法 | 废气的化学或生物净化 | 吸附 | 吸附 | 催化 | 催化 | 吸收 | 吸收 |
| | 数量 | 112 | 136 | 19 | 6 | 9 | 7 | 30 | 11 | 10 | 36 |
| | 领域3 | 吸收 | 吸附 | 催化 | 催化 | 吸收 | 废气的化学或生物净化 | 吸收 | 吸收 | 吸收 | 吸收 |
| 技术领域 | 数量 | 74 | 8 | 19 | 4 | 1 | 1 | 24 | 11 | 3 | 20 |
| 海外3 | | 欧洲 | WIPO | 欧洲 | 中国 | 欧洲 | 欧洲 | 日本 | 欧洲 | 欧洲 | WIPO |
| 申请量 | | 129 | 152 | 28 | 9 | 42 | 23 | 140 | 52 | 24 | 100 |
| 技术领域 | 领域1 | 废气的化学或生物净化 | 催化 | 催化 | 湿法 | 催化 | 催化 | 吸附 | 吸附 | 吸附 | 吸收 |
| | 数量 | 91 | 129 | 18 | 6 | 15 | 16 | 36 | 11 | 18 | 34 |
| | 领域2 | 湿法 | 汽车尾气的催化 | 废气的化学或生物净化 | 废气的化学或生物净化 | 吸附 | 吸附 | 吸附 | 吸收 | 催化 | 催化 |
| | 数量 | 83 | 122 | 11 | 6 | 7 | 35 | 10 | 8 | 13 | |
| | 领域3 | 吸收 | 吸附 | 湿法 | 催化 | 吸收 | 分支 | 吸收 | 催化 | 与氮同时脱除 | 吸附 |
| | 数量 | 84 | 6 | 10 | 2 | 1 | 0 | 25 | 7 | 8 | 13 |

就主要竞争者的市场分布而言，各个竞争者的主要竞争市场均为本国市场。除本国市场以外，全部竞争者把注意力基本上都投入了美国、欧洲、日本、中国以及韩国市场，其次是加拿大、澳大利亚等竞争者较为关注的市场。而在美国、欧洲、日本、

中国以及韩国的市场中，大多竞争者则更加关注美国和欧洲的市场。

日本公司对华申请量虽然大多能排名在全球的前3名，但申请数量却明显低于其对欧美的申请量，说明我国目前并没有成为日本公司专利布局的重点。我国企业专利申请量低，专利布局形势不明朗。在这个时候，我国更应当努力开发自己的优势产品，先在国内进行合理的专利布局。国外公司申请量低，但其核心技术的存在，会影响我国专利申请在国内以及在海外的布局。

在硫氧化物控制领域，世界范围内较为大型的几家公司重点技术均为烟气脱硫，而相对来说进行燃料脱硫研究的公司较少，这主要原因是在实际生产过程中，即便是使用了低硫燃料或者在燃烧前以及燃烧的过程中已经进行了燃料脱硫，但由于燃烧过程中总会生成含硫物质，因此烟气脱硫则成为硫氧化物控制必不可少的重要环节。

而对于烟气脱硫，从专利角度来看，三菱重工、巴布考克日立株式会社主要研发方向是烟气脱硫。在授权率方面，三菱重工的授权率略高于其他两个日本公司巴布考克日立株式会社和石川岛播磨，其发明人数也明显高于巴布考克日立株式会社和石川岛播磨。而对于专利布局情况来说，三菱重工对其他国家的专利申请量也明显高于其他两家日本公司。可见，三菱重工无论从专利申请的角度，还是从市场角度，均是硫氧化物控制领域较为活跃的公司。

图5为全球主要竞争者主要专利技术市场分布。在地区分布方面，全球主要竞争者的前10名均进入了美国，在具体的技术分支方面，主要涉及催化、吸附、废气的化学或者生物法、湿法、吸附。对于欧洲地区而言，全球前10名的主要竞争者中有9名均进入欧洲进行布局，仅石川岛播磨并未进入欧洲，涉及的技术分支也比较全面，包括催化、吸附、废气的化学或者生物法、湿法、吸附。对于中国而言，有3家企业在中国进行了相关布局，也应引起国内企业的重视。

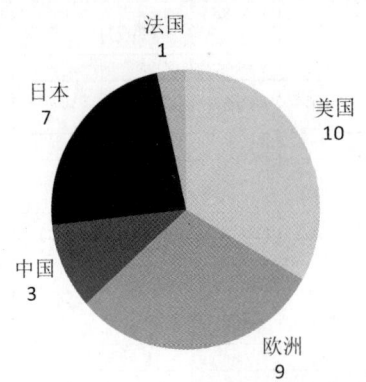

| 欧洲 | 废气的化学或生物 | 湿法 | 催化 | 吸收 | 吸附 |
|---|---|---|---|---|---|
| 9家 | 2家 | 2家 | 8家 | 5家 | 7家 |

| 美国 | 废气的化学或生物 | 湿法 | 催化 | 吸收 | 吸附 |
|---|---|---|---|---|---|
| 10家 | 5家 | 4家 | 8家 | 4家 | 6家 |

单位：家

图5 全球主要竞争者主要专利技术市场分布

# 第 3 章　中国专利竞争情报分析

## 3.1　总体竞争环境

"十二五"时期是全面建设小康社会的关键时期,是深化改革开放、加快转变经济发展方式的攻坚时期。坚持把建设资源节约型、环境友好型社会作为加快转变经济发展方式的重要着力点。深入贯彻节约资源和保护环境基本国策,节约能源,降低温室气体排放强度,发展循环经济,推广低碳技术,积极应对全球气候变化,促进经济社会发展与人口资源环境相协调,走可持续发展之路。

环境保护部环境规划院于 2013 年组织专家对"十一五"大气污染物总量减排的环境效果进行了回顾性评估,形成了《"十一五"大气污染物总量减排环境效果回顾性评估报告》。报告显示,"十一五"期间,我国共实现 $SO_2$ 削减量 1237.74 万吨,将 2005 年的 2549.4 万吨 $SO_2$ 排放量降至 2010 年的 2185.1 万吨,$SO_2$ 排放总量净削减比例为 14.29%。仔细分析,"十一五"期间 1237.74 万吨的实际减排量,占 2005 年 2549.4 万吨 $SO_2$ 排放量基数的 48.6%,而 873.44 万吨的新增量占实际减排量 1237.74 万吨的 70.6%。也就是说,"十一五"的实际减排量是在原有基数上减少近 50%,减排工作的 70% 是在减少新增量。"十一五"期间,经济的快速发展、能源消费总量的急剧攀升及产业规模的扩张,带来的 $SO_2$ 增排量高达 873.44 万吨,给 $SO_2$ 总量减排工作带来了巨大压力。可见控制经济发展带来的新增污染,巩固主要污染物减排成果,是我国新时期污染减排面临的首要任务和最大困难。

以下从行政指导、法律规范、经济手段、市场引导、技术优劣等方面进一步阐述我国硫氧化物排放与治理的总体竞争环境。

### 3.1.1　政策环境

我国硫氧化物防治历程大致为,20 世纪 80 年代《大气污染防治法》的颁布,确定了我国以工业点源治理为重点、防治煤烟型污染为主的大气污染防治基本方针,提出通过消烟除尘等方法进行大气污染的控制。20 世纪 90 年代开始,随着 $SO_2$ 和酸雨问题的日益严重,1991 年我国开始实施《燃煤电厂大气污染物排放标准》,并逐渐对电厂 $SO_2$ 排放实行总量控制。在此期间,国务院批准了 $SO_2$ 和酸雨控制为主的"两控区"划分方案。为切实改善空气质量,国务院于 2013 年 9 月制定《大气污染防治行动计划》。该计划在加大综合治理力度、减少多污染物排放方面,规定加快重点行业脱硫、脱硝、除尘改造工程建设。

我国在大气污染防治方面的立法与美国基本相似。我国硫氧化物防治相关法律体系为：1987年9月5日，《大气污染防治法》正式颁布，并经过多次修订，为保障大气污染防治法律的实施，国家陆续颁布了一系列配套的法规，如《城市烟尘控制区管理办法》《关于发展民用型煤的暂行办法》《防治煤烟型大气污染技术政策》等，配合新法的实施，还制定了配套法规如《排污总量收费管理条例》《排污总量控制管理条例》《机动车污染防治管理条例》《加强城市扬尘污染控制若干规定》等。

  按照我国现行法律体系，未来几年我国硫氧化物排放方面有关措施包括如下几个方面：第一，按照《大气污染防治行动计划》，首先所有燃煤电厂、钢铁企业的烧结机和球团生产设备、石油炼制企业的催化裂化装置、有色金属冶炼企业都要安装脱硫设施，每小时20蒸吨及以上的燃煤锅炉要实施脱硫；其次在强化移动源污染防治方面提出加强城市交通管理，实施公交优先战略，提高公共交通出行比例，加强步行、自行车交通系统建设，根据城市发展规划，合理控制机动车保有量，北京、上海、广州等特大城市要严格限制机动车保有量，通过鼓励绿色出行、增加使用成本等措施，降低机动车使用强度。第二，按照《部分工业行业淘汰落后生产工艺装备和产品指导目录（2010年本）》《产业结构调整指导目录（2011年本）（修正）》的要求，采取经济、技术、法律和必要的行政手段，提前一年完成钢铁、水泥、电解铝、平板玻璃等21个重点行业的"十二五"落后产能淘汰任务，2015年再淘汰炼铁1500万吨、炼钢1500万吨、水泥（熟料及粉磨能力）1亿吨、平板玻璃2000万重量箱。第三，在行政审批方面，对未按期完成淘汰任务的地区，严格控制国家安排的投资项目，暂停对该地区重点行业建设项目办理审批、核准和备案手续。2016年、2017年，各地区要制定范围更宽、标准更高的落后产能淘汰政策，再淘汰一批落后产能。具体规定了京津冀、长三角、珠三角等区域新建项目禁止配套建设自备燃煤电站。耗煤项目要实行煤炭减量替代。除热电联产外，禁止审批新建燃煤发电项目；现有多台燃煤机组装机容量合计达到30万千瓦以上的，可按照煤炭等量替代的原则建设为大容量燃煤机组。到2015年，新增天然气干线管输能力1500亿立方米以上，覆盖京津冀、长三角、珠三角等区域。鼓励发展天然气分布式能源等高效利用项目，限制发展天然气化工项目；有序发展天然气调峰电站，原则上不再新建天然气发电项目。积极有序发展水电，开发利用地热能、风能、太阳能、生物质能，安全高效发展核电。到2017年，运行核电机组装机容量达到5000万千瓦，非化石能源消费比重提高到13%。到2017年，基本完成燃煤锅炉、工业窑炉、自备燃煤电站的天然气替代改造任务。该计划规定所有新、改、扩建项目，必须全部进行环境影响评价；未通过环境影响评价审批的，一律不准开工建设；违规建设的，要依法进行处罚。将二氧化硫、氮氧化物、烟粉尘和挥发性有机物排放是否符合总量控制要求作为建设项目环境影响评价审批的前置条件。对未通过能评、环评审查的项目，有关部门不得审批、核准、备案，不得提供土地，不得批准开工建设，不得发放生产许可证、安全生产许可证、排污许可证，金融机构不得提供任何形式的新增授信支持，有关单位不得供电、供水。❶

---

 ❶ 参见《大气污染防治行动计划》。

## 3.1.2 经济环境

在现行法律框架下，以市场为主导，假以有效的财税政策作为经济刺激手段，是目前我国控制硫氧化物排放的高效方式，从硫氧化物排放源和主要控制环节入手，重点抓住如下几个方面：

第一，提升燃油品质。加快石油炼制企业升级改造，在 2014 年年底前，全国供应符合国家第四阶段标准的车用柴油，在 2015 年年底前，京津冀、长三角、珠三角等区域内重点城市全面供应符合国家第五阶段标准的车用汽、柴油，在 2017 年年底前，全国供应符合国家第五阶段标准的车用汽、柴油。加强油品质量监督检查，严厉打击非法生产、销售不合格油品行为。

第二，加快淘汰黄标车和老旧车辆。采取划定禁行区域、经济补偿等方式，逐步淘汰黄标车和老旧车辆。到 2015 年，淘汰 2005 年年底前注册营运的黄标车，基本淘汰京津冀、长三角、珠三角等区域内的 500 万辆黄标车。到 2017 年，基本淘汰全国范围的黄标车。

第三，大力推广新能源汽车。公交、环卫等行业和政府机关要率先使用新能源汽车，采取直接上牌、财政补贴等措施鼓励个人购买。北京、上海、广州等城市每年新增或更新的公交车中新能源和清洁燃料车的比例达到 60% 以上。

第四，本着"谁污染、谁负责，多排放、多负担，节能减排得收益、获补偿"的原则，积极推行激励与约束并举的节能减排新机制。全面落实"合同能源管理"的财税优惠政策，完善促进环境服务业发展的扶持政策，推行污染治理设施投资、建设、运行一体化特许经营。"合同能源管理"的财税优惠政策涉及燃煤电厂烟气脱硫技术改造项目，具体目录为：①按照国家有关法律法规设立的，具有独立法人资质，且注册资金不低于 500 万元的专门从事脱硫服务的公司从事的符合规定的脱硫技术改造项目；②改造后，采用干法或半干法脱硫的项目脱硫效率应高于 85%，采用湿法或其他方法脱硫的项目脱硫效率应高于 98%；③项目改造后经国家有关部门评估，综合效益良好；④设施能够稳定运行，达到环境保护行政主管部门对二氧化硫的排放总量及浓度控制要求；⑤项目应纳税所得额的计算应符合独立交易原则；⑥国务院财政、税务主管部门规定的其他条件。完善绿色信贷和绿色证券政策，将企业环境信息纳入征信系统。严格限制环境违法企业贷款和上市融资。推进排污权有偿使用和交易试点。

此外，鉴于加强环保电价和环保设施运行监管是促进燃煤发电机组减少污染物排放、改善大气质量的重要措施，国家发改委和环境保护部特制定了《燃煤发电机组环保电价及环保设施运行监管办法》。该办法规定安装环保设施的燃煤发电企业，环保设施验收合格后，由省级环境保护主管部门函告省级价格主管部门，省级价格主管部门通知电网企业自验收合格之日起执行相应的环保电价加价。燃煤发电机组二氧化硫、氮氧化物、烟尘排放浓度小时均值超过限值要求仍执行环保电价的，由政府价格主管部门没收超限值时段的环保电价款；超过限值 1 倍及以上的，并处超限值时段环保电价款 5 倍以下罚款。电网企业拒报或谎报燃煤发电机组超限值排放时段所对应的电量，以及拒绝执行或未能及时执行或不按实际上网电量足额执行环保电价的，按照《价格法》《环境保护法》《大气污染防治法》和《价格违法行为行政处罚规定》等有关规定，由省级及以上价格主管部门会同环境保护主管部门予以处罚。❶

### 3.1.3 技术环境

硫氧化物控制领域近20年中国总的专利申请量为33 560项，专利申请人数量大约在2万人，平均每申请人申请量为1.6件。结合专利生命周期数据可以看出，我国正处于发展阶段，专利申请人数有所增加，目前专利申请人数较大，说明无论是企业投入还是研发投入均有一定数量的增长。由于高校或科研机构专利申请人数通常较多，所以足够多的申请人也不能完整地反映出该领域目前申请人情况。应该改变专利申请习惯，让真正作出创造性贡献的人作为专利申请人。申请人数量高，从一个侧面反映了技术领域的活跃程度。对于一件高校或者科研机构的专利申请来说，在我国其专利人数往往较多，而其申请人之所以较多，通常也并不都是由于该项专利参与人数较高引起的，因此，虽然申请人数量较高，需要挖掘申请人数较高的内在原因。

我国在硫氧化物领域的研发能力不仅体现在专利方面，还体现在论文等非专利文献发表方面。燃料脱硫在非专利方面的文献量达18 459篇，作者分布于4480家企业和3696家科研机构；烟气脱硫在非专利方面的文献量达24 860篇，作者分布于4116家企业和3559家科研机构。从作者构成上分析，燃料脱硫和烟气脱硫都不仅仅停留于科研阶段，大量企业切实需要进行硫氧化物的减排，迫切的需求会促进企业加大对这一领域的研发力度。从总量上分析，我国具有潜在的硫氧化物减排控制领域的强大创新驱动力，意味着未来几年内，我国将在硫氧化物减排方面实现实质性进步，突破困扰经济可持续发展和社会和谐进步的关键瓶颈，带动其他大气污染物例如氮氧化物和颗粒物减排的大力推进，依靠科技进步极大地改善我国大气环境是可期待的。

## 3.2 专利竞争环境

### 3.2.1 专利申请概况

图6为中国专利技术市场情况。由图6可知，在我国硫氧化控制技术的市场主要参与者仍然是在于我国本土申请；而对于市场的其他参与者来说，主要包括日本、美国、德国等。从申请趋势来看，我国申请量直线上涨，而其他国家则在前期呈现波动上涨的趋势，近几年则均呈现下降的趋势。但是对于我国市场来说，本国申请量仍然占据主导地位，国外申请虽然存在一定数量，但并未对我国专利布局造成影响。

---

❶ 参见《燃煤发电机组环保电价及环保设施运行监管办法》。

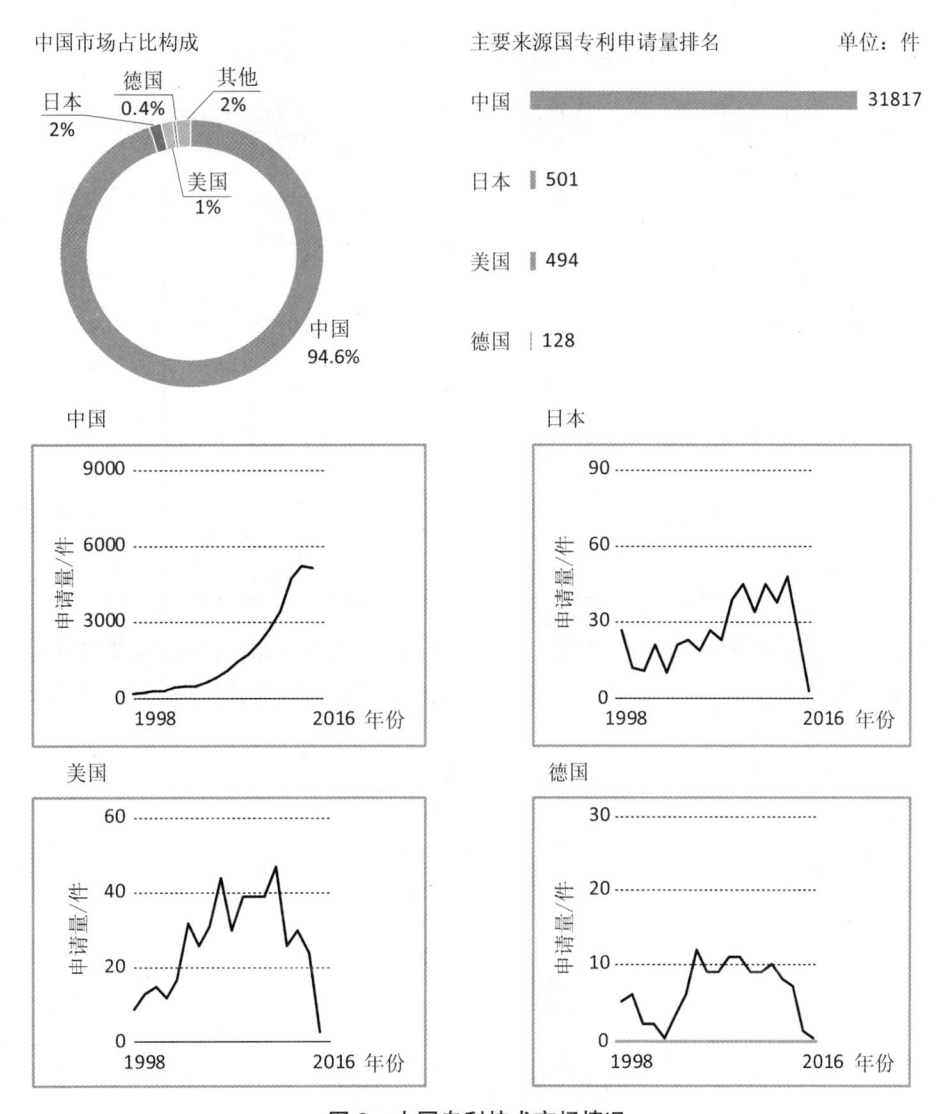

图 6　中国专利技术市场情况

## 3.2.2 专利地区分布

如表 5 所示，我国硫氧化物控制领域的技术产出主要集中在经济较为发达、政府监管较严的地区，北京、江苏、山东的专利申请大幅度领先其他地区。上述 3 个省市，一方面有着较好的经济基础，能够为硫氧化物控制技术的研发提供较好的支持，另一方面，随着经济的发展，其也存在硫氧化物控制的强烈需求，促进相关技术的研发与应用。

表5 硫氧化物控制领域国内专利申请量排名

| 申请量排名 | 省、自治区或直辖市 | 申请量/件 |
| --- | --- | --- |
| 1 | 北京 | 4518 |
| 2 | 江苏 | 4073 |
| 3 | 山东 | 3121 |
| 4 | 安徽 | 2435 |
| 5 | 浙江 | 1779 |
| 6 | 辽宁 | 1424 |
| 7 | 上海 | 1438 |
| 8 | 广东 | 1393 |
| 9 | 四川 | 1092 |
| 10 | 其他 | 12287 |
| 总量 | | 33560 |

如图7所示，我国硫氧化物控制领域专利申请主要集中在高校以及工业发达的地区，大部分集中在华北和华东地区，华中和西南地区占据中间位置。北京和江苏的专利申请大幅度领先其他地区。反映出华北和华东地区科研实力强于其他地区，专利申请量高于全国其他地区，而华北和华东经济发达地区的经济实力促进了硫氧化物控制项目的推广和实施。

华南地区 2032
台湾地区 75
东北地区 2205
西南地区 2372
西北地区 1250
华北地区 7201
华中地区 2884
华东地区 13798

单位：件

**图7 中国专利技术地域分布情况**

结合我国近年来雾霾地区的扩大和雾霾程度的加重，对于空气污染物包括硫氧化物的控制处理逐渐被我国政府和民众所热切关注。由此不难推测，我国在自2015年起几年内可能会有一批硫氧化物控制项目上马。由于项目的实施通常会伴随着技术的发展，可能会有一批技术革新专利出现，进而在大气污染的治理方面发挥一定的推动作用。基于此，特提出如下建议：

（1）掌握技术核心，主动出击，注重技术革新；

(2) 拥有自主知识产权，及时进行全球专利布局；
(3) 密切关注国际大公司动态，注重并购时技术核心的转让关系。

### 3.2.3 专利技术生命周期

图8描述的是各技术分支中国专利技术生命周期，其中生命周期图中的横轴数据为申请人数量，纵轴数据为申请量。

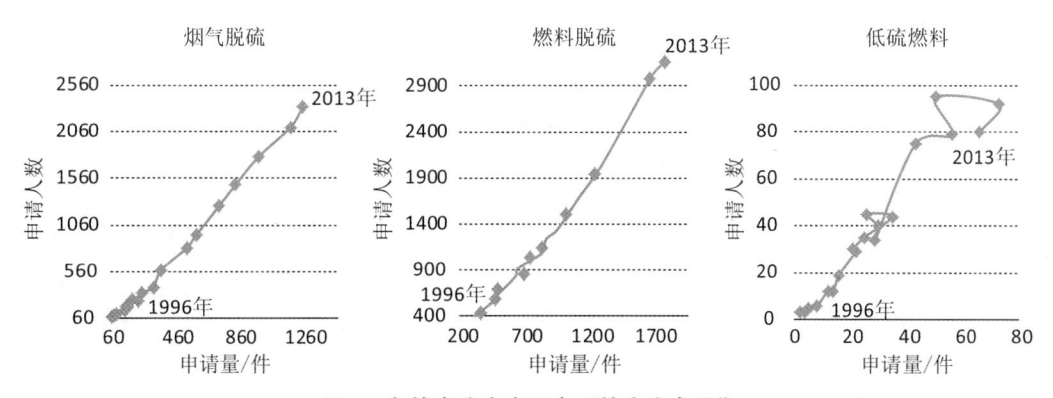

**图8　各技术分支中国专利技术生命周期**

从专利生命周期角度来看，就中国的专利竞争情况而言，两个主要技术分支目前均处于发展期；烟气脱硫领域与燃料脱硫领域的申请人以及申请量均处于增长阶段。对于烟气脱硫领域来说，湿法脱硫技术的申请量要高于干法以及半干法的申请量，而对于燃料脱硫来说，燃烧前燃料的脱硫技术申请量高于燃烧时燃料脱硫的申请量，在这些方面我国的整体水平与全球技术发展水平较为相似。对于低硫燃料，整体上也基本处于增长周期，但存在一定的波动。

对于处于发展期的技术而言，基本发明向纵向和横向发展，说明应用发展专利逐渐出现，在这个阶段技术呈现出突破性的进展，市场扩大。而申请人增长说明，企业介入增多同时科研介入也相应增多，专利申请量与专利申请人数量均处于急剧上升阶段。如果从技术含量的角度去衡量技术的发展，我国应当提高专利申请的技术含量。两个技术分支处于发展期，应顺应其发展趋势，加大研发投入，鼓励企业参与，更好地维持发展期的水平。对于一项专利技术来说，其经历发展期之后必然要经历成熟期与衰退期，届时一些没有真正技术实力的企业就会面临市场的淘汰，应当用专利武装自己，争取在市场竞争中取胜。

## 3.3 主要竞争者

### 3.3.1 专利申请概况

如表6所示，从专利申请量、市场占有率等综合考察得到的硫氧化物控制领域国内主要竞争者包括：中石化、中石油、浙江大学、昆明理工大学、清华大学、中电投远达、浙江菲达、龙源环保、龙净环保、武汉凯迪,其中有3个为高校,7个为企业。在上述主要竞争者中,中石化申请量遥遥领先,为1320件,授权量为914件,授权率达69.2%,其主要涉及烟气脱硫技术分支,在这个技术分支中主要涉及脱硫装置和氨法脱硫工艺。清华大学等3个高校申请量均在140件以上,其专利有效率明显低于企业竞争者。清华大学主要涉及液柱烟气脱硫除尘集成技术,该技术是我国自主开发的新工艺,其综合水平达到了国际上同类脱硫技术的先进水平。中电投远达、浙江菲达、龙源环保、龙净环保、武汉凯迪均为我国脱硫骨干企业,其专利申请量虽然不高,但专利有效量几乎都达到90%以上,尤其是浙江菲达,高达100%。

表6 国内主要竞争者总体情况

| 竞争者 | | 专利概况 | | |
|---|---|---|---|---|
| | | 申请量/件 | 授权率 | 发明人数量/位 |
| 高校 | 浙江大学 | 215 | 67.4% | 431 |
| | 昆明理工大学 | 146 | 51.4% | 294 |
| | 清华大学 | 186 | 68.3% | 357 |
| 企业 | 中石化 | 1320 | 69.2% | 1951 |
| | 中石油 | 313 | 62.6% | 1405 |
| | 中电投远达 | 142 | 79.6% | 164 |
| | 武汉凯迪 | 72 | 84.7% | 57 |
| | 龙净环保 | 78 | 80.8% | 99 |
| | 浙江菲达 | 61 | 59.0% | 96 |
| | 龙源环保 | 58 | 75.9% | 94 |

中国主要竞争者专利技术领域分布见表7。

表7 中国主要竞争者专利技术领域分布　　　　　　　　　　　　单位:件

| 竞争者 | 领域 | 数量 | 领域 | 数量 | 领域 | 数量 |
|---|---|---|---|---|---|---|
| 浙江大学 | 湿法 | 43 | 废气的化学或生物净化 | 38 | 催化 | 26 |
| 昆明理工大学 | 吸附 | 146 | 与氮同时脱除 | 37 | 催化 | 29 |
| 清华大学 | 催化 | 38 | 湿法 | 34 | 废气的化学或生物净化 | 21 |
| 中石化 | 湿法 | 148 | 催化 | 141 | 废气的化学或生物净化 | 88 |
| 中石油 | 湿法 | 22 | 催化 | 21 | 吸收 | 14 |
| 中电投远达 | 废气的化学或生物净化 | 91 | 湿法 | 32 | 吸附/吸收 | 9 |
| 武汉凯迪 | 废气的化学或生物净化 | 42 | 湿法 | 25 | 与氮同时脱除 | 7 |
| 龙净环保 | 废气的化学或生物净化 | 46 | 湿法 | 21 | 催化 | 15 |
| 浙江菲达 | 废气的化学或生物净化 | 36 | 湿法 | 17 | 与氮同时脱除 | 9 |
| 龙源环保 | 废气的化学或生物净化 | 37 | 湿法 | 35 | 催化 | 14 |

## 第 3 章 中国专利竞争情报分析

以下简要介绍我国脱硫行业的骨干企业。

(1) 中电投远达环保工程有限公司

中电投远达环保工程有限公司（简称"中电投远达"）主要从事火电厂烟气脱硫EPC、脱硫特许经营、氮氧化物处理、水务产业、核电环保五大产业板块业务。该公司是"燃煤烟气净化国家地方联合工程研究中心"，拥有国内最大的"原烟气综合实验基地"。

(2) 浙江菲达

浙江菲达环保科技股份有限公司（简称"浙江菲达"）是我国大气污染治理行业的龙头企业，2002年在上交所成功上市。其具备60万千瓦以上大型燃煤电站除尘、输灰、脱硫系统环保装备成套能力。该公司与 ABB-ALSTOM 公司合作，将 NID 干法烟气脱硫技术应用于浙江巨化热电厂80MW 机组上，已投入运行。

(3) 北京国电龙源环保工程有限公司

北京国电龙源环保工程有限公司（简称"龙源环保"）累计在建、投运脱硫装机总容量近1.3亿千瓦，年减排二氧化硫约700万吨；累计在建、投运脱硝装机总容量近1.2亿千瓦，年减排氮氧化物约100万吨。在2005~2012年全国火电厂烟气脱硫脱硝产业排名中，连续8年保持在国内同行业中，累计投运火电厂脱硫机组容量、累计投运火电厂脱硝机组容量、累计签订脱硫特许经营合同的机组容量、累计签订脱硝特许经营合同的机组容量、年度投运脱硫机组容量、年度投运脱硝机组容量、年度签订合同脱硝机组容量等7项指标名列前茅。该公司的主要技术产品包括：大型燃煤锅炉石灰石-石膏湿法烟气脱硫技术、大型燃煤锅炉海水脱硫技术、大型燃煤锅炉氨法脱硫技术、大型燃煤锅炉"硫"资源回收型脱硫技术。

(4) 龙净环保

福建龙净环保股份有限公司（简称"龙净环保"）创立于1971年，是我国大气污染治理行业的领跑企业。龙净环保2000年在上海证交所成功上市。在脱硫技术方面，在国际上实现了循环流化床干法脱硫技术在30万千瓦、66万千瓦燃煤电站锅炉机组上的成功应用，在国内大型烧结机上成功应用干法脱硫技术。

而对于主要竞争者中的中石化和中石油，与上述4家企业不同，其脱硫主要是针对企业内部冶炼等过程产生的硫氧化物以及对燃料进行脱硫。2014年中石化计划建设60余项脱硫脱硝项目，目前这些项目已多数开展详细设计。烟气脱硫脱硝项目是中石化"碧水蓝天"计划的重要组成部分，项目将对集团炼化企业排放的烟气进行脱硫脱硝处理，以达到国家新的排放标准要求。这些项目多数采用中石化自主研制的技术，其中由宁波公司和抚顺石化研究院共同开发的新型湍冲文丘里钠法烟气除尘脱硫技术是目前国内催化裂化脱硫脱硝领域唯一自主研发的技术，打破了国外垄断。该技术已在镇海炼化180万吨/年催化裂化装置运用1年，经鉴定，其二氧化硫、氮氧化物和粉尘脱除率已达到国际先进水平。中石油作为我国主要的燃料供应商，其在脱硫领域主要涉及燃料脱硫。

清华大学是我国脱硫领域主要竞争者中产研结合的典范，并且其研发的具有自主知识产权的技术已经广泛应用于我国的新老电厂。清华大学煤清洁燃烧国家重点实验室研究开发了液柱烟气脱硫集成技术和干式脱硫剂床料内循环烟气脱硫技术，这两种技术费用低、脱硫效率高，是完全具有我国自主知识产权的两种技术，符合我国国情。

中石化在脱硫领域的申请量远远高于其他竞争者，其授权量、专利有效率均保持不错的水平，可见其研发能力很强，并且其本身就是企业，在产研结合上具备很强的优势，是我国脱硫领域的领军人物。10个主要竞争者中有3个是高校，如果仅从专利申请量来看，统计数据显示申请量排名前10位的申请人中有7个是高校，可见在脱硫领域中高校是研发的中坚力量，但其市场占有率并不高。可见专利向产业转化差是高校竞争者存在的共同问题。上述多数企业竞争者虽然申请量均在几十件，明显低于高校竞争者，但其专利有效率很高，可见专利是上述脱硫企业的主要技术支撑，企业竞争者更加重视技术与产业的结合。

在研发团队方面，中石化、中石油拥有着绝对庞大的发明人团队，发明人数量分别是1951人、1405人，但其发明人的平均申请量却不高，分别是0.68件、0.22件，也就是说其拥有的核心发明人数量有待提高。武汉凯迪、中电投远达的发明人的平均申请量高达1.2件、0.87件，其研发能力不可小觑。

### 3.3.2 主要专利技术信息分析

企业的技术创新能力是与其拥有的技术创新人才密切相关的。通过分析专利申请可以获悉企业拥有的发明人总数及平均每件申请的发明人数。专利申请的发明人总量反映了企业的研发人员数量，平均每件申请的发明人数反映了企业每件申请的人员投入情况。根据对国内主要竞争者的专利申请的发明人总量和平均每件申请的发明人数的统计分析发现，申请量最高的中石化发明人数量为1951人，平均每发明人申请专利0.68件，每申请发明人数1.48人；10个主要竞争者中的3个高校申请人的发明人数量均在290人以上，虽然比中石化少千余人，但明显高于浙江菲达、龙源环保等脱硫市场占有率高的企业申请人，可见研发能力强是高校申请人的一大优势。对于发明人数量较多的企业说明研发实力较强，对于发明人数量较低的企业说明其可能已经将研发重点转移到其他相关领域，比如龙净环保近2年就开始着手研发空气中PM2.5的去除技术。企业申请人往往都是将除尘、脱硫、脱硝等根据污染物产生的源头进行一并去除，因此其研发的技术多数为一体化技术或联合技术。这也更加适合产业应用，因为对硫氧化物产生大户火电厂而言，其同时也排出氮氧化物等污染物，因此，需要同时进行脱硫脱硝才能使大气排放达到国家标准。对于除中石化以外的企业竞争者而言，应加强和高校合作，利用高校优良的科研资源，结合自身产业优势，不断发展脱硫技术，共同为硫氧化物的治理作出贡献。

从国外申请进入我国的数据可以看出，美国、日本、部分欧洲国家以及韩国对于我国在硫氧化物控制领域均有一定程度的专利输入，其中美国对华专利申请量超过500件，技术领域集中在烟气脱硫上。相比之下，我国对外申请量相对较少，除中石化、中石油两家大型央企存在一定量的对外申请外，其他公司对外申请量几乎为0。结合国外市场的特点以及燃料脱硫领域在我国的深入发展，我国部分竞争者实际上应当存在一些具有竞争实力的专利技术，对于这些专利技术而言，我国竞争者应当着眼于国际市场，适当对国外市场进行投入。其中对于国内外相对成熟的技术而言，我国竞争者可以发挥成本上的优势，将一些已经转化成产品的技术销往国外市场，而对于部分新兴技术而言，国内竞争者则可以在国外适当进行一定程度的专利布局。

# 第4章 竞争启示及产业发展建议

## 4.1 技术启示及建议

### 4.1.1 技术启示

美日欧等国家和地区在脱硫领域起步较早,拥有多项成熟的技术。我国脱硫领域的龙头企业大部分都是先引进国外先进技术,在此基础上逐步发展,形成具有自主知识产权的脱硫技术。STN数据库收录脱硫方面的非专利文献中我国占据的比重达到20%以上,且发表时间均集中在2010年以后,由此也表明"十二五"期间我国在脱硫方面的研究较多,并拥有一定的研发实力。

清华同方、龙源环保等环保公司也自主研发了烟气脱硫技术,各项技术经济指标均达到国际先进水平。但我国脱硫领域的研发人员除了努力研发新技术以外,还应积极推广新技术,做好专利向产业转化的工作,尤其是高校和企业产研结合,充分发挥高校雄厚的科研实力这一优势。

### 4.1.2 技术建议

从"十一五"计划完成的减排数据可以看出,控制经济发展带来的新增污染,巩固主要污染物减排成果,是我国新时期污染减排面临的首要任务和最大困难。如何提高燃料脱硫技术以减少硫氧化物的生成,对减少新增污染至关重要。此外由于我国硫氧化物排放量基数大,还应在已有的烟气脱硫的技术上提高处理效率以及研发出处理效率更高、更环保、更经济的新技术,以提高硫氧化物减排量。

## 4.2 市场建议

### 4.2.1 国际市场建议

不同国家地区对硫氧化物减排有不同的规定。关于汽油和柴油标准,新加坡、俄罗斯、欧盟、亚太等国家和地区都颁布了硫含量较低的用油标准。我国在向这些区域发展与汽油和柴油相关业务时,应明确其采用的用油标准符合当地规定。例如欧盟2005年颁布的"低硫法令",如果船舶需要在欧盟港口停泊超过2小时就必须遵守这一规定。在我国,2008年3月起北京的汽油和柴油标准已达到超清洁燃料标准(硫含量不大于$50\mu g/g$),但是全国的汽油和柴油标准大大落后于北京;鉴于当前硫氧化物污染严重，北京以外的地区的汽油和柴油标准将逐步向北京看齐，因此，这些地区与汽油和柴油相关的企业要提前做好准备。

### 4.2.2 国内市场建议

随着能源消费的急剧增长，燃料脱硫技术已经不足以满足减排需求，日本开始加大对 FGD 的投资。事实证明，巨额的污染控制投资不仅没有影响经济的发展，污染物排放得到削减的同时还极大地促进了环保产业的发展，使得日本的污染控制技术一直处于世界领先地位，在国内和国际市场出售这些技术和设备为日本经济带来了很大活力。日本对 FGD 的巨额投资始于 1970 年，当年投资约 6500 万美元，之后逐年上升，到 1974 年达到峰值，约为 17.1 亿美元，相当于当年 GDP 的 2%；而在当年日本对污染控制的全部投资更达到 GDP 的 6.5% 以及全社会固定资产投资的 18%；到 20 世纪 90 年代，由于设备的更新，又掀起了新的投资高潮。日本治理 $SO_2$ 污染的经验主要在于巨额环境投资、环保产业的发展和技术进步，而后者又得益于前两者的保障。

欧美国家利用税收贷款优惠措施促进炼油企业达到新的清洁汽油产品标准（主要是降低汽油硫含量），利用价格优惠措施鼓励消费者使用清洁油品。经济措施具有价格杠杆的激励和约束作用，是一种能够切实触及企业和个人经济利益的方式，利益驱动会促进减排任务的落实。我国实施的《燃煤发电机组环保电价及环保设施运行监管办法》就是促进燃煤发电机组加装环保设施所采取的一种经济措施，其对硫氧化物的减排效果值得期待。

总体来说，在现行法律框架下，以市场为主导，加以有效的财税政策作为经济刺激手段，是目前我国控制硫氧化物排放的高效方式。从提升燃油品质、淘汰黄标车和老旧车辆、推广新能源汽车等角度着手，减少交通方面带来的硫氧化物的排放。全面落实"合同能源管理"的财税优惠政策，完善促进环境服务业发展的扶持政策，推行污染治理设施投资、建设、运行一体化特许经营。充分发挥《燃煤发电机组环保电价及环保设施运行监管办法》的经济约束作用，以促进燃煤发电机组安装环保设施，减少硫氧化物的排放。

在我国的脱硫产业中，高科技中小型脱硫环保企业主要服务于中小型热电厂和工业锅炉企业，这与服务于国有大型电力企业的大型脱硫环保公司形成了明显的差异化定位。中小型脱硫环保市场发展非常迅速，但由于市场秩序还不够成熟，不乏造假骗补贴以及过度降低脱硫成本形成恶意竞争等现象。若要解决这些问题必将带来脱硫市场格局的重新洗牌，因此，大型脱硫企业应做好技术储备，抓住这一契机，占据有利市场。

## 4.3 专利布局启示及建议

### 4.3.1 海外专利布局建议

日本是脱硫技术的主要产出国之一，全球专利申请量较高的企业中大多数为日本企业，但是近几年日本申请量开始下降。美国和欧洲市场虽然专利申请量和申请量较高的企业不如日本多，但是美、欧两个市场同样拥有一些在业内具有一定技术实力的龙头企业，从专利申请量上来看，它们与日本的变化趋势相同，近几年均呈现下降的趋势。面对海外市场的激烈竞争，我国企业更应该大胆走出国门，积极参与国际合作与发展，在合作中不断寻找新的研发方向和道路。

### 4.3.2 关注技术发展

由近20年全球申请量来看，除中国外，硫氧化物控制相关技术的专利申请主要分布在日本、美国和德国。目前海外市场较为集中，国内企业也可选择向专利产出量较少但市场前景较好的技术研发薄弱地区进行布局。在燃料脱硫方法方面，如澳大利亚、印度、巴西、墨西哥及西班牙，虽然技术产出较少，但专利布局量远远大于专利申请量，市场前景较好，外来企业机会较多。在烟气脱硫方面，如加拿大、中国台湾、印度、墨西哥及西班牙等，技术力量较为薄弱，但专利布局量基本在其申请量的10倍以上，市场前景广阔，适合外来企业投资。

在国家政策的扶持下，目前硫氧化物控制领域的专利申请量仍然处于增长阶段，国内专利申请量虽然较高，但呈现以下几个特点：首先，申请量较高的团体多为高校；其次，业内知名企业专利申请量低；最后，对外专利申请量较低。综合考虑以上3个特点不难发现，我国工矿企业持有的具有核心竞争力的技术较少，虽然从专利数量上来说我国已经具有一定的优势，但就技术实力而言我国对外竞争的技术优势尚不明显。

关注国内市场的企业以及业内知名的企业，在引进国外一些先进技术的同时，应当更加重视研发，加强专利申请力度。目前来看，国外对华专利申请量处于适中水平，外国公司对于我国市场的关注程度明显低于对于美日欧市场的关注程度。但由于当前我国政府对于硫氧化物控制领域的重视程度不断加强，不难预测，外国公司今后可能会更加关注中国市场。因此，国内企业加强专利申请，不仅仅有利于提高企业在国内市场的竞争能力，还有利于抵御国外公司在我国进行大面积的专利布局。

另外值得关注的是，我国申请量高的主体集中在科研机构，同时我国专利申请人数量较高，这说明科研机构对于硫氧化物控制领域的研发投入较大。因此，国内企业应当加强与科研机构的研发合作。在这方面，清华同方公司一直与清华大学合作从事硫氧化物控制方面的研究。

对于国内具备研发实力的企业，应该更多关注核心专利的保护期限及其外围专利的技术发展，充分利用现有技术基础，努力开发突破其技术壁垒的创新型改进技术，为将来的市场竞争赢取主动。